土钉支护理论与设计

Soil Nailing from Theory to Design

杨育文　著

中国建筑工业出版社

图书在版编目（CIP）数据

土钉支护理论与设计/杨育文著. —北京：中国建筑
工业出版社，2018.10
ISBN 978-7-112-22560-6

Ⅰ.①土… Ⅱ.①杨… Ⅲ.①土钉支护-研究②土
钉支护-设计 Ⅳ.①TU94

中国版本图书馆 CIP 数据核字（2018）第 186596 号

本书总结了土钉技术起源和发展的近 50 年来国内外研究成果，介绍了土钉支
护设计方法，分析了设计案例，试图建立一套从基本理论到设计方法的完整体系。
本书可供岩土工程及相近专业本科生、研究生及从业技术人员学习参考。

责任编辑：刘瑞霞　牛　松　李笑然
责任校对：姜小莲

土钉支护理论与设计

杨育文　著

*

中国建筑工业出版社出版、发行（北京海淀三里河路 9 号）
各地新华书店、建筑书店经销
霸州市顺浩图文科技发展有限公司制版
大厂回族自治县正兴印务有限公司印刷

*

开本：787×1092 毫米　1/16　印张：15½　字数：374 千字
2018 年 12 月第一版　2018 年 12 月第一次印刷
定价：**48.00** 元
ISBN 978-7-112-22560-6
（32629）

前　言

　　土钉技术起源于 20 世纪 70 年代的欧洲，20 世纪 90 年代前后传入我国。这一时期我国正开始大规模基础建设，房地产市场异常火热。由于这一技术具有施工速度快、施工机械简单、造价低等优点，深受工程界的重视，特别是在基坑工程领域中得到了广泛的应用和快速发展，由最初的土钉和面层组成的土钉墙结构，衍生出复合土钉墙、组合土钉墙等，积累了丰富的工程经验，发展了基坑支护理论，取得了很好的经济和社会效益。从土钉支护技术发展速度和工程应用规模这两个方面来看，这一技术在我国处于国际领先地位。但同时，也存在着理论与工程脱节、理论落后于工程实践等问题。我国曾发生过多起大型土钉支护基坑滑塌事故，教训沉重。

　　本书主要是为岩土工程及相近专业本科生、研究生及从事勘察、设计、施工、监测方面的技术人员和科研工作者编写的。全书共分 9 章，介绍了土钉技术中稳定性、承载力、土压力和渗流等方面的基本理论和现行国家规范《建筑基坑支护技术规程》JGJ 120《复合土钉墙基坑支护技术规范》GB 50739《铁路路基支挡结构设计规范》TB 10025 中的相关计算方法，探讨了研究难点和热点问题，从理论和实际案例分析中总结出土钉支护设计理念和方法。

　　本书编写过程中，得到了多个科研、工程、高等院校及出版社的大力支持，在此表示衷心的感谢。向为本书提出过中肯建议和意见的学者、专家、同事致以崇高的敬意。

　　由于本人知识和认识水平的局限性，书中难免存在疏漏和不妥之处，恳望读者提出宝贵意见，以便及时更正。

目　　录

第1章 概论

1.1 土钉技术及特点

土钉（soil nail）是指插入土体中作为传力构件的细长加筋体（如螺纹钢筋、花管等），土钉技术（soil nailing）特指一门岩土加固技术，土钉墙（soil nail wall）则是采用这门技术构建的挡土结构。这三个概念相互关联，但有本质的区别。

维基百科（http://en.wikipedia.org/wiki/Soil_nailing）中对土钉技术作如下定义：土钉技术是用于加固不稳定的自然边坡或维持过于陡峭土坡安全的构建技术，它涉及将相对细长的加筋体土钉插入土体中的一门施工工艺。通常先将土钉放入预设钻孔中，然后单个孔逐一进行压力注浆。若采用空心花管土钉，则可以钻孔与压力注浆同时进行。为了全程注浆方便，土钉要略微向下倾斜插入土体。土钉头在坡面均匀布置，与喷射混凝土面层或单个土钉头面板相连接。面板下也可在设置柔性的钢筋网保护坡面土体。对有环境要求的永久性土钉墙，防兔铁丝网（rabbit proof wire mesh）和环境腐蚀控制织物（environmental erosion control fabrics）宜于与柔性面层联合使用。土钉技术也可以作为工程补救措施，用来提高挡土墙或边坡的稳定性。

Soil nailing 是英国土木工程师协会使用的关键词之一，指土钉技术。美国称用这一技术形成的结构为 soil nail wall[1]，即土钉墙。英文文献中，也有将它称为 soil nailing wall 或 soil-nailed wall 等。以这一技术为基础，随后发展成了复合土钉墙、组合土钉墙等。由于这门技术与新奥法有关，在该技术引进之初，国内有的将它称为喷锚网支护法[2]，后来改为土钉支护技术[3-6]。

与重力式、嵌固式挡土墙相比，土钉墙主要依靠土体的自稳能力维持稳定，是一种新的挡土墙形式，工程造价低是它最突出的优点。从挡土机理、施工、工作性能等方面来看，土钉墙的主要优点包括：

（1）土钉墙刚度小，允许被支护土体发生一定的侧向变形，土体自稳能力可以得到较充分的发挥。侧向土压力小，较薄的面层就可以保持土体的稳定，这是土钉墙较经济的主要原因。土钉墙造价一般要比可比的桩锚支护低 20％[1]。

（2）施工中不需要大型机械，小型施工设备就可以满足要求，施工噪声小、震动小，施工中几乎没有废水、废渣污染物排出，对周边环境影响小。施工机械可在狭小空间作业，移动方便，能灵活地适应不同施工场地。

（3）土钉墙中土钉比桩锚支护中的锚杆要短很多，钻孔中受地下障碍物影响小。根据施工条件，土钉墙容易调整设计方案。

（4）土钉墙是柔性支护，大多情况下滑塌前将发生较大变形或有明显的滑塌征兆，利于及早发现，尽快采取补救措施[7]。

（5）基坑工程中，采用边开挖边支护的施工方式，速度快，大多施工工序可人工完成。

与其他支护方式类似，土钉墙并非十全十美。基坑工程中，它存在如下缺点：

（1）作为土钉的钢筋等金属材料伸入到临近地带，短时间内不会被腐蚀掉，它们将长期占用临近地带一定范围内的地下空间，影响其他工程建设。若土钉超过了建设红线，要得到其他业主的许可。

（2）与传统的桩排支护等相比，基坑发生的变形要大一些，增加了引起相邻建（构）物、道路、地下管网、设施等损坏的风险。过大位移可能导致地下水管破损、水体渗漏，引发土体渗透破坏。有时即使土钉墙本身稳定，也可能由于土体渗透破坏而失稳。

（3）土钉技术采用的是边开挖边支护的施工方法，要求土体在短期内能保持 $1\sim2m$ 的自稳高度，软土、砂性土等将无法满足这一要求。另外，在富含地下水的土层（如细砂层、砂砾层等）中钻孔时，容易引起塌孔、土体渗透破坏，灌浆效果也差。

（4）当土钉墙墙底附近存在软土层时，由于软土承载力不足，有可能发生较大变形或坑底发生隆起破坏。

土钉技术起源于 20 世纪 70 年代，至今有近 50 年的历史。当该技术传入我国时，正好赶上了我国大规模的土木工程建设时期，在岩土工程（特别是基坑工程领域）中广泛应用，取得了很好的经济和社会效益。该技术已经从"土钉＋面层"的土钉墙结构发展成能灵活适应不同地质条件、周边环境要求的多种新型结构。例如，将土钉墙中部附近部分土钉替换成预应力锚杆，土钉和锚杆共同工作，能有效地限制过大侧向变形，形成了预应力锚杆复合土钉墙；当浅部土层强度较高，坑底附近存在软土时，基坑上部采用土钉墙挡土，而下部则采用传统的内支撑桩排支护等来维持基坑整体稳定，出现了土钉墙桩排组合支护。但是，不得不指出的是，土钉技术在我国基坑工程领域应用中，曾发生过多起大型的基坑滑塌事故，教训沉重。

1.2 起源与发展

土钉技术来源于新奥法（New Austrian Tunneling Method，NATM），是将被动筋体（passive steel reinforcement）和喷射混凝土面层（reinforced shotcrete）相结合的方法用于加固岩土边坡。这里，所谓的被动筋体，就是指土钉。这是因为土钉要依赖被加固土体的侧向位移来调动位于被动区土钉的锚固力等抗力来维持主动区潜在滑动土体的稳定。因此，土钉的抗滑作用来源于土体的位移，是"被动"产生的。与此相反的是，锚杆则是主动加筋体，因为锚杆在安装之后就施加预应力，这时被加固土体几乎还没有发生位移，锚杆就可以通过预应拉力维持潜在滑动土体的稳定。因此，锚杆是"主动"发挥抗滑作用的。但是，从另一个角度来看，土体中密布土钉形成的复合体，提高了潜在滑动土体的承载能力，抗滑作用是"主动"的。土钉技术最初只涉及土钉和面层两种构件单元，它们组成一个传力系统，发挥挡土作用。

据维基百科介绍（http：//en. wikipedia. org/wiki/New _ Austrian _ Tunnelling _ method），新奥法最初是 1957 至 1965 年间在奥地利发展起来的，是利用围岩的应力来使隧道本身稳定。奥地利学者 Rabcewicz、Müller 和 Pacher 提出用喷射混凝土面层（shotcrete）和岩栓（rockbolting）组成柔性的结构，用来支护隧道开挖面岩土。但是，也有人认为，新奥法不是新方法，因为在这之前奥地利人就已经在欧洲其他地方使用过。

在北美，Mason 根据他监管的土钉墙工程，在 1970 年 4 月申请了土钉技术的美国专利[1]。在欧洲，分别在西班牙（1972 年）、法国（1972 至 1973 年）和德国（1976 年）应用土钉技术加固铁路边坡或临时性的建筑基坑。在 1972 至 1973 年间，法国建筑商 Bouygues 采用这一技术加固 18m 高、70°坡角的 Fontainebleau 砂质边坡，用于加宽靠近 Versilles 的铁路。开挖边坡长 965m，最大坡高 21.6m。现场土体内摩擦角 $30° \sim 40°$，$c = 20$kPa，每步挖深为 1.4m。采用了喷混凝土面层并在土体中置入钢筋作为支护，土钉的钻孔直径为 100mm，其水平和竖向间距均为 0.7m，土钉向下倾角为 20°，上部土钉的长度为 4m，下部为 6m，面层喷混凝土厚 50～80mm，如图 1-1 所示[8]。在钻孔前先用钢筋网挡住坡面，在每一钻孔中放入 2 根直径为 10mm 的钢筋后注浆，共用了 25000 多根钢筋。该工程被认为是土钉技术第一次成功的应用[1-8]。

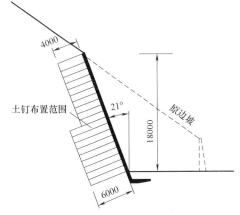

图 1-1　第一个土钉墙工程
（法国，1972 年）（单位：mm）

这一技术具有施工速度快、造价低等优点，引起了工程界的重视。为了交流土钉技术，1979 年在巴黎召开了国际会议[8]。美国在 1976 年应用这一技术加固最大深度为 13.7m 的中密到密实的粉砂土的基坑，无地下水。这一工程中，土钉墙施工工期是传统的支护方式的 50% 至 80%，工程造价也减少了 30%。在 1975 至 1981 年间，德国的 Karlsruhe 大学开展了第一个关于土钉技术的研究项目。法国在 1986 年也启动了 500 万美元的研究土钉墙的设计方法的项目。随着实际工程经验的积累和这些研究项目的开展，土钉技术逐步作为一门独特的岩土加固技术，在全球范围内推广和应用。1995 年以前，土钉技术主要用于强度较高、无地下水的基坑、临时或永久的边坡加固。对自稳能力较差的无黏性土、砾土、软土、易受冻融影响的冻土和膨胀土等土层，认为不适合采用土钉技术加固。加固这类土层边坡，土钉墙必须与其他挡土结构联合起来，这将增加工程费用，土钉墙就不再具有较经济的优点。土钉技术除了可用来维护岩土边坡稳定外，当其他挡土结构失稳时，也可以作为一种补救加固措施。从土钉技术的出现到目前为止，历经近 50 年，该技术发生了根本变化。下面以十年为间隔，将土钉技术分成五个发展阶段，分析它们的一些特点。

第一阶段（1975 年以前），是土钉技术创立阶段。随着新奥法技术逐步成熟和大量工程应用，新奥法的思想和施工工法从地下围岩加固延伸到岩土边坡，出现了土钉技术，在西方少数几个国家先后各自独立地采用这一技术构建了土钉墙这一新的挡土结构。法国在 1972 年成功地采用这一技术加固了高 18m 边坡[8]。

第二阶段（1975～1984 年），发展了土钉墙稳定分析方法，是土钉技术的探索阶段。这期间，由于认识到土钉墙具有较传统的挡土结构经济、施工方便、工期短的一些优点，多个西方发达国家和日本开始研究和应用这一技术。德国启动了第一个土钉技术研究项目。土钉墙工程数量增加，积累了不少工程经验。为了交流和研究土钉技术，1979 年在巴黎召开了土加固（soil reinforcement）国际会议，充分认识到土钉墙的稳定安全性问题，发展了土钉墙稳定计算方法。

第三阶段（1985～1994 年），土钉技术逐步成熟，国际上以着重研究土钉墙设计、施工方法、积累工程经验为特征[9-16]。法国启动了 Clouterre 研究项目，英国和美国也开展了大量的研究工作。世界范围内，土钉技术趋向成熟，发展了多种土钉墙稳定分析方法，很多国家和地区开始应用这一技术，已出现了水泥土挡墙复合土钉墙新的支护方式。在这期间内，土钉技术已经传入我国，在边坡、基坑工程领域有一些应用[17-19]，由于这一技术来源于新奥法，多被称为"喷锚网支护"[2]。一方面，由土钉和面层构成的土钉墙的施工工法日趋成熟；另一方面，国内外已经发展了十几种土钉墙稳定分析方法，基本解决了土钉墙设计中的稳定安全性问题。这一阶段内，国内公开发表的文献较少。

在前三个阶段 20 多年的时间里，国外在土钉技术理论、设计、施工等多个方面进行了探索，为土钉技术的发展打下了基础。

第四阶段（1995～2004 年），20 世纪 90 年代开始，我国开始了大规模的土木工程建设。由于土钉墙具有较其他传统挡土结构经济、施工速度快、不需要大型施工机械等优点，它成了最受欢迎的支挡方式之一，在基坑、道路、铁路工程中大量应用，是土钉技术发展的鼎盛时期，取得了很好的经济效益和社会效益。这期间，"喷锚网支护"作为专业术语还在继续使用[20-21]，但逐步被"土钉墙""土钉支护"等取代了。在基坑工程领域，国家、地方纷纷出台了包含有土钉支护技术条文的规范、指南、规程等。这一阶段，国内发表了大量的文献，集中在土钉支护机理研究[2,22-32]、设计与工程应用[33-52]等多个方面。国际上，这一阶段集中研究土钉支护力学机理[53-60]、设计与应用[61-62]等。

在这一阶段内，土钉技术的研究与应用的开展已经从国外转移到国内，特别是在实际工程应用方面发展较快。它的应用从强度较高土层扩展到存在软土、地下水的地质环境条件中，土钉墙与水泥土挡墙、预应力锚杆、微型桩等多种挡土结构相结合，形成了复合土钉墙或组合土钉墙等新的支护方式，土钉支护技术得到了快速发展。

不得不看到的是，在这一阶段内实际工程应用远远超过理论研究。由于缺乏针对软土、地下水等所产生工程问题的分析方法，土钉支护的适宜性问题没有彻底解决，加之有些工程盲目追求施工速度、经济效益等原因，导致基坑工程滑塌事故频发。土钉墙与其他支护方式的结合，增加了工程总造价，有些甚至超过了传统的桩排支护，丧失了土钉支护经济性的优势。

第五阶段（2005 年及以后的十多年时间），总结经验与教训，土钉技术逐步提高。2005 年前后，土钉技术在我国基坑工程领域应用处于鼎盛时期，但出现的问题也最多[63]。随后，多个地方建设管理部门相继出台了一些规定，例如土钉不能超越建筑红线使用，或禁止土钉墙在繁华的商业区使用，土钉技术的应用大幅减少。2005 年以后，我国工程界在认识到土钉技术优点的同时，也认识到它的缺点，单纯的"面层＋土钉"这种传统土钉墙结构较少采用，复合土钉墙应用较多，逐步从盲目转向理性。在这一阶段，我国工程界发表了大量的论文、出版了多部专著、国家和地方出台了包含有土钉墙、复合土钉墙的多个技术规范、规程。这些文献主要集中在土钉支护机理研究[64-78]、计算方法[79-100]、设计[101-106]等，发表了大量的工程应用方面的文献[107-114]。从这些文献可以看出，尽管 2005

年以后土钉支护在基坑工程中的应用有所减少,但该技术的研究与发展在这一阶段却成了我国工程界的热点,反映了理论研究往往滞后于实际工程需要这一现象。

在我国不少地区,当土层强度较高、地下水位较低或允许将地下水水位降低到基坑底以下、基坑周边建构筑物离基坑开挖较远或允许发生一定变形的情况下,土钉支护技术一直是优先采用的挡土结构之一。

国外文献中,第五阶段集中于土钉机理研究[115-125]、应用[126-128]等方面,在土钉与土体之间摩阻力机理研究方面有较大进展。

从以上发展过程来看,土钉技术起源和成熟的前三个阶段以西方发达国家为主,基本解决了土钉墙稳定安全性分析的问题。从1995年开始的第四、五个阶段,土钉技术的改进、构建新的土钉挡土结构等,则主要是我国技术人员完成的。

土钉技术发展到1995年之前的三个阶段,土钉墙的设计施工进入成熟阶段。但是,这只是一个较低层次上的成熟。1995年以后,土钉技术在我国应用范围扩大到软土、与其他挡土结构结合后,出现了新的挡土结构和新的技术问题,如软土、地下水对复合、组合土钉墙整体稳定性的影响、变形评估等,它们直接关系到挡土结构的安全性和对周边环境的影响等,这些问题一直没有较好解决。因此,进入第五个阶段之后,面对新的问题,需总结工程经验,提高设计技术,重新经历技术探索精进,上升到高层次的成熟,这一过程需要20年甚至更长的时间。

基坑工程中,典型的土钉支护设计方案示意图如图1-2、图1-3所示。

随基坑开挖分层设置的、纵横向密布的土钉群、喷射混凝土面层及原位土体所组成的支护结构即为土钉墙(图1-2)。

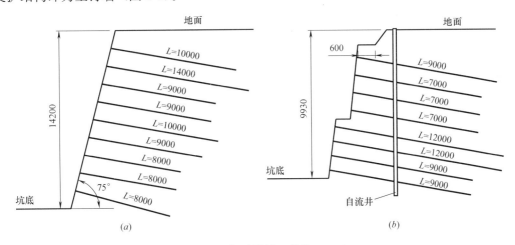

图1-2 土钉墙设计(单位:mm)

图1-2a是典型的土钉墙结构,墙高14.2m[129];图1-2b中土钉墙,土钉与水平方向倾角为10°,为了控制地下水,增设了16m深的自流井[130]。

复合土钉墙指土钉墙与预应力锚杆、微型桩、旋喷桩、搅拌桩中的一种或多种组成的复合型支护结构。图1-3a是粉土中止水帷幕复合土钉墙设计方案[131]。图1-3b、c均为微型桩复合土钉墙方案,但微型桩材料不相同。图1-3b中,微型桩是ϕ108钢管[132],图1-3c是淤泥质黏土中的双排毛竹作为微型桩的复合土钉墙设计方案,基坑开挖深度4.8m,最

5

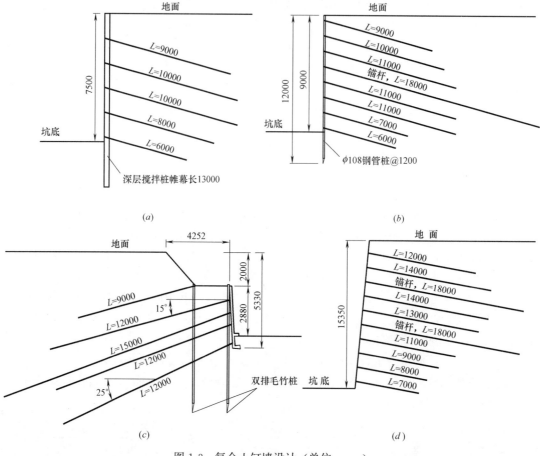

图 1-3　复合土钉墙设计（单位：mm）

大水平位移发生在地表附近，为 22mm[133]。图 1-3d 是砂质粉土中的预应力锚杆复合土钉墙，土钉空间布置 1500×1500mm²，最大水平位移为 14mm[134]。

　　组合桩排土钉墙，指基坑上部由土钉墙或复合土钉墙，下部由桩排这两种支护方式组合而成的支护结构，实例分析见第 8.3 节。这种组合结构最大的优点是能减少桩排嵌固深度，节省工程总造价。另外，桩排支护能较好地控制基坑侧向位移。当下部桩排发生位移时，将影响上部土钉墙的稳定，两者是一个承载整体。

1.3　土钉支护技术面临的挑战

　　据报道，2009 年 3 月 19 日 13 时 35 分，西宁市商业巷南市场的佳豪广场 4 号楼施工现场发生坍塌事故，基坑东侧边坡坍塌，8 人遇难。类似的事故在这之前发生过多起。因此，有人认为土钉墙面层就是一块遮羞布，土钉墙根本就不能发挥多少挡土作用，基坑之所以安全，得益于土体本身的自稳性以及设计中土层参数取值过小而带来的工程本身的安全储备。显然，这一看法过于悲观，对土钉支护抗滑机理缺乏了解。

　　传统的桩排支护刚度大，桩排能调动坑底下被动区土体的抗力，支护结构既能承受较大土压力，又可限制基坑侧向位移，安全可靠，是应用较广泛的支护方式之一。桩排支护也可利用主动区土体的抗滑自稳能力来维持基坑的稳定，但基坑将发生较大的变形，失去了桩排支护刚度大的优势，设计中一般不采用。因此，桩排、地下连续墙等支护方式设计的基本原则为"保稳定，控变形"，"保稳定"，就是确保基坑渗流稳定的条件下，支护结构须储备足够的抗滑力，稳定性好，其本身有足够的强度刚度，不发生破坏；"控变形"，即通过优化支护设计方案控制基坑过大变形，避免开挖对基坑相邻环境和坑内主体工程的不利影响（尽管目前还无法完全实现，但无疑是一个努力的方向）。土钉墙则为柔性支护，面层薄，无法承受较大土压力，只能依靠主动区土体自身抗滑能力来维持基坑稳定，土钉支护结构只发挥了"辅助"的作用。这就是土钉支护与传统桩排等支护方式的主要区别。

土钉技术构建的承载挡土结构允许被支护土体发生一定的变形，能充分地调动（mobilizing）土体本身的抗滑能力，具有经济性的特点。但是，这也是土钉技术固有的缺点，因为过大变形将影响基坑相邻环境，也不利于基坑本身的稳定。

基坑工程领域，土钉技术应用范围不断扩大，地质条件越来越复杂，周边环境对基坑变形要求越来越严格，为了适应这些变化出现了新的挡土结构，由此产生了一系列新的工程问题。在今后的发展中，土钉技术如何既能发挥它的经济性特点，又能安全可靠、技术先进、施工方便和环境安全、工程绿色环保，它将面临如下多个方面的挑战。

1. 适宜性

基坑工程设计中支护选型无疑是重要工作之一，是首要问题。一个基坑工程，有多种支护方式可适用。适宜性，是指选择既能确保基坑安全，又具有经济性、技术性、施工质量可靠和对周边环境影响小的支护方式，是一个支护选型优化问题。土钉支护的适宜性问题从土钉技术的出现就存在，一直延续到现在。随着复合土钉墙、组合土钉墙结构方式的出现，这一问题变得越来越复杂了。

土钉支护中，不少基坑发生过大变形或滑塌事故是由地下水引起的。从场址土层类别、地下水赋存条件、开挖深度、周边环境要求等方面，多个规范对土钉技术的适用性进行了规定。一般情况下，土钉技术适用于二、三级基坑的支护。

土钉墙、复合土钉墙等有不同的适用条件。例如，对水泥土复合土钉墙，由于水泥土墙既有一定的隔渗作用，也可发挥超前支护、挡土作用，因此它适用于存在地下水，甚至软土等地质条件，而这些地段则不建议采用土钉墙。

支护选型时，宜比较基坑开挖深度和土体临界自稳高度。土钉支护面层较薄，不能承受较大土压力，这不同于传统的支护（例如桩排支护）。砂性土黏聚力小，土体自稳临界高度小，当基坑开挖深度超过土体临界自稳高度过大时，若设计不采用缓坡，则过大土压力有可能撕裂面层而导致土钉支护失稳。

对地质条件较差的基坑，可用瑞典圆弧法计算基坑整体稳定安全系数 F_s。若 $F_s <$ 0.5，则不宜单独采用土钉墙。

若土钉布置空间内存在大块石、管道等障碍物，不具备设置土钉的条件，则不宜采用土钉支护。当土钉超出建筑红线时，多地规定禁止采用土钉技术。

20 世纪 50 年代国家经济困难、钢材紧缺、急需住房，武汉青山区建设二路以"竹筋"代替钢筋建起了一批三层砖混结构的房屋。"竹筋"主要用在跨度小于 3m 的房梁和接触水分较少的房间楼层水泥预制板中，而厕所、厨房的楼板还是用钢筋浇筑的。建造时预计使用寿命为 30 年，而这批房屋实际使用已有 55 年。基坑工程为临时性工程，设计使用期限短。在一年或两年的时间内，木材、竹材等力学性质能保持稳定，木桩、竹材土钉等可以用于基坑支护。对于二、三级基坑，在进行严格科学的论证后，可以减少钢材、水泥等人工建材的用量，用竹材、木材等天然材料替代。在倡导绿色环保、低碳节能的今天，年轻的技术人员应多借鉴前辈工程经验，大胆创新。

2. 对基坑相邻环境的影响

基坑开挖、降水将不可避免地引起相邻土体的变形，而过大变形将影响基坑周边建构筑物和坑内主体建筑基础的安全。基坑支护首先应具有防止基坑的开挖危害周边环境的功能，其次应保证工程自身主体结构安全和施工条件，能为主体地下结构施工提供正常施工的作业空间及环境，提供施工材料、设备堆放和运输的场地、道路条件，隔断基坑内外地下水、地表水以保证主体工程地下结构和防水工程的正常施工。

基坑过大变形损坏基坑周边环境时有发生，挤歪基坑内工程桩的事件也不鲜见，其根本原因是基坑变形可预测性差。在确保基坑稳定安全的前提条件下，这一问题将成为基坑领域中最重要的问题。

3. 设计方案的优化

土钉支护结构布置的总体原则为"稳坡脚，控中间"。也就是说，支护结构须首先确保坡脚的稳定，其次才是控制基坑中部附近土体的过大位移，两者缺一不可。

从目前的一些设计方案来看，大多能确保基坑的稳定安全，但设计方案是否优化、基坑开挖对周边环境影响程度如何等这类问题考虑不多。例如，土钉长度和布置五花八门。有的长度相等，有的上长下短，有的下长上短等。显然，这些设计方案都有一定的合理性，但也可能存在不足。在既能满足基坑稳定要求，又能使支护工程较经济、对周边环境影响小的前提条件下，如何优化土钉、超前支护构件等的布置，需要进一步研究。

4. 理论分析

基坑工程一般涉及岩土、水、支护结构三方面的作用。针对具体的工程问题，如基坑稳定性，研究岩土、水、支护结构性质和相互作用，建立力学模型，这就是理论分析方法。目前土钉支护设计中，以承载力极限状态分析为主，其中土钉墙圆弧滑动稳定分析最为成熟。下面从土钉支护的稳定、变形、渗流等几个角度，提出一些理论问题。

（1）稳定分析

1）基坑有可能发生圆弧滑动、直线滑动、折线滑动、平滑滑动等，如何判定？

2）如何考虑地下水对基坑稳定的影响（特别是土体发生了渗透破坏情况下）？降水雨水入渗对基坑稳定的影响如何？

3）当土层黏聚力小、坡度较陡时，面层上有可能承受较大的土压力。面层承载力如何验算？

4）土钉是边开挖边支护。上层土钉受力对下层有影响，土钉的受力实际上是一个动态变化过程。稳定分析如何考虑土钉的这种受力的动态变化？

5）基坑边界凹、凸几何形状对基坑稳定的影响程度如何？

6）土钉、面层、超前支护构件等构件单元组成复合土钉支挡系统中，构件单元与土、水相互作用机理如何？构件单元如何布置才能有效地发挥它的挡土作用？

7）组合土钉墙中，下部支挡结构的变形将影响上部土钉墙的稳定，它们是一个整体的受力体系。如何考虑下部结构变形对土钉墙稳定的影响？

8）如何确定软土、膨胀土、冻土等特殊性土对土钉支护稳定的影响？

9）由于土体的开挖，基坑临空面附近地面分布着大小不一的裂纹。常出现这种情况：基坑变形大，接近预警值，地面产生大量裂纹，一定量的地下水从坑底渗出，但基坑并没有发生滑动破坏。这种情况下抗剪强度指标如何选取？如何验算基坑的稳定性？

土钉墙整体稳定性采用圆弧滑动条分法进行验算，由安全系数 K_s 大小确定。对安全等级为二级、三级的基坑，规范要求 K_s 分别不应小于 1.3、1.25。这一方法固有的缺点是计算中无法考虑计算参数等的不确定性，计算结果不是失效概率，而是安全系数，这与工程实际不符。例如，土层剪切参数 c、φ 是符合一定分布的随机变量。用可靠度理论替代传统的安全系数设计方法，是土钉支护设计发展的一个方向。

（2）变形分析

基坑稳定性与支护结构变形大小是相关的，这方面的问题有很大的探讨空间。目前土钉支护设计中，正常使用极限状态考虑较少。过大变形会破坏周边环境，也可引起地下水管渗漏，使土体发生渗透破坏等。目前我国基坑工程设计的基础是经典力学理论（如土力学等）。经典理论计算变形（特别是水平位移）误差较大，很难满足设计要求，数值模拟方法则是一个较好的途径。目前有限元法、差分法等多种商用软件可应用于岩土工程，具备用数值模拟方法评估基坑变形的条件，必须积累经验，逐步引入土钉支护设计中。分析基坑竣工资料，确定变形影响因素和变形趋势，是另外一条途径。

土力学这类固体力学中，由于 19 世纪末建立的摩尔—库仑准则（Mohr-Coulomb failure criterion）（也有人称为库仑准则。据维基百科介绍，这一准则最初是由库仑在 1773 年提出的），使得承载力极限分析方法迅速发展，并在岩土体稳定、承载力、土压力等多个领域中广泛应用。1856 年，达西发现了达西定律（Darcy's law），推动了渗流理论、固结沉降理论的发展。遗憾的是，对于非线性岩土体，经典理论中还没有类似摩尔—库仑准则、达西定律这种简单但实用的伟大发现用于分析变形。与其他挡土结构相比，土钉支护变形计算则更为重要，是今后一个主要研究方向。

（3）其他

土钉墙面层上作用的侧向土压力不符合经典土压力理论适用条件。一般情况下，土压力较小。对主要土层黏聚力 c 小（例如，$c \leqslant 5\text{kPa}$）、坡度较陡（例如，坡角大于或等于 $80°$）的基坑，面层上作用的土压力有可能超过经典土压力值，须引起重视。

土钉支护结构构件单元包括土钉、面层、锚杆（索）、水泥土桩（墙）、微型桩等。土—结构单元相互作用（soil-structure interaction）中，钉—土相互作用研究得较为成熟。

岩土工程计算中，存在着岩土参数值不易获得或设计中采用的参数值与实际工程条件不相符、计算方法中假设条件过多等问题，导致有些分析结果不能反映基坑的实际状况。

土钉技术中遗留的理论问题很多。以上列举的只是冰山一角，有兴趣的读者可以继续探讨。目前岩土工程规范起草和修订的基础是经典理论、科研成果和工程实践，以工程经验为主。须指出的是，年轻的岩土工程从业者应在注重积累工程经验的同时，多对工程经验进行归纳总结，将其中的技术要点提升到理论高度，注重多用理论解决实际工程问题，特别要探索用新理论解决工程问题的方法。

科学可以解释世界，也可用于改造世界，两者不可偏废。土钉技术的生命在于创新。必须根据基坑具体工作条件，不断地提出新的支护结构形式，优化布置，研究抗滑、变形机理等，发展新的理论和设计方法。

5. 动态设计方法

土钉支护是柔性支护，从稳定发展到滑塌要经历一个过程。基坑滑塌之前，一般伴随主动区土体发生较大的变形，基坑周边地表土体会出现大小不一的裂缝。基坑监测可提供实时监测数据来指导施工，通过监测数据可了解基坑的安全性，及时修改设计方案。但是，若出现了滑塌征兆，如基坑变形速率突然增加、地面裂缝突然加宽、增多等，则滑塌将很快发生，有可能没有时间采取工程补救措施。目前理论上一些问题尚不能解决的情况下，依据施工监测数据进行动态设计则是确保基坑工程安全的最后一道屏障。

1.4 本书主要内容

土钉支护设计必须遵循"安全性、经济性、科学性"这一总体原则。具体要求如下：

（1）安全性。设计方案必须首先确保施工过程中和使用期限内基坑抗滑、抗渗的稳定性和支护结构本身的可靠性，基坑工程诱发的变形没有影响到基坑周围相邻建构筑物、地下设施、坑内主体工程的正常使用，对它们不构成威胁。另外，设计方案必须利于基坑施工安全。

（2）经济性。在确保基坑安全的前提条件下，工程造价低。

（3）科学性。将先进的科学技术应用到场地环境评估、勘察、设计、施工、监测、检测、监理各个技术环节以及基坑工程项目管理全过程，做到技术可行，施工方便，施工质量和工期有保障，工程绿色环保。

除放坡开挖外，以上也是基坑工程设计的总体原则。对放坡开挖，基坑稳定依靠岩土体的自稳能力，多不布置支护结构。即使设置少量的抗滑桩等，也只是作为安全储备，不考虑它们的作用。

岩土工程及相近专业本科生和研究生，虽然已经掌握了从事岩土工程设计的绝大部分理论知识，但不一定就能成为优秀的设计工程师，因为教科书上的基本理论往往要经过"变形"后才能在实际工程中应用。例如，三轴试验或直剪试验确定的土层参数 c、φ 值，须由统计学区间估计理论确定一定置信概率（如 $\alpha = 95\%$）的标准值，然后除以分项系数得到设计值，由"试验值"转化为"设计值"之后才可以用于设计计算。土钉支护设计涉及岩土工程多个方面的知识，其结构如图 1-4 所示。若考虑完整性，设计报告中还需要包括基坑应急抢险措施、工期和工程预算等方面的内容。

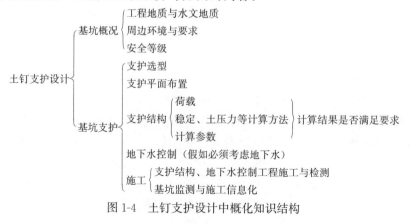

图 1-4 土钉支护设计中概化知识结构

本书系统总结了土钉技术国内外研究成果，阐述了"稳坡脚，控中间"的基坑支护结构布置等的设计原则，将土钉支护理论与设计方法联系起来，试图为年轻的岩土工程技术人员架起一座桥梁。第1章阐述了土钉技术的起源、发展以及在基坑工程应用中将面临的一些问题。土钉支护的最大特点是能充分地发挥土体的自稳性，第2章针对这一问题，推导出一些计算公式。土钉支护结构中面层设计较薄，大多认为面层上承受的土压力较小。但是，在基坑坡度较陡、土层黏聚力较小的情况下，也可产生较大的侧向土压力，甚至撕裂面层引发基坑滑塌。第3章探讨了面层承受的土压力计算方法。土钉与周围土体的相互作用研究得较为成熟，第4章简要地探讨了这一问题，介绍了设计参数的取值。土钉支护结构稳定分析是土钉技术中须解决的第一个理论问题，开展了大量的研究工作，第5章系统总结了研究成果，介绍了一些稳定验算方法。关于基坑变形计算，经典理论误差较大，很难满足设计要求，第6章介绍了通过分析竣工基坑工程实例资料寻找基坑变形与变形影响因素之间关系的方法。土钉支护机理是所有理论和设计方法的基础，第7章从土钉支护数值模拟方法、工作性状测试、滑塌实例分析三个角度研究了这一问题，基坑性状和滑塌受主要土层性质控制。第8章从失事实例统计分析、典型设计案例正反两个角度，阐述了土钉支护设计思路和方法。地下水可引起土体渗透破坏、坑底突涌、使岩土抗剪强度降低等，甚至诱发基坑滑塌事故，第9章介绍了基坑地下水控制基本方法。

早在两千多年前，中华道家就提出了"大道至简"的观点。认为"大道"是极其简单的，简单到一句话就能说明白。伟大的物理学家爱因斯坦（Albert Einstein）也认为，凡事都应当尽可能地简单，而不是较为简单。他用一个简单的公式 $E=mc^2$ 就揭示了能量释放与物质质量减少之间的关系。书中内容虽然离"大道"甚远，但力求简明，不拖泥带水。

人类认识具有局限性。从认识的主体上看，人们对客观事物的认识总要受到自身水平、立场、观点等的影响，对同一事物将有不同的看法，正所谓"横看成岭侧成峰，远近高低各不同"。从认识的客体上看，客观事物总是复杂的、变化的，其本质的揭露也有一个过程。因此，书中涉及的部分问题，给出了不同的观点或阐述。它们将由实际工程检验，并在实践中得到完善和提高。

参 考 文 献

[1] U. S. Federal Highway Administration（FHWA）. Geotechnical Engineering Circular No. 7：Soil Nail Walls [M]. Publication No. FHWA-IF-03-017.

[2] 曾宪明，曾荣生，陈德兴，等. 岩土深基坑喷锚网支护法原理、设计、施工指南 [M]. 上海：同济大学出版社，1997.

[3] 曾宪明，黄久松，王作民，等. 土钉支护设计与施工手册 [M]. 北京：中国建筑工业出版社，2000.

[4] JGJ 120—2012 建筑基坑支护技术规程 [S]. 北京：中国建筑工业出版社，2012.

[5] GB 50739—2011 复合土钉墙基坑支护技术规范 [S]. 北京：中国计划出版社，2012.

[6] 中国土木工程学会土力学及岩土工程分会. 深基坑支护技术指南 [M]. 北京：中国建筑工业出版社，2012.

[7] Geotechnical Engineering Office，Civil Engineering and Development Department. Guide to soil nail design and construction [M]. Hong Kong，March 2008.

［8］ Bruce D A, Jewell R A. Soil nailing: the second decade ［C］. Proceeding of International Conference on Foundations and Tunnels, London, 1987, 68-83.

［9］ Bruce D A, Jewell R A. Soil nailing: application and practice -part 1 ［J］. Ground Engineering, 1986, 19 (6): 10-15.

［10］ Bruce D A, Jewell R A. Soil nailing: application and practice-part 2 ［J］. Ground Engineering, 1987, 20 (1): 21-33.

［11］ Bridle R J. Soil nailing-analysis and design ［J］. Ground Engineering, 1989, 22 (6): 52-56.

［12］ Anthoine A. Mixed modelling of reinforced soils within the framework of the yield design theory ［J］. Computers and Geotechnics, 1989, 7 (1): 67-82.

［13］ Jewel R A, Pedley M J. Soil nailing design: the role of bending stiffness ［J］. Ground Engineering, 1990, 23 (3): 30-36.

［14］ Shen C K, Herrmann L R, Romstad K M, et al. An in site earth reinforcement lateral support system ［R］. Department of Civil Engineering, University of California, Davis, 1991.

［15］ Schlosser F, Unerreiner P. French research program CLOUTERRE on soil nailing ［J］. Geotechnical Special Publication ASCE , 1992, 30 (2): 739-749.

［16］ Baker D A. Soil nailing in weathered Keuper Marl—a case history ［J］. Ground Engineering, 1994, 23 (3): 30-36.

［17］ 阳昌秀, 马骥. 用 "土钉" 加固路基边坡 ［J］. 铁道建筑, 1989, (9): 9-15.

［18］ 王步云, 高顺峰. 土钉技术在边坡稳定中的应用 ［J］. 煤矿设计, 1990, (10): 35-40.

［19］ 林宗元. 岩土工程治理手册 ［M］. 沈阳: 辽宁科学技术出版社, 1993.

［20］ 叶漫霖, 王佐才, 刘春华. 喷锚网支护在桥梁深基坑施工中的应用 ［J］. 桥梁建设, 1994, (2): 1-4.

［21］ 朱英椿, 汪园锋, 罗世杰. 深基坑喷锚网支护工程施工监测 ［J］. 工程勘察, 1997, (2): 17-19.

［22］ 宋二祥, 陈肇元. 土钉支护及其有限元分析 ［J］. 工程勘察, 1996, (2): 1-5.

［23］ 陈树铭, 包承纲. 土钉墙技术的离心机试验研究 ［J］. 长江科学院院报, 1997, (2): 1-4.

［24］ 秦四清. 土钉支护机理与优化设计 ［M］. 北京: 地质出版社, 1999.

［25］ 李象范, 徐水根. 复合型土钉挡墙的研究 ［J］. 上海地质, 1999, (3): 1-11.

［26］ 莫暖娇, 何之民, 陈利洲. 土钉墙模型试验分析 ［J］. 上海地质, 1999, (3): 47-49.

［27］ 杨志银, 蔡巧灵, 陈伟华, 等. 复合土钉墙模式研究及土钉应力的监测试验 ［J］. 建筑施工, 2001, (6): 427-430.

［28］ 曾宪明, 林皋, 易平, 等. 土钉支护软土边坡的加固机理试验研究 ［J］. 岩石力学与工程学报, 2002, (3): 429-433.

［29］ 曾宪明, 杜云鹤, 李世民. 土钉支护抗动载原型与模型对比试验研究 ［J］. 岩石力学与工程学报, 2003, (11): 1892-1897.

［30］ 屠毓敏. 土钉支护中超前锚杆的工作机理研究 ［J］. 岩土力学, 2003, (2): 198-201.

［31］ 贾金青, 张明聚. 深基坑土钉支护现场测试分析研究 ［J］. 岩土力学, 2003, (3): 413-416.

［32］ 段建立, 谭跃虎, 樊有维, 等. 复合土钉支护的现场测试研究 ［J］. 岩石力学与工程学报, 2004, (12): 2128-2132.

［33］ 宋二祥, 陈肇元, 崔京浩, 等. 深基开挖的土钉支护技术 (三) 设计方法 ［J］. 地下空间. 1996, (2): 1-12.

［34］ 王步云. 土钉墙设计 ［J］. 岩土工程技术, 1997, (4): 30-41.

［35］ 张明聚, 宋二祥, 陈肇元. 基坑土钉支护稳定分析方法及其应用 ［J］. 工程力学, 1998, (3): 1-8.

[36]　杨育文. 深基坑工程集成智能系统及土钉墙性状研究 [D]. 武汉：中国科学院武汉岩土力学研究所，1998.

[37]　杨育文，袁建新. 深基坑开挖中土钉支护极限平衡分析 [J]. 工程勘察，1998，(6)：9-11.

[38]　钟正雄，杨林德. 土钉挡墙技术的发展与研究 [J]. 工程勘察，1999，(6)：19-23.

[39]　秦四清. 土钉支护结构优化设计 [J]. 岩土工程界，2000，(1)：41-44.

[40]　龚晓南. 土钉和复合土钉支护若干问题 [J]. 土木工程学报，2003，(1)：80-83.

[41]　邓建刚，傅旭东. 土钉支护结构的优化设计 [J]. 岩土力学，2003，(S2)：321-324.

[42]　杨光华，黄宏伟. 基坑支护土钉力的简化增量计算法 [J]. 岩土力学，2004，(1)：15-19.

[43]　金小荣，俞建霖，岑仰润，等. 带有超前微桩土钉墙的内部稳定性的探讨 [J]. 工业建筑，2004，(9)：12-14.

[44]　李元亮，李林，曾宪明. 上海紫都C楼基坑喷锚网（土钉）支护变形控制与稳定性分析 [J]. 岩土工程学报，1999，(1)：1-5.

[45]　杜飞，钱七虎，金丰年，等. 土钉支护技术工程应用中若干问题分析及对策 [J]. 施工技术，2000，(1)：44-46.

[46]　吴铭炳. 软土基坑土钉支护的理论与实践 [J]. 工程勘察，2000，(3)：40-43.

[47]　陈肇元等. 土钉支护在基坑工程中的应用 [M]. 北京：中国建筑工业出版社，2000.

[48]　马金普，方雪松，张怀文. 复合土钉支护技术及其应用 [J]. 建筑施工，2001，(6)：391-393.

[49]　陈利洲，庄平辉，何之民. 复合型土钉墙支护与土钉墙的变形比较 [J]. 施工技术，2001，(1)：26-28.

[50]　张晁，郑俊杰，辛凯. 土钉支护技术在软土基坑中的应用 [J]. 岩石力学与工程学报，2002，(6)：923-925.

[51]　岳中琦，李焯芬，罗锦添，等. 香港大学钻孔过程数字监测仪在土钉加固斜坡工程中的应用 [J]. 岩石力学与工程学报，2002，(11)：1685-1690.

[52]　郭院成，周同和，宋建学. 桩锚与土钉联合支护结构的工程实例 [J]. 郑州大学学报（工学版），2003，(2)：26-28.

[53]　Smith I M，Su N. Three-dimensional FE analysis of a nailed soil wall curved in plan [J]. International Journal for Numerical and Analytical Methods in Geo-Mechanics，1997，21 (9)：583-597.

[54]　BRIDLE R J，DAVIES M C R，CRESOL. Analysis of soil nailing using tension and shear：experimental observation and assessment [J]. Proceedings of the Institution of Civil Engineers -Geotechnical Engineering，1997，125 (3)：155-167.

[55]　Briaud J L，Lim Y. Soil-nailed wall under piled bridge abutment：simulation guidelines [J]. Journal of Geotechnical and Geoenvironmental Engineering，ASCE，1997，123 (11)：1043-1050.

[56]　Kim J S，Kim J Y，Lee S R. Analysis of soil nailed earth slope by discrete element method [J]. Computers and Geotechnics，1997，20 (1)：1-14.

[57]　Zhang J，Pu J，Zhang M. Model tests by centrifuge of soil nail reinforcements [J]. Journal of Testing and Evaluation，2001，29 (4)：315-328.

[58]　Hong Y S，Wu C S，Yang S H. Pullout resistance of single and double nails in a model sandbox [J]. Canadian Geotechnical Journal，2003，40 (5)：1039-1047.

[59]　Junaideen S M，Tham L G，Law K T. Laboratory study of soil-nail interaction in loose，completely decomposed granite [J]. Canadian Geotechnical Journal，2004，41 (2)：274-286.

[60]　Nowatzki E，Samtani N. Design，construction，and performance of an 18-meter soil nail wall in Tucson，AZ [J]. Geosupport Conference，2004，124：741-752.

[61]　Love J P，Milligan G. No access reinforced soil and soil nailing for slopes-Advice Note HA68/94 [J].

Ground Engineering，1995，28（5）：31-36.

[62]　Sheahan T C，Ho C L. Simplified trial wedge method for soil nailed wall analysis [J]. Journal of Geotechnical and Geoenvironmental Engineering，2003，129（2）：117-124.

[63]　杨育文. 我国失事土钉墙的反思 [J]. 工程勘察，2011，39（2）：22-28.

[64]　郭院成，秦会来，申利梅. 水泥土桩复合土钉中水泥土桩作用机制研究 [J]. 郑州大学学报（工学版），2005，（3）：28-31.

[65]　武亚军，栾茂田，杨敏. 深基坑土钉支护的弹塑性数值模拟 [J]. 岩石力学与工程学报，2005，（9）：1549-1554.

[66]　李冉，赵燕明，方玉树. 复合土钉支护的有限元分析 [J]. 后勤工程学院学报，2005，（2）：57-61.

[67]　吴忠诚，汤连生，廖志强，等. 深基坑复合土钉墙支护 FLAC-3D 模拟及大型现场原位测试研究 [J]. 岩土工程学报，2006，（S1）：1460-1465.

[68]　张强勇，向文. 复合土钉墙支护模型及在深大基坑工程中的应用 [J]. 岩土力学，2007，（10）：2087-2090.

[69]　贺若兰，张平，李宁. 土钉支护加固机理的数值分析 [J]. 湖南大学学报（自然科学版），2007，（1）：14-18.

[70]　万林海，王华锋，王明龙. FLAC3D 进行土钉支护变形及支护参数分析 [J]. 路基工程，2007，（2）：28-30.

[71]　马平，申平，秦四清，等. 深基坑桩锚与土钉墙联合支护的数值模拟 [J]. 工程地质学报，2008，（3）：114-120.

[72]　吕建国，夏华宗，王贵和. 复合土钉墙模型试验测试系统的研究 [J]. 铁道建筑，2008，（2）：61-64.

[73]　赵杰，邵龙潭. 深基坑土钉支护的有限元数值模拟及稳定性分析 [J]. 岩土力学，2008，（4）：983-988.

[74]　张建红，张雁，濮家骝，等. 土钉支护的离心模型试验研究 [J]. 土木工程学报，2009，（1）：76-80.

[75]　杨敏，孙宽，古海东，等. 疏排桩-土钉墙组合支护结构离心模型试验研究——稳定性与破坏模式 [J]. 结构工程师，2012，（1）：94-99.

[76]　杨伟良，王明军，王坤. 下穿隧道开挖土钉墙支护设计的理论计算与数值模拟对比分析 [J]. 路基工程，2015，（3）：126-131.

[77]　单仁亮，郑赟，魏龙飞. 粉质黏土深基坑土钉墙支护作用机理模型试验研究 [J]. 岩土工程学报，2016，（7）：1175-1180.

[78]　郭院成，王辉，张春阳. 雨水入渗对土钉支护体系稳定性的影响研究 [J]. 世界地震工程，2016，（2）：264-269.

[79]　屠毓敏，金志玉. 基于土拱效应的土钉支护结构稳定性分析 [J]. 岩土工程学报，2005，（7）：792-795.

[80]　胡瑞，颜海春，蔡灿柳. 桩锚与复合土钉联合支护的应用研究 [J]. 施工技术，2005，（9）：50-53.

[81]　杨志银，张俊，王凯旭. 复合土钉墙技术的研究及应用 [J]. 岩土工程学报，2005，（2）：153-156.

[82]　朱彦鹏，李忠. 深基坑土钉支护稳定性分析方法的改进及软件开发 [J]. 岩土工程学报，2005，（8）：939-943.

[83]　孙铁成，张明聚，杨茜. 深基坑复合土钉支护稳定性分析方法及其应用 [J]. 工程力学，2005，

(3)：126-133.

[84] 罗晓辉，李再光，何立红. 基于可靠性分析的基坑土钉支护稳定性 [J]. 岩土工程学报，2006，(4)：480-484.

[85] 彭孔曙，胡敏，云沈维. 复合土钉墙设计计算方法研究 [J]. 浙江工业大学学报，2006，(1)：15-19.

[86] 郭红仙，宋二祥，陈肇元. 考虑施工过程的土钉支护土钉轴力计算及影响参数分析 [J]. 土木工程学报，2007，(11)：78-85.

[87] 郭红仙，宋二祥，陈肇元. 土钉支护开挖影响面及其在土钉力计算中的应用 [J]. 工程力学，2007，(11)：82-87.

[88] 董诚，郑颖人，陈新颖，等. 深基坑土钉和预应力锚杆复合支护方式的探讨 [J]. 岩土力学，2009，(12)：3793-3796.

[89] 董建华，朱彦鹏. 土钉土体系统动力模型的建立及地震响应分析 [J]. 力学学报，2009，(2)：236-242.

[90] 魏焕卫，杨敏，孙剑平，等. 土钉墙变形的实用计算方法 [J]. 土木工程学报，2009，(1)：81-90.

[91] 杨育文. 土钉墙计算方法的适用性 [J]. 岩土力学，2009，30 (11)：3357-3364.

[92] 杨育文. 黏土中土钉墙实例分析和变形评估 [J]. 岩土工程学报，2009，31 (9)：1427-1433.

[93] 杨育文. 土钉墙中土压力探究 [J]. 地下空间与工程学报，2010，6 (2)：300-305.

[94] 杨敏，刘斌. 疏排桩-土钉墙组合支护结构工作原理 [J]. 建筑结构学报，2011，(2)：126-133.

[95] 付文光，杨志银. 复合土钉墙整体稳定性验算公式研究 [J]. 岩土工程学报，2012，34 (4)：742-747.

[96] 杨光华. 土钉支护中土钉力和位移的计算问题 [J]. 岩土力学，2012，(1)：137-146.

[97] 杨育文，肖建华. 土体自稳坡角和土钉墙稳定机理分析 [J]. 长江科学院院报，2012，29 (11)：87-90.

[98] 杨育文. 复合土钉墙实例分析和变形评估 [J]. 岩土工程学报，2012，34 (4)：734-741.

[99] 杨育文. 土钉支护中土压力计算 [J]. 岩土工程学报，2013，35 (1)：111-116.

[100] 吴佳霖，毛坚强. 土钉轴力分布规律及经验调整系数研究 [J]. 建筑科学，2017，(7)：15-21.

[101] 张有祥，杨光华，姚捷. 二元地质条件下内支撑与土钉墙支护设计问题 [J]. 重庆建筑大学学报，2008，(3)：63-68.

[102] 曾宪明等. 复合土钉支护设计与施工 [M]. 北京：中国建筑工业出版社，2009.

[103] 杨育文，肖建华. 土钉墙桩排组合支护基坑土压力和变形分析 [J]. 地下空间与工程学报，2011，7 (4)：711-716.

[104] 吴九江，程谦恭，孟祥龙. 黄土高边坡土钉—预加固桩复合支护体系性状分析 [J]. 岩土力学，2014，(7)：2029-2040.

[105] 程建华，王辉. 排桩与土钉联合支护结构的土压力分配机制 [J]. 公路工程，2016，(5)：205-207.

[106] 夏继宗，刘俊，杨兆兵. 常州地区土钉墙最佳坡比探讨 [J]. 土工基础，2017，(1)：16-19.

[107] 包永平，赵普彤，曹凤学，等. 微型桩复合土钉墙联合支护技术在基坑支护工程中的应用 [J]. 探矿工程（岩土钻掘工程），2006，(3)：12-15.

[108] 林忠伟，王新宇，张振铎. 微型护坡桩和土钉墙复合支护结构设计及实践 [J]. 岩土工程技术，2008，(5)：263-266.

[109] 柴新军，钱七虎，罗嗣海，等. 微型土钉微型化学注浆技术加固土质古窑 [J]. 岩石力学与工程学报，2008，(2)：347-353.

[110] 郑桂心. 毛竹土钉在超软土基坑支护中的应用 [J]. 地下空间与工程学报, 2009, (6): 1217-1219.

[111] 杜烨, 王君鹏, 严平. 双排桩复合土钉支护基坑的工程实例分析 [J]. 工程勘察, 2010, (1): 33-36.

[112] 付文光. 岩土工程规范杂议 [M]. 北京: 中国建筑工业出版社, 2016.

[113] 杨育文. 竹材性能和在土钉墙支护中的应用 [J]. 城市勘测, 2011, (3): 170-173.

[114] 薛丽影, 胡立强. 微型钢管桩垂直复合土钉墙在某深基坑工程中的应用 [J]. 建筑科学, 2011, (7): 99-101.

[115] Cheuk C Y, Ng C W W, Sun H W. Numerical experiments of soil nails in loose fill slopes subjected to rainfall infiltration effects [J]. Computers and Geotechnics, 2005, 32 (4): 290-303.

[116] Turner J P, Jensen W G. Landslide stabilization using soil nail and mechanically stabilized earth walls: case study [J]. Journal of Geotechnical and Geoenvironmental Engineering, 2005, 131 (2): 141-150.

[117] Yin J H, Su L J. An innovative laboratory box for testing nail pull-out resistance in soil [J]. Geotechnical Testing Journal, 2006, 29 (6): 451-461.

[118] Yin J H, Su L J, Cheung R W M. The influence of grouting pressure on the pullout resistance of soil nails in compacted completely decomposed granite fill [J]. GeotechniqueE, 2009, 59 (2): 103-113.

[119] Su L J, Chan Terence C F, Yin J H. Influence of overburden pressure on soil-nail pullout resistance in a compacted fil [J]. Journal of Geotechnical and Geoenvironmental Engineering, 2008, 134 (9): 1339-1347.

[120] Zhou W H, Yin J H. A simple mathematical model for soil nail and soil interaction analysis [J]. Computers and geotechnics, 2008, 35 (3): 479-488.

[121] Fan Chia-Cheng, Luo Jiun-Hung. Numerical study on the optimum layout of soil-nailed slopes [J]. Computers and Geotechnics, 2008, 35 (4): 585-599.

[122] Tan S A, Ooi P H, Park T S. Rapid pullout test of soil nail [J]. Journal of Geotechnical and Geoenvironmental Engineering, 2008, 134 (9): 1327-1338.

[123] Yin J H, Su L J, Cheung R W M. The influence of grouting pressure on the pullout resistance of soil nails in compacted completely decomposed granite fill [J]. Geotechnique, 2009, 59 (2): 103-113.

[124] Zhou Y D, Cheuk C Y, Tham L G. Numerical modelling of soil nails in loose fill slope under surcharge loading [J]. Computers and Geotechnics, 2009, 36 (5): 837-850.

[125] Sabhahit N, Basudhar P K, Madhav M R. A generalized procedure for the optimum design of nailed soil slopes [J]. International Journal For Numerical And Analytical Methods in Geomechanics, 2005, 19 (6): 437-452.

[126] Yang Y W. Remediating a soil-nailed excavation in Wuhan, China [J]. Geotechnical Engineering, 2007, 160 (4): 209-214.

[127] Li J, Tham L G, Junaideen S M. Loose fill slope stabilization with soil nails: full-scale test [J]. Journal of Geotechnical and Geoenvironmental Engineering, 2008, 134 (3): 277-288.

[128] Cheung Raymond W M, Lo Dominic O K. Use of time-domain reflectometry for quality control of soil-nailing works [J]. Journal of Geotechnical and Geoenvironmental Engineering, 2012, 137 (12): 1222-1235.

[129] 胡小冲. 土钉墙在北京地铁万柳站基坑支护中的应用 [J]. 路基工程, 2008, (1): 167-168.

16

［130］ 王志军，俞小姣. 软土深基坑中复合土钉墙支护应用［J］. 低温建筑技术，2006，（5）：107-108.

［131］ 刘彦忠. 复合土钉墙技术在杂填土层基坑支护中的应用［J］. 岩土力学，2002，23（4）：520-523.

［132］ 安关峰，宋二祥，高俊岳. 广州地铁小谷围岛站基坑支护设计与监测分析［J］. 岩土力学，2006，27（2）：317-322.

［133］ 陈旭伟，缪曙光，严平，等. 双排毛竹桩复合土钉墙在软土基坑围护中的应用［J］. 浙江建筑，2005，22（2）：29-30.

［134］ 林森. 复合土钉墙在深基坑工程中的应用分析［J］. 建筑科学，2009，25（3）：105-107.

第 2 章　土体的自稳性分析

2.1　概述

在公路、铁路、河道两侧，随处可见由人工开挖形成的边坡或自然边坡，既有岩质的，也有土质的，无任何支护工程措施，它们就可以保持稳定（图 2-1）。基坑工程也类似，对土质均匀、强度高、地下水埋藏较深地段，当周边环境对开挖产生的变形要求较宽松时，根据工程经验按一定坡度放坡，基坑就可满足稳定要求。放坡开挖，大多情况下是较经济的。

图 2-1　公路旁的边坡

边坡稳定，首先要确保坡底附近及以下岩土体的稳定，其次是坡底以上边坡的稳定。本章基于经典的力学理论，推导一些实用的土体自稳计算公式，提出利用土体的自稳能力进行土钉支护设计的思路，强调坡脚稳定性。

2.2　经典理论

众所周知，根据著名的朗肯土压力理论，主动土压力 p_a 由下式确定：

$$p_a = K_a \gamma z - 2c \sqrt{K_a} \tag{2-1}$$

式中：$K_a = \tan^2\left(45° - \dfrac{\varphi}{2}\right)$。

在 z_0 处，令 $p_a = 0$，由式（2-1）得到：

$$z_0 = \frac{2c}{\gamma \sqrt{K_a}} \tag{2-2}$$

假设从墙顶到 z_0 范围内黏土与墙体之间无裂缝，则该范围内土压力转变成了拉力。由式（2-1）可确定墙高 h 范围内总土压力：

$$P_a = \int_0^h (K_a \gamma z - 2c\sqrt{K_a})\mathrm{d}z = \frac{1}{2}\gamma h^2 K_a - 2ch\sqrt{K_a}$$

令 $P_a = 0$，由上式得到：

$$h = \frac{4c}{\gamma\sqrt{K_a}} \tag{2-3}$$

这时，主动土压力从墙顶处的 $-2c\sqrt{K_a}$ 沿深度逐步变成了 h 处的 $+2c\sqrt{K_a}$。但是，由于墙高 h 范围内总土压力 $P_a = 0$，无侧向总压力，也就是该范围内土体无须墙体支撑就可以保持自稳。因此，式（2-3）确定的就是土体的自稳高度[1]。比较式（2-2）和（2-3）可知，$h = 2z_0$。将式（2-3）进行简单的转化，土体的自稳高度为：

$$h_{cr} = \frac{4c}{\gamma}\tan\left(\frac{\pi}{4} + \frac{\varphi}{2}\right) \tag{2-4}$$

基于上限定理（upper bound theorem）的极限分析广泛应用于岩土工程的各个领域[2-4]，其最大特点就是在数学模型建立过程中假设条件少，在有些情况下甚至可以获得与精确的理论解非常相近的结果[2]。经典的上限定理在一般的塑性力学书中都可以找到，其定义为[2]：假设在塑性区域 Ω 中存在相容的塑性变形 $\dot{u}_i^p$、$\dot{\varepsilon}_i^p$，在变形边界 A_u 上满足 $\dot{u}_i^p = 0$，若外力 T_i、F_i 对物体所做的功率等于其内部能量耗散，即 $\int_{A_u} T_i \dot{u}_i^p \mathrm{d}A + \int_\Omega F_i \dot{u}_i^p \mathrm{d}\Omega = \int_\Omega \sigma_{ij}\dot{\varepsilon}_i^p \mathrm{d}\Omega$，则荷载 T_i 和 F_i 为大于或等于物体所能承受的最大值。

上限定理表明，在任一塑性区域若存在破坏路径，那么理想弹塑性体必将破坏[2]。该理论可由虚功原理得到证明。

下面计算图 2-2 中两刚体之间剪切薄层的能量耗散[2]。

该薄层厚度为 t，作用的正应力和剪应力分别为 σ 和 τ。当进入剪切塑性状态时，薄层存在将两刚体分开的不连续速度 δ_w，其水平和垂直方向分量分别为 δ_u、δ_v。假设剪切应变速率 $\dot{\gamma} = \dfrac{\delta_u}{t}$、正应变速率 $\dot{\varepsilon} = \dfrac{\delta_v}{t}$ 是均匀的，则单位长度内的能量耗散由下式确定：

$$D = (\tau\dot{\gamma} - \sigma\dot{\varepsilon})t \tag{2-5}$$

式中，负号表示正应力方向与正应变速率相反。将假设的均匀速率代入式（2-5）中，整理得到：$D = \tau\delta_u - \sigma\delta_v = \tau\delta_u - \sigma\delta_u\tan\varphi = (\tau - \sigma\tan\varphi)\delta_u$。进入剪切塑性状态的薄层，必符合摩尔-库仑准则，于是有：

$$D = c \times \delta_u \tag{2-6}$$

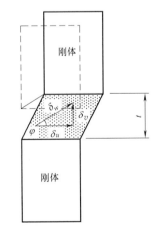

图 2-2　剪切薄层滑移（$\varphi \neq 0$）

下面举例说明上限定理的应用[2]。

如图 2-3 所示，高度为 h 的垂直边坡，土体重度 γ，抗剪强度指标 c、φ，自重 W。假

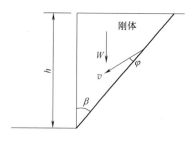

图 2-3　垂直边坡的临界高度

设在重力作用下，边坡沿与垂直方向成 β 角产生了一个薄层滑动面，自重所做的功率与滑动薄层土体能量耗散率相等。重力所做的功率为 $\frac{1}{2}\gamma h^2 \tan\beta\cos(\varphi+\beta)$，滑动薄层产生的能量耗散率为 $c\dfrac{h}{\cos\beta}v\cos\varphi$，由此建立平衡方程，得到 $h=\dfrac{2c}{\gamma}\times\dfrac{\cos\varphi}{\sin\beta\cos(\varphi+\beta)}$。取 β 的最小值，有 $\beta_{cr}=\dfrac{\pi}{4}-\dfrac{\varphi}{2}$，代入上式得到：

$$h_{cr}=\frac{4c}{\gamma}\tan\left(\frac{\pi}{4}+\frac{\varphi}{2}\right) \tag{2-7}$$

将式（2-7）与式（2-4）比较，两者完全一致[2]。可以看出，朗肯理论得到的解如果不是精确值，也是一个上限[2]。由土压力理论知，对挡土墙垂直设置、墙后地面水平的情形，当墙背和土体之间的摩擦角等于零时，由上、下限定理得到的土压力解答是相同的。

事实上，可以将图 2-3 所示的案例进行延伸，推导出任意坡度下土体自稳临界高度。首先引入四个假设条件[5]：（1）边坡稳定属平面应变问题；（2）坡高范围内土体性质相近；（3）潜在滑动面近似为平面，坡底以下土层稳定；（4）不存在地下水或地下水水位在坡底以下。

如图 2-4 所示，一高度为 h、坡角为 β 的边坡，重度 γ，抗剪强度指标 c、φ。假设一平面薄层滑动面 AC 与水平方向夹角是 α，滑动面上速度向量 v 与 AC 的夹角等于土体内摩擦角 φ。

土体自重 W 由下式决定：

$$W=\frac{1}{2}\gamma h^2(\cot\alpha-\cot\beta) \tag{2-8}$$

重力所作的功率为：$\frac{1}{2}\gamma h^2(\cot\alpha-$

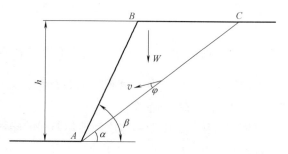

图 2-4　边坡滑动机理

$\cot\beta)v\sin(\alpha-\varphi)$。沿滑动面 AC 上土体能量耗散率为 $c\dfrac{h}{\sin\alpha}v\cos\varphi$。根据上限定理，使得自重所做的功率与滑动面 AC 上土体能量耗散率相等，建立平衡方程，整理得到：

$$h=\frac{2c}{\gamma}\times\frac{\cos\varphi}{\sin\alpha\sin(\alpha-\varphi)(\cot\alpha-\cot\beta)} \tag{2-9}$$

若地表存在均布超载 q，则上式变成：

$$h=\frac{2c}{\gamma}\times\frac{\cos\varphi}{\sin\alpha\sin(\alpha-\varphi)(\cot\alpha-\cot\beta)}-\frac{2q}{\gamma} \tag{2-10}$$

当已知滑动面与水平方向夹角为 α 时，可用式（2-10）确定该边坡的极限自稳高度 h。当 $\alpha<\varphi$ 时，式（2-10）中 $\sin(\alpha-\varphi)$ 变成 $\sin(\varphi-\alpha)$。对式（2-10）中 α 求导，令其等于 0，整理后得到：

$$\sin(\beta-\alpha)\sin(2\alpha-\varphi)-\sin(\alpha-\varphi)\sin\beta=0 \tag{2-11}$$

求解上式，得到 α 的临界值：

$$\alpha_{cr}=\frac{1}{2}(\beta+\varphi) \tag{2-12}$$

式（2-12）中，α_{cr} 表示的是土体达到稳定极限平衡状态时潜在滑动面与水平方向的夹角，与地表超载 q 无关。此时，可以证明 AC 面上剩余下滑力为零。当 $\beta=90°$ 时，由式（2-12）得 $\alpha_{cr}=45°+\varphi/2$，这与 Rankine 主动土压力理论得到的结论一致。将式（2-12）代入（2-10）中，得到边坡自稳临界高度：

$$h_{cr}=\frac{4c}{\gamma}\times\frac{\sin\beta\cos\varphi}{1-\cos(\beta-\varphi)}-\frac{2q}{\gamma} \tag{2-13}$$

事实上，采用力平衡分析方法，也可以推导出公式（2-13）。

当 $\beta=90°$、$q=0$ 时，由式（2-13）得到：

$$h_{cr}=\frac{4c}{\gamma}\times\tan\left(45°+\frac{\varphi}{2}\right) \tag{2-14}$$

上式与垂直边坡推导出的公式（2-4）或式（2-7）一致。

基坑工程中，当开挖深度 $h>h_{cr}$ 时，部分土体将发生塑性屈服，产生过大的变形。基坑支护的重点首先是确保基坑坑底以下土体的稳定，其次是坑底以上边坡。

反过来，已知坡高 h，由式（2-13）确定对应的自稳临界坡角 β_{cr}：

$$\beta_{cr}=2\arctan\frac{k_1+\sqrt{k_1^2+(k_2+k_3)(k_2-k_3)}}{k_2+k_3} \tag{2-15}$$

式（2-15）中，

$$k_1=4c\cos\varphi+\left(h+\frac{2q}{\gamma}\right)\gamma\sin\varphi$$

$$k_2=\left(h+\frac{2q}{\gamma}\right)\gamma\cos\varphi$$

$$k_3=\left(h+\frac{2q}{\gamma}\right)\gamma \tag{2-16}$$

由式（2-15）确定的 $\beta_{cr}\geqslant\varphi$。

当黏聚力 $c=0$ 时，$\beta_{cr}=\varphi$。黏聚力为零的干燥砂土同样具有自稳性，其自稳临界坡角 β_{cr} 等于砂土的内摩擦角 φ。

若坡底下岩土体能保持稳定，对任一均质边坡，只要边坡高度 h 小于或等于由式（2-13）确定的 h_{cr}，或其边坡坡角 β 小于或等于由式（2-15）确定的 β_{cr}，该边坡短期内可以保持自稳，不需要任何支护。

基坑是人工形成的边坡。随着土体开挖，坑壁临空面附近土体侧向应力逐步释放，土体在自重等荷载作用下将向坑内倾斜，试图达到新的稳定平衡状态。如图 2-5 所示，当开挖深度 h 达到临界值 h_{cr1} 时，由式（2-15）得到自稳临界坡度 β_{cr1}，坡面是 AB。开挖深度继续增加之后，坡面由 AB 变成了 $A'B'$，由式（2-15）得到新的自稳临界坡度 β_{cr2}。此时，$\beta_{cr2}<\beta_{cr1}$，对应的坡面 AB 发生"漂移"，变成 $A'B'$，如图 2-5 所示。对黏聚力 c 大于零的土体，当基坑开挖深度超过自稳临界值时，在土体自重等荷载的作用下，为了达到新的自

稳平衡状态，开挖面土体将"自动地顺时针转动"，到达自稳临界坡度为 β_{cr} 的位置。也就是说，开挖深度超过自稳临界值之后，随着深度的增加，其自稳坡角逐步地减少。

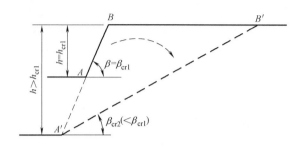

图 2-5　土体"自动地"减少自稳临界坡角

2.3　渗流条件下边坡的自稳性

2.3.1　公式推导

若图 2-4 所示边坡中存在稳定渗流场，发生向坡面方向的渗流，其流网如图 2-6 所示[6]。流网中，浸润线（phreatic surface）最高处距坡底 z，分别与坡面 AB、潜在滑动面 AC 交于 E、D 两点，ab 表示等势线，它与 AD 线中点相交于 o。a 点孔隙水压（pore pressure）为零，其总水头（total head）等于位置水头（position head）。AD 线上的中点 o 与 a 点位于同一等势线 ab 上，总水头相等。要使它们的总水头相等，o 点孔压水头 $\dfrac{u}{\gamma_w}$ 必须等于 a 点高程减少值（如图 2-6 所示），由此确定 o 点孔压值 u。AD 线两端 A、D 两点位于渗流边界上，不存在孔隙水压。沿 AD 线中部附近等势线的高程减少值较大，因此，作用于 AD 上的孔隙水压在 AD 线中部附近较大，两端为零，其总孔隙水压等于虚线包围的弓形面积，方向垂直于 AD 面。

根据以上分析，为了便于在实际工程中应用，可简化计算 AD 面上承受的孔隙水压力。如图 2-7 所示，沿 AD 线上 A、D 两点水压为零，中点最大，假设孔隙水压力沿 AD 线性分布，同时将倾斜的浸润线 DE 改为水平。如图 2-7 所示，简化后，三角形的面积就

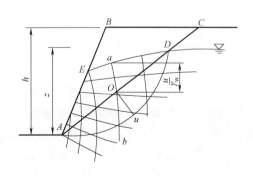

图 2-6　流网分析

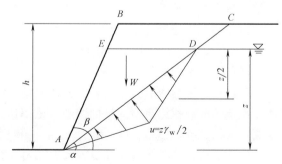

图 2-7　渗流作用下的计算模型

是 AD 上承受的总孔隙水压力。由于将倾斜的浸润线 DE 改为水平，增加了渗流的影响范围，因此，这种简化方法偏于安全。

AD 面上中点最大静水压力值为：

$$u=\frac{1}{2}\gamma_{\mathrm{w}}z \tag{2-17}$$

令 $z=\xi h$（$0<\xi\leqslant1$），由图 2-7 计算 AD 面上承受的总孔隙水压力 U：

$$U=\frac{z\gamma_{\mathrm{w}}}{4\sin\alpha}h=\frac{\xi\gamma_{\mathrm{w}}}{4\sin\alpha}h^2 \tag{2-18}$$

以 DE 为界，其上、下土体分别以天然重度 γ、饱和重度 γ_{sat} 计。自重 W 由下式确定：

$$W=\frac{1}{2}h^2\left[\xi^2\gamma_{\mathrm{sat}}+(1-\xi^2)\gamma\right](\cot\alpha-\cot\beta) \tag{2-19}$$

如图 2-7 所示，当滑动楔形体 ABC 达到稳定极限平衡状态时，沿潜在滑动面 AC 上土体的下滑力和土体抗力相等：

$$(W\cos\alpha-U)\tan\varphi+ch/\sin\alpha=w\sin\alpha \tag{2-20}$$

式中：U 是沿 AD 面总孔隙水压力；c、φ 是沿潜在滑动面 AC 的土体强度指标，取总应力抗剪强度指标；W 是楔形体 ABC 的重力。将式（2-18）、式（2-19）代入式（2-20）中，整理得到：

$$h=\frac{4c\sin\beta\cos\varphi}{2\left[\xi^2\gamma_{\mathrm{sat}}+(1-\xi^2)\gamma\right]\sin(\alpha-\varphi)\sin(\beta-\alpha)+\xi\gamma_{\mathrm{w}}\sin\beta\sin\varphi} \tag{2-21}$$

若滑动面已经形成（如发生滑动等），滑动面倾角 α 已知，可用式（2-21）计算边坡自稳临界高度 h。当 $\xi=0$，无地下水时，由式（2-21）得到：

$$h=\frac{2c\sin\beta\cos\varphi}{\gamma\sin(\alpha-\varphi)\sin(\beta-\alpha)} \tag{2-22}$$

上式与 Culmann 在 1866 年推导的公式一致[7]。$q=0$ 时，式（2-10）进一步简化后，也可得到与上式一致的形式。

对式（2-21）中的 α 求极值，得到 α 的临界值 α_{cr}，它与式（2-12）表达式一致。将式（2-21）中的 α 用式（2-12）中的 α_{cr} 替代，得到边坡自稳临界高度：

$$h_{\mathrm{cr}}=\frac{4c\sin\beta\cos\varphi}{\left[\xi^2\gamma_{\mathrm{sat}}+(1-\xi^2)\gamma\right]\left[1-\cos(\beta-\varphi)\right]+\xi\gamma_{\mathrm{w}}\sin\beta\sin\varphi} \tag{2-23}$$

当 $\xi=0$（无地下水）和不考虑超载 q 时，式（2-23）将变成与式（2-13）相同的形式。可以证明，当地表存在均布超载 q 时，式（2-23）左侧须减去 $\frac{2q}{\gamma}$。

以上公式推导中，浸润线以上、以下土体分别取天然重度、饱和重度，考虑了滑动面 AD 上承受的孔隙水压力对边坡自稳临界高度的影响。另外一种分析方法是，浸润线以上、以下土体分别取天然重度、浮重度，考虑渗透力（seepage force）的影响[8]。前一种方法的优点是不必画流网来确定渗透力。

采用式（2-23）确定土体自稳临界高度时，土体剪切参数取值应符合现场土体固结排水条件。对正常固结黏性土和黏质粉土，土的抗剪强度指标可用三轴固结不排水剪强度指标或直剪固结快剪强度指标；若为欠固结土，宜采用有效自重压力下预固结的三轴不固结不排水抗剪强度指标。对砂质粉土、砂土等排水性较好土类，土的抗剪强度指标应采用有效应力强度指标。

2.3.2 工程应用

雅安—泸沽高速公路文武坡喇嘛溪沟段路基边坡[9]，该段路基开挖后，左侧边坡高达40m，坡角45°，由昔格达组砂泥岩、局部夹砾岩透镜体构成，胶结程度差，工程性质与土相类似，坡底稳定，坡顶不考虑超载。天然状态下岩土参数：重度18.5kN/m³，力学参数 $c=42.5$kPa、$\varphi=19°$。实际工程中，该边坡是稳定的。将相关参数代入式（2-13）中，得到 $h_{cr}=60.75$m，大于实际坡高40m。因此，计算结果也证明该边坡是稳定。

在全饱和状态时（$\xi=1.0$），饱和重度20kN/m³，力学参数 $c=28.8$kPa、$\varphi=13.3°$，将相关参数代入式（2-23）中，得到 $h_{cr}=26.6$m，与文献［9］得到的结论一致，小于实际坡高40m。因此，地下水将导致该边坡失稳。若地下水位逐步下降，例如，$\xi=0.8$、0.6、0.4，湿重度 $\gamma=18.5$kN/m³，由式（2-23）计算，分别得到 $h_{cr}=33.3$m、41.5m、50.4m。由此可见，只有地下水水位降到24m以下时（$\xi=0.6$），该边坡才进入稳定状态。

不考虑超载的影响，比较式（2-13）和（2-23）可知，存在地下水情况下，岩土体的自稳临界高度 h_{cr} 将明显减少。这证明了虽然渗流不改变岩土体中潜在滑动面的位置，但可以减少岩土体自稳高度。式（2-23）表明，在渗流条件下，只要边坡高度小于岩土体自稳临界高度 h_{cr}，则岩土体可以保持自稳，短期内不会发生滑塌事故。

2.4 规范推荐的方法

前节公式推导中，假设边坡坡底或基坑坑底以下岩土体是稳定的。基坑工程中，坑底附近土层软弱，无法承受上部土体自重等荷载发生隆起破坏，在土钉支护技术发展的前三个阶段中出现较多，教训深刻。当时土钉支护稳定分析只进行整体圆弧滑动计算，对坑底附近软弱土层的承载力不作单独验算。边坡稳定圆弧滑动法，如瑞典圆弧法，验算的是沿整个滑动面平均抗剪能力，无法反映坑底附近局部软弱土层的承载力是否充足。

如图2-8所示，软弱土层埋于坑底以下 t，或超前支护桩插入基坑底面以下深度为 t，该处存在软土层，可根据式（2-24）进行坑底抗隆起稳定性验算。

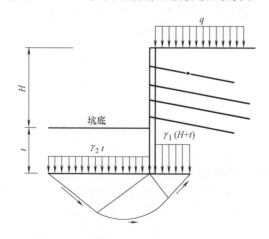

图 2-8　坑底抗隆起验算计算简图[10]

$$\frac{\gamma_2 t N_q + c N_c}{\gamma_1 (H+t) + q} \geqslant K_l \tag{2-24}$$

式中：N_q、N_c——地基承载力系数，$N_q = \exp(\pi \tan\varphi) \tan^2\left(45° + \dfrac{\varphi}{2}\right)$，$N_c = (N_q - 1)$

$\cos\varphi$，当 $\varphi = 0$ 时，$N_q = 1$，$N_c = 5.14$；

γ_1、γ_2——分别为地表、坑底至超前支护桩底部或软弱土层顶板各土层天然重度标准值的加权平均值；

t——软弱土层埋深或超前支护桩嵌固深度；

H——基坑开挖深度；

q——地表附加荷载；

c、φ——软弱土层黏聚力及内摩擦角；

K_l——抗隆起安全系数[10]，对应于基坑安全等级一、二、三级时分别取 1.4、1.3、1.2。

基坑规范中也给出了类似的验算方法[11]：

$$\frac{\gamma_{m2} D N_q + c N_c}{\dfrac{q_1 b_1 + q_2 b_2}{b_1 + b_2}} \geqslant K_b \tag{2-25}$$

$$q_1 = 0.5 \gamma_{m1} h + \gamma_{m2} D \tag{2-26}$$

$$q_2 = \gamma_{m1} h + \gamma_{m2} D + q_0 \tag{2-27}$$

式中：N_q、N_c——承载力系数，与式（2-24）中的系数一致；

q_0——地面均布荷载（kPa），如图 2-9 所示；

γ_{m1}——基坑底面以上土的重度（kN/m³），对多层土取各层土按厚度加权的平均重度；

h——基坑深度（m），如图 2-9 所示；

γ_{m2}——基坑底面至抗隆起计算平面之间土层的重度（kN/m³），对多层土取各层土按厚度加权的平均重度；

D——基坑底面至抗隆起计算平面之间土层的厚度（m），如图 2-9 所示，当抗隆起计算平面为基坑底平面时，取 D 等于 0；

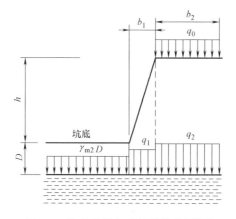

图 2-9　坑底抗隆起验算计算简图[11]

b_1——土钉墙坡面的宽度（m），当土钉墙坡面垂直时取 b_1 等于 0；

b_2——地面均布荷载的计算宽度（m），可取 b_2 等于 h；

K_b——抗隆起安全系数[11]，安全等级为二级、三级的土钉墙，K_b 分别不应小于 1.6、1.4。

对不固结不排水软土层抗隆起验算（$\varphi=0$），Terzaghi 提出了一个简单的计算方法，如图 2-10 所示[8]。图中 bc 假定为圆弧，其半径 $ab=(B/2)/\cos 45°\approx 0.7B$，则竖向压力 $p=\gamma H-\dfrac{c_u H}{0.7B}$，假设 p 为均匀分布，如图 2-10 所示。沿滑动面 bc 土体抗剪强度为 $c_u N_c$，其中 N_c 为承载因子，太沙基取值为 5.7；c_u 为软土层黏聚力。当沿滑动面软土的抗剪强度不足以抵抗竖向压力 p 时，坑底隆起破坏就发生了。坑底抗隆起的安全系数定义为：

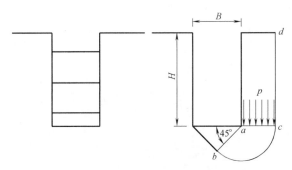

图 2-10 不固结不排水软土层坑底破坏[8]

$$F_b=\frac{c_u N_c}{p} \tag{2-28}$$

若一硬土层存在于坑底下 D_f 深度处，当 $D_f<0.7B$ 时，则用 D_f 替代式（2-28）中的 $0.7B$。只在基坑深度与宽度之比较小时，式（2-28）才能得到可靠的结果[8]。对有较大深宽比的基坑，在 cd 边形成剪切破坏面之前，局部破坏就已经发生了。此时坑底抗隆起安全系数为[8]：

$$F_b=\frac{c_u N_c}{\gamma H} \tag{2-29}$$

事实上，坑底附近土层承载力是否稳定是所有支护方式中存在的一个问题。例如，杭州地铁湘湖站基坑采用地下连续墙＋四道钢管内支撑支护，地下连续墙厚度 0.8m，嵌入基坑底面以下深度 17.3m，但悬于⑥₁层淤泥质粉质黏土之中，如图 2-11 所示。2008 年 11 月 15 日 15：15 左右，北 2 基坑西侧风情大道长约 75m 路面发生塌陷，造成 17 人死亡、4 人失踪[12]。

滑塌地段基坑支护剖面如图 2-11 所示，下面验算⑥₁淤泥质粉质黏土层的承载能力。

据文献［12］，连续墙外侧和开挖内侧土层重度分别为 $\gamma_1=17.4\text{kN/m}^3$、$\gamma_2=17.2\text{kN/m}^3$、$H=16.3\text{m}$、$t=17.3\text{m}$、$q=20\text{kPa}$，取该土层的快剪强度指标[12]：$c=7.2\text{kPa}$、$\varphi=8.5°$，计算得到 $N_q=2.15$、$N_c=7.70$。将这些数据代入式（2-24），得到该层抗隆起安全系数 $\dfrac{17.2\times17.3\times2.15+7.2\times7.7}{17.4\times(16.3+17.3)+20}=1.15$。采用式（2-25）计算，也可得到类似的结果。

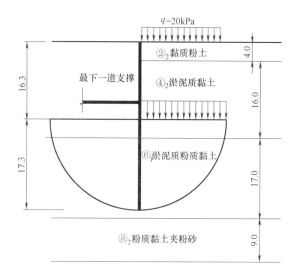

图 2-11　基坑支护剖面示意图（单位：m）[12]

利用⑥₁淤泥质粉质黏土层 UU 强度指标 $c_u=10$kPa[12]，此时 $N_c=5.70$。考虑基坑内侧桩底以上 17.3m 厚土层自重的影响，$N_q=1$、$\gamma_2=17.2$kN/m³。将式（2-29）稍作变化，得到 $F_b=\dfrac{c_u N_c+\gamma_2 t N_q}{\gamma_1(H+t)+q}$。将这些数据代入上式，有 $F_b=\dfrac{10\times5.7+17.2\times17.3\times1}{17.4\times(16.3+17.3)+20}=0.59$。显然，⑥₁淤泥质粉质黏土层承载能力不足。

2018 年 9 月 1 日凌晨，武汉市洪山区一开挖近 9m 深的基坑，南侧长约 80m 范围突然发生坑底隆起失稳，地面最大下沉达 2m（图 2-12、图 2-13）。该基坑采用内支撑桩排支护方案，桩排为 φ1000@1400 钻孔灌注桩，桩长 20m，设置一道内支撑；桩间采用 φ700、桩长 10.6m 高压施喷桩止水。浅部为 2m 左右的杂填土，其下为 5m 左右的淤泥质粉质黏土，软流塑状，第三层及以下均为黏土。软塑或硬塑状，基岩为泥质粉砂岩，埋藏深度 25m 左右。

图 2-12　基坑发生"踢脚"失稳（从西侧拍摄）

图 2-13　基坑南侧围檩下沉、与支护桩脱离

土钉支护设计中，首先须确保基坑坑底附近和坑底以下岩土体的稳定。另外，土钉支护是柔性支护，刚度小，基坑边坡中部发生的变形较大（将在第 6.4 节中讨论）。因此，设计中需稳坡脚，然后就是要控制基坑中间的过大位移。

2.5　设计中土体的自稳性

与传统的支护方式相比，土钉支护的最大特点就是能充分地调动土体的自稳能力。如何充分发挥土体的抗剪能力是土钉支护设计中首要考虑的问题。了解土体的自稳性，至少有两个方面的作用：

（1）确定分步开挖的深度；

（2）估算基坑性。

若能充分地发挥土体的自稳能力，既能确保工程的安全，又能降低工程造价，是较优化的设计方案。

由式（2-13）、式（2-23）确定的土体自稳临界高度 h_{cr}，与土体的黏聚力关系极大。若土体 c 较小，例如 $c<5kPa$，若设计为垂直边坡，土体自稳高度太小，分层开挖时有可能无法保持自稳，则要考虑超前支护方式，如水泥土挡墙土钉支护等。

当基坑较深（例如大于 6m）时，若周边环境对变形要求不苛刻情况下，设计中可采用缓坡或分级放坡，增强土体自稳性。

若滑动面已经形成（如滑坡等），滑动面倾角 α 已知，则可用式（2-10）式（2-21）确定边坡自稳临界高度。此时土层强度力学参数可取残余抗剪指标值。

设计中，也可按工程类比确定边坡坡率允许值。当无经验，且土质均匀良好、地下水贫乏、无不良地质现象和地质环境条件简单时，可按表 2-1 确定[13]：

土质边坡的坡率允许值　　　　　　　　表 2-1

边坡土体类别	状态	坡率允许值（高宽比）	
		坡高小于 5m	坡高 5～10m
碎石土	密实	1∶0.35～1∶0.50	1∶0.50～1∶0.75
	中密	1∶0.50～1∶0.75	1∶0.75～1∶1.00
	稍密	1∶0.75～1∶1.00	1∶1.00～1∶1.25

边坡土体类别	状态	坡率允许值(高宽比)	
		坡高小于 5m	坡高 5～10m
黏性土	坚硬	1∶0.75～1∶1.00	1∶1.00～1∶1.25
	硬塑	1∶1.00～1∶1.25	1∶1.25～1∶1.50

表 2-1 中，碎石土的充填物为坚硬或硬塑状态的黏性土，对于砂土或充填物为砂土的碎石土，其边坡坡率允许值应按砂土或碎石土自然休止角确定。

对人工开挖形成的土质路堑，当边坡高度不大于 20m 时，文献［14］中也规定了边坡坡率值。

前面公式推导中，没有考虑到多层土体。有学者探讨过多层土的力学问题[15]。实际工程中，基坑开挖影响深度范围内土体大多是非均匀的。若浅部与下部土层强度相差较大，确定基坑临界高度 h_{cr} 时，偏于安全考虑，可作如下近似处理：

（1）如果开挖深度范围内浅层土体为软土、填土等，可将其等效成超载 q，以下部土层力学和几何参数确定边坡自稳临界高度。

（2）如果基坑底部附近土层为软土等，按软土层的力学参数确定基坑自稳临界高度。除此之外，还应验算软弱土层的承载力。

须指出的是，坑底抗隆起稳定性验算，是基坑工程设计中基本的计算。

参 考 文 献

［1］ Terzaghi K，Peck R B，Mesri G，Soil mechanics in engineering practice（third edition）［M］．John wiley & sons，Inc.，1996．

［2］ Chen W F．Limit analysis and soil plasticity［M］．Elsevier，Amsterdam，1975．

［3］ Donald I，Chen Z Y．Slope stability analysis by an upper bound plasticity method［J］．Canadian Geotechnical Journal，1997，34（11）：853-862．

［4］ Chen Z，Wang J，Wang Y．A three-dimensional slope stability analysis method using the upper bound theorem，part I：theory and methods［J］．International Journal of Rock Mechanics and Mining Sciences，2001，38（3）：379-397．

［5］ 杨育文，肖建华．土体自稳坡角和土钉墙稳定机理分析［J］．长江科学院院报，2012，29（11）：87-90．

［6］ 杨育文，周志立，蒋涛，等．渗流作用下边坡自稳临界高度计算［J］．长江科学院院报，2013，30（10）：54-57．

［7］ 蒋忠信．边坡临界高度卡尔曼公式之工程应用［J］．岩土工程技术，2007，21（5）：217-220．

［8］ Craig R F．Soil mechanics（sixth edition）［M］．Spon press，New York，2002．

［9］ 邓雄业，柴春阳，王小兵．土质边坡极限稳定坡角与极限高度分析［J］．路基工程，2008，（2）：109-110．

［10］ GB 50739—2011 复合土钉墙基坑支护技术规范［S］．北京：中国计划出版社，2012．

［11］ JGJ 120—2012 建筑基坑支护技术规程［S］．北京：中国建筑工业出版社，2012．

［12］ 旷成，李继民．杭州地铁湘湖站"08.11.15"基坑坍塌事故分析［J］．岩土工程学报，2010，32（S1）：338-342．

［13］ GB 50330—20013 建筑边坡工程技术规范［S］．北京：中国建筑工业出版社，2013．

［14］ JTG D30—2015 公路路基设计规范［S］．北京：人民交通出版社，2004．

［15］ 栾茂田，金崇磐，林皋．非均质地基上浅基础的极限承载力［J］．岩土工程学报，1988，10（4）：14-27．

第3章　侧向土压力计算

3.1　经典理论

对符合一本构关系的土体，它作用在挡土墙上的侧向土压力理论解要求土体力平衡微分方程和位移相容方程满足给定的边界条件。除极少数情况外，侧向土压力求解过于复杂。若不考虑土体变形，仅关心滑动破坏状态，则可由塑性理论求解。塑性理论中，材料的屈服（yielding）、硬化（hardening）、流塑（flow）特性分别由屈服函数（yield function）、硬化定律（hardening law）和流动法则（flow rule）确定。屈服函数由主应力或应力分量表达，Mohr-Coulomb 准则就是假定土体完全塑性下的一个屈服函数。硬化定律描述了屈服应力增量与相应应变增量之间的关系。流动法则指定了在一应力状态下屈服过程中塑性应变分量的相对大小。硬化定律和流动法则也可由临界状态参数表达。

假设土体是完全刚性塑性（rigid-perfectly plastic）材料，在一应力状态下屈服和剪切破坏同时发生，产生无约束的塑性流动。达到塑性平衡状态后，土体滑塌就会发生，这时作用在土体上的荷载（包括自重）称为破坏荷载。塑性理论提供了避免复杂分析的方法，可用极限定理（limit theorem）求解破坏荷载的界限值，有些情况下也可能得到真实解[1]。

3.1.1　朗肯土压力理论

早在 1857 年，Rankine 提出了挡土墙土压力理论[1]。朗肯土压力理论（Rankine's theory of earth pressure）假设土体发生了充分的变形，应力已达到塑性平衡状态，满足下限定理解答条件。如图 3-1 所示，假设半无限（semi-infinite）墙面光滑、向下无限延伸的挡土墙，墙后土体表面水平、边界垂直，土体是均匀同性的。对土体中任一深度 z 处一单元，作用着 σ_x、σ_z。依据假设条件推断，在单元垂直和水平面上不存在剪应力，因此 σ_x、σ_z 就是主应力，即 $\sigma_z = \sigma_1 = \gamma z$，$\sigma_x = \sigma_3$，$\gamma$ 是土体重度。

假设土体侧向膨胀，向外移动（图 3-1a、图 3-1b）。随着位移的增加，σ_x 逐渐减少。当位移增加到某一值时，σ_x 值变成最小值，这时土体达到塑性平衡状态，土体中任意一点

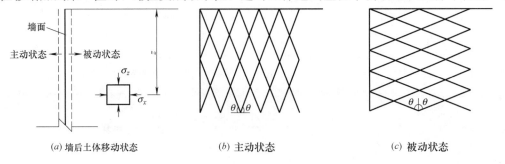

(a) 墙后土体移动状态　　　　(b) 主动状态　　　　(c) 被动状态

图 3-1　主动和被动 Rankine 状态[1]

的应力可由莫尔圆表示（图 3-2），破坏面与主应力 σ_1 作用面之间的夹角 $\theta=45°+\dfrac{\varphi}{2}$，$\varphi$ 为土体内摩擦角。

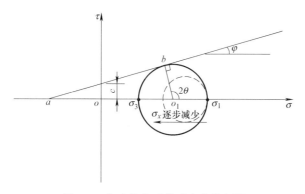

图 3-2　主动状态下单元应力莫尔圆

图 3-2 三角形 abo_1 中，线段长度 $\overline{bo_1}=\dfrac{\sigma_1-\sigma_3}{2}$，$\overline{oo_1}=\dfrac{\sigma_1+\sigma_3}{2}$，$\overline{ao}=c\times\cot\varphi$

由三角形的关系，有：

$$\sin\varphi=\frac{\overline{bo_1}}{ao_1}=\frac{\overline{bo_1}}{\overline{ao}+\overline{oo_1}} \tag{3-1}$$

将前面线段长度代入得到：

$$\sin\varphi=\frac{\dfrac{\sigma_1-\sigma_3}{2}}{c\times\cot\varphi+\dfrac{\sigma_1+\sigma_3}{2}} \tag{3-2}$$

整理得到：

$$\sigma_3=\frac{1-\sin\varphi}{1+\sin\varphi}\sigma_1-\frac{2c\times\cos\varphi}{1+\sin\varphi} \tag{3-3}$$

式中：

$$\frac{1-\sin\varphi}{1+\sin\varphi}=\frac{\left(\sin\dfrac{\varphi}{2}-\cos\dfrac{\varphi}{2}\right)^2}{\left(\sin\dfrac{\varphi}{2}+\cos\dfrac{\varphi}{2}\right)^2}=\left(\frac{1-\tan\dfrac{\varphi}{2}}{1+\tan\dfrac{\varphi}{2}}\right)^2=\tan^2\left(45°-\frac{\varphi}{2}\right) \tag{3-4}$$

$$\frac{\cos\varphi}{1+\sin\varphi}=\frac{\cos^2\dfrac{\varphi}{2}-\sin^2\dfrac{\varphi}{2}}{\left(\sin\dfrac{\varphi}{2}+\cos\dfrac{\varphi}{2}\right)^2}=\frac{\cos\dfrac{\varphi}{2}-\sin\dfrac{\varphi}{2}}{\sin\dfrac{\varphi}{2}+\cos\dfrac{\varphi}{2}}=\tan\left(45°-\frac{\varphi}{2}\right) \tag{3-5}$$

将上面两式代入式（3-3）中得到：

$$\sigma_3=\sigma_1\tan^2\left(45°-\frac{\varphi}{2}\right)-2c\times\tan\left(45°-\frac{\varphi}{2}\right) \tag{3-6}$$

于是有[1]：

$$\sigma_3=K_a\sigma_1-2c\sqrt{K_a} \tag{3-7}$$

或者有：

$$p_a=K_a\gamma z-2c\sqrt{K_a} \tag{3-8}$$

式中：$K_a=\tan^2\left(45°-\dfrac{\varphi}{2}\right)$，为主动土压力系数；$p_a$ 为主动土压力（the active pressure）（kPa）。

若挡土墙向墙内移动，土体受到侧向压缩，σ_x 增加，如图 3-1a 和图 3-1c 所示。当向内移动增加达到某一值时，水平应力 σ_x 达到最大值，此时 $\sigma_x=\sigma_3$，而 $\sigma_z=\sigma_1=\gamma z$ 保持不变，土体进入被动塑性平衡状态。土体中任意一点的应力可由莫尔圆表示（图 3-3），破坏面与主应力 σ_3 作用面之间的夹角保持不变，$\theta=45°+\dfrac{\varphi}{2}$。

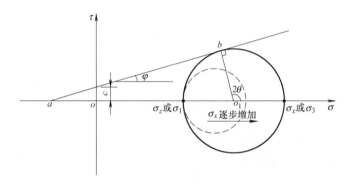

图 3-3 被动状态下单元应力莫尔圆

与前面类似，在图 3-3 三角形 abo_1 中，线段长度 $\overline{bo_1}$ 变成了 $\dfrac{\sigma_3-\sigma_1}{2}$，其余保持不变。

同理，由三角形的关系，有：

$$\sin\varphi=\frac{\overline{bo_1}}{\overline{ao_1}}=\frac{\overline{bo_1}}{\overline{ao}+\overline{oo_1}} \tag{3-9}$$

或者

$$\sin\varphi=\frac{\dfrac{\sigma_3-\sigma_1}{2}}{c\times\cot\varphi+\dfrac{\sigma_1+\sigma_3}{2}} \tag{3-10}$$

整理得到：

$$\sigma_3=\frac{1+\sin\varphi}{1-\sin\varphi}\sigma_1+\frac{2c\times\cos\varphi}{1-\sin\varphi} \tag{3-11}$$

类似的，将上式进行转换可以得到[1]：

$$\sigma_3=K_p\sigma_1+2c\sqrt{K_p} \tag{3-12}$$

或

$$p_p=K_p\gamma z+2c\sqrt{K_p} \tag{3-13}$$

式中：$K_p=\tan^2\left(45°+\dfrac{\varphi}{2}\right)$，被动土压力系数；$p_p$ 为被动土压力（the passive pressure）（kPa）。

由式（3-8）确定的主动土压力 p_a 在单位长度挡土墙上产生的力称为总主动推力 P_a（total active thrust），单位为 kN。由式（3-13）确定的被动土压力 p_p 沿单位长度挡土墙上产生的力称为总被动阻力 P_p（total passive resistance），单位为 kN。

若侧向土体应变为零，这时土压力称为静止土压力（earth pressure at-rest）。某一深度 z 处静止土压力 p_0 为：

$$p_0 = K_0 \gamma z \tag{3-14}$$

式中：K_0 由室内三轴试验确定。对正常固结土，$K = 1 - \sin\varphi'$；对超固结土，K_0 可大于 1。

图 3-4 表示了土体侧向应变和土压力系数的关系。要达到被动土压力，土体压缩应变将远大于达到主动土压力时的膨胀应变。例如，在密砂中，要进入被动状态，要求挡土墙向内发生 2‰～4‰ 倍嵌固深度的侧向位移；进入主动状态，只需向外发生 0.25‰ 倍嵌固深度的侧向位移[1]。

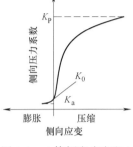

图 3-4 土体侧向应变和土压力系数的关系[1]

若水下土体处于排水状态，主动或被动土压力计算中土体按浮重度计，取有效应力强度指标。除了主动、被动土压力外，还须计入孔隙水压力。若水下土体处于不排水状态，主动或被动土压力计算中土体按饱和重度计，参数采用不固结不排水强度指标，不必单独考虑孔隙水压力[1]。

朗肯土压力理论要求挡土墙墙背直立和光滑，墙后地面水平、向下无限延伸的半无限土体。朗肯土压力是下限定理的塑性解。

3.1.2　库仑土压力理论

Coulomb 在 1776 年提出了挡土墙土压力计算方法[1]，比 Rankine 土压力理论早 81 年。库仑土压力理论（Coulomb's theory of earth pressure）考虑回填土情况（$c=0$），如图 3-5 所示，楔形土体在 W、P、R 三个作用力下向下滑动达到主动极限平衡状态，假定破坏面 BC 为平面，挡墙和楔形土体之间的摩擦角为 δ。

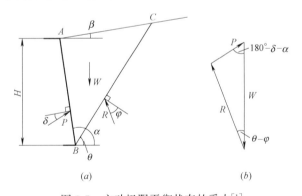

图 3-5　主动极限平衡状态的受力[1]

在图 3-5b 所示的力三角形中，利用正弦定理得到主动土压力 P 的表达式，然后求解 $\dfrac{\partial P}{\partial \theta} = 0$，确定 θ 值，就可以得到总主动推力表达式[1]：

$$P_a = \frac{1}{2} K_a \gamma H^2 \tag{3-15}$$

式中

$$K_a = \left(\frac{\sin(\alpha - \varphi)/\sin\alpha}{\sqrt{\sin(\alpha+\delta)} + \sqrt{\dfrac{\sin(\varphi+\delta)\sin(\varphi-\beta)}{\sin(\alpha-\beta)}}} \right)^2 \tag{3-16}$$

P_a 的作用点假定在墙底以上 $\frac{1}{3}H$ 处。

当楔形土体沿破坏面 BC 向上运动达到被动状态时，P 和 W 之间夹角变为 $180°-\alpha+\delta$，W 与 R 间夹角变为 $\varphi+\theta$。同理，得到总被动阻力 P_p 的表达式[1]：

$$P_p = \frac{1}{2}K_p\gamma H^2 \tag{3-17}$$

式中

$$K_p = \left(\frac{\sin(\alpha+\varphi)/\sin\alpha}{\sqrt{\sin(\alpha-\delta)}-\sqrt{\dfrac{\sin(\varphi+\delta)\sin(\varphi+\beta)}{\sin(\alpha-\beta)}}}\right)^2 \tag{3-18}$$

以上公式中没有考虑土体黏聚力的影响。不少文献中给出了 $c\neq0$ 时的土压力计算式[1]。

由于挡土墙背面的摩擦作用，靠近墙底附近的破坏面是弯曲的，如图 3-6 所示。以上推导中，假设破坏面为平面，由式（3-17）得到总被动阻力 P_p 偏大[1]。特别是 φ 较大时，由式（3-17）确定的总被动阻力是偏于不安全的错误结果[1]。

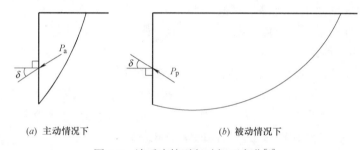

(a) 主动情况下 (b) 被动情况下

图 3-6　墙后摩擦引起破坏面弯曲[1]

一般情况下，库仑土压力理论低估了总主动推力 P_a，而高估了总被动阻力 P_p[1]。对挡土墙垂直设置、墙后地面水平的情形，当墙背与土体之间的摩擦角 $\delta=0$ 时，库仑理论得到的解与朗肯理论得到的结果是一致的，是精度解，上、下限解答相同[1]。

库仑土压力理论将挡土墙和滑动土体视为刚体，当墙身向外膨胀或向内压缩时，滑动土楔体是沿着墙背和一个通过墙踵的平面发生滑动。库仑土压力被认为是上限定理的塑性解。

3.2　土钉支护中土压力的产生

土钉墙是边开挖边支护的柔性结构，开挖的裸露土体上土压力为零，设置面层后，面层与土钉共同作用下面层上才有可能出现土压力。土钉墙主动区土体能发生一定的变形，土钉与周围土体之间产生摩阻力，使土钉发挥抗滑作用。因此，相对于锚杆，土钉是被动式加筋体（passive inclusions），因为锚杆安装之后即施加预应力，在主动区土体几乎未发生变形或变形较小时就可以提供锚固力，发挥抗滑作用，属于主动式加筋体。下面分析土钉墙侧向土压力的形成过程[2]。

如图 3-7a 所示土钉墙，墙高 h_1 小于自稳临界值 h_{cr}，坡角 β 也小于 β_{cr}，土体可以依靠潜在滑动面上土体自身产生的抗滑作用维持稳定（自稳临界高度和坡角可由第 2 章相关公式确定）。图中滑动面还没有形成，用虚线表示。此时，主动区土体侧向变形较小，由于土钉墙是柔性结构，几乎不发挥约束作用，面层上几乎不承受土压力。若基坑变形较大，面层上有可能承受较小的土压力。

随着开挖深度的增加，临界坡角 β_{cr} 逐步变小。如图 3-7b 所示，当开挖深度 h_2 等于 h_{cr} 时，滑动面 AC 上抗滑潜力等于下滑作用。若没有土钉墙发挥作用，土体 $ABCA$ 达到极限平衡状态，将沿 AC 面滑动。土体变形增加，土钉墙对变形的约束也增加，面层上承受一定的土压力，阻止土体下滑，有可能形成滑动面 AC。

开挖深度继续增加，变成 h_3，此时 $h_3 > h_{cr}$，土体为了寻求自稳和建立新的平衡状态，临界坡角 β_{cr} 将"自动地"变小。如图 3-7c 所示，若没有土钉墙的抗滑作用，$ABCA$ 范围内土体处于极限平衡状态，其下与 AC 面平行的任意平面都将是滑动面。实际上，土钉墙发挥了支护功效，阻止了土体下滑，潜在滑动面将离开平面 AC 向土层深度"移动"。假设通过坡脚、与 AC 面平行的平面 $A'C'$ 稳定性最差，$A'BC'A$ 范围内土体将沿该平面发生滑动，即平面 $A'C'$ 为潜在的滑动面。

图 3-7c 中，对位于平面 $A'C'$ 以下土体，离开该面愈远，其稳定性愈强，离开足够远的土体则处于稳定状态。为简化分析，假设平面 $A'C'$ 以下土体均处于稳定状态。

潜在滑动面 $A'C'$ 以上土体向外变形，调动了该平面下土钉段的锚固力等约束作用，这种作用传递到面层，限制了面层的侧向位移，面层阻止了土体的下滑，从而承受侧向土压力。

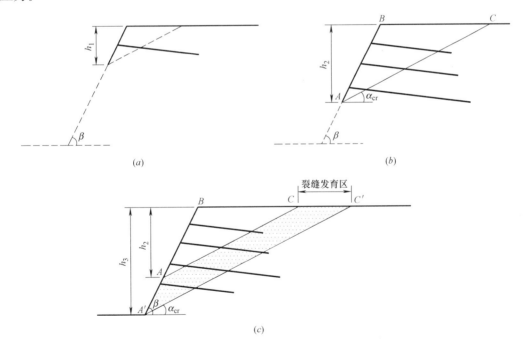

图 3-7　土钉支护稳定机理分析

当土钉墙柔性过大、发生了较大侧向变形时，两平行平面 AC 与 $A'C'$ 之间的土体将不得不尽可能地调动自身的抗滑能力来维持稳定，$ACC'A'A$ 范围内土体中可能产生裂缝。当裂缝充分发育延伸到地表时，地表将出现与基坑开挖边界平行的裂缝，它们集中分布在

C 与 C' 之间的区域内（图 3-7c）。这一推测与土钉墙现场观察到的现象是相符的[3]。

3.3 土压力的研究

土钉技术在我国发展得很快，出现了多种不同结构，留下了很多值得进一步探讨的问题。其中，土钉墙侧向土压力计算就是被广泛关注的问题之一。设计中，土压力的大小和分布，是决定土钉长度和空间布置的主要因素之一。土钉支护柔性面层结构上承受的土压力，不符合经典理论的适用条件。关于土钉墙面层上承受土压力的研究，国外文献较少，多为土压力测试等方面的报道，国内在这方面进行过一些探讨。

采用土钉加固坡高 $h=10.2$m、坡角 80°的黄土边坡，力学指标 $\gamma=17.6$kN/m³、$w=15\%$、$I_p=11.7$。根据对该边坡现场测试结果，假设土钉墙面层土压力分布为梯形[4]，如图 3-8a 所示。

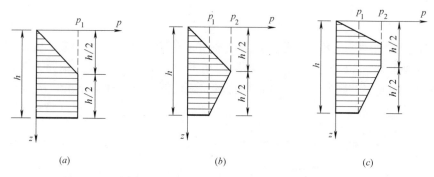

图 3-8 面层土压力沿深度分布比较

图 3-8a 中，土压力 p_1 由下式确定：

$$p_1 = \frac{1}{2} k\gamma h \tag{3-19}$$

式中：$k=(k_0+k_a)/2$，k_0、k_a 分别为静止和主动土压力系数；γ 为土体重度；h 为开挖深度或土钉墙高度。这里，k 取值偏大，因为由此确定的土压力，土钉墙薄面层将无法承受。

通过实测分析，根据莫尔—库仑强度准则，提出了双折线土压力分布形式[5]，如图 3-8b 所示，图中，土压力 p_1、p_2 由下式确定：

$$\begin{cases} p_1 = \dfrac{1}{4} k_a \gamma h \\ p_2 = \dfrac{1}{2} k_a \gamma h \end{cases} \tag{3-20}$$

式中：k_a 是 Rankine 主动土压力系数；其余符号与式（3-19）相同。

通过考虑开挖面以下发生侧向位移土体的深度，提出来五边形土压力分布形式[6]，如图 3-8c 所示，图中土压力 p_1、p_2 由下式确定：

$$\begin{cases} p_1 = \dfrac{h_0}{0.5h + h_0} p_2 \\ p_2 = \dfrac{1}{4} k_0 \gamma h \end{cases} \tag{3-21}$$

式中：k_0 是土体测压系数；h_0 是开挖面以下发生侧向位移土体的深度；其余符号与式（3-19）相同。

目前土压力计算方法研究中，将现场土压力测试数据、经典土力学理论与工程经验相结合较为多见。由于测试数据千差万别，由此推得的计算方法也各异。从土压力产生的机理来看，须考虑主动区土体自稳能力对面层上承受土压力的影响。例如，当基坑开挖深度小于土体自稳临界高度时，柔性面层上有可能不承受土压力。

3.4 规范推荐的方法

工程规范上的计算方法不要求严格的理论解，但要有一定的理论基础，达到一定的计算精度，简单方便，易于在工程中应用。《铁路路基支挡结构设计规范》TB 10025—2006 中，根据 20m 高的全风化至强风化泥岩夹砂岩土钉墙实测面层土压力，认为面层上总的土压力仅为库仑主动土压力的 30%～40%，其分布假设是一梯形[7]，如图 3-9 所示。

图 3-9 中，土压力 p_1 由下式确定：

$$p_1 = \frac{2}{3}\lambda_a \gamma h \cos(\delta - \alpha) \qquad (3-22)$$

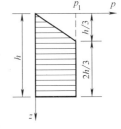

式中：λ_a 为库仑主动土压力系数；δ 是面层与土体间摩擦角；α 是墙背与竖直面之间夹角；其余符号与式（3-19）相同。当 $z \leqslant \frac{1}{3}h$ 时，面层土压力 $p_a = 2\lambda_a \gamma z \cos(\delta - \alpha)$；$z > \frac{1}{3}h$ 时，面层土压力 $p_a = \frac{2}{3}\lambda_a \gamma h \cos(\delta - \alpha)$，$z$ 为土钉距地表的垂直距离。

图 3-9　面层土压力沿深度分布

《复合土钉墙基坑支护技术规范》GB 50739—2011 中，认为土体自重引起的侧向压力分布与图 3-9 类似，但将分布图 3-9 中折点的位置由 $\frac{1}{3}h$ 变成了 $\frac{1}{4}h$，土压力 p_1 由下式确定[8]：

$$p_1 = \frac{8E_a}{7h} \qquad (3-23)$$

式中：$E_a = \frac{1}{2}k_a \gamma h^2$，$k_a$ 为朗肯主动土压力系数。为避免土钉设计过短，规定式（3-23）确定的值不宜小于 $0.2\gamma h$。

《建筑基坑支护技术规程》JGJ 120—2012 中，采用朗肯主动土压力作为土钉墙面层处承受的侧向压力[9]。套用经典方法计算的土钉轴力上部偏小、下部偏大，计算中须根据土钉所在的位置对主动土压力进行调整，参见第 4.2 节介绍。

设计中，面层承受的土压力大小和分布，决定着土钉长度和空间布置。

3.5 土压力计算方法

3.5.1 公式推导

根据第 3.2 节分析，当基坑开挖深度超过土体自稳临界高度一定值时，土钉墙发挥抗滑作用，面层上将会承受土压力。如图 3-10 所示，土体 $ABCA$ 自重为：

$$W = \frac{1}{2}\gamma h^2 (\cot\alpha_{cr} - \cot\beta) \tag{3-24}$$

式中：γ 是土体重度（kN/m³）；h 为开挖深度（m），大于土体自稳临界高度；α_{cr} 是土体达到稳定极限平衡状态时潜在滑动面与水平方向的夹角（°），由式（2-12）确定。若地表存在均布超载 q，则将式 $qh(\cot\alpha_{cr} - \cot\beta)$ 加于上式右侧。当坡角 $\beta = 90°$ 时，$\cot\beta = 0$。

土体自重沿潜在滑动面 AC 方向产生的剩余下滑力 F_{AC} 由下式决定（图 3-10）：

$$F_{AC} = W \times \sin\alpha_{cr} - (W \times \cos\alpha_{cr}\tan\varphi + c \times h/\sin\alpha_{cr}) \tag{3-25}$$

式中：c 是土体黏聚力（kPa）。若土钉墙不发挥抗滑作用，当 $F_{AC} > 0$ 时，土体 $ABCA$ 将沿平面 AC 滑动。土钉墙发挥抗滑作用时，剩余下滑力 F_{AC} 由穿过 AC 面上的土钉提供的锚固力来平衡。土钉锚固力传递到面层，约束土体侧向变形，将土压力逐步施加在面层上。随着开挖深度的增加，由式（3-25）决定的剩余下滑力 F_{AC} 增加，土钉轴力也增加，面层上承受的土压力也将增加。因此，面层上承受的土压力与剩余下滑力 F_{AC} 是相关的。

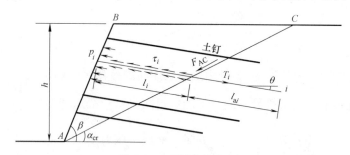

图 3-10　土压力的产生

土钉支护中面层较薄，柔性大，在 $S_h \times S_v$ 范围内面层承受的侧向土压力与该处土钉约束状况有关，S_h、S_v 分别表示土钉水平和竖向间距。因此，可假设该范围面层上侧向土压力平行于该处土钉轴向。如图 3-10 所示，对土钉 i，位于主动区、被动区范围内长度分别为 l_i、l_{ai}，在 AC 面处土钉张力为 T_i，是被动区土体提供的锚固力，它与面层抗力、穿过主动区土钉段与周围土体摩阻力相平衡：

$$T_i = p_i + \tau_i\pi Dl_i \tag{3-26}$$

式中：p_i 为面层抗力（kN），是 T_i 扣除了土钉位于主动区 l_i 长度内与周围土体摩阻力之后在面层上的残余力，是土钉锚固力传递到面层上产生的土压力；τ_i 为土钉与周围土体极限摩阻力（kPa）；D 是土钉 i 直径（m）。由上式得到：

$$p_i = T_i - \tau_i\pi Dl_i \tag{3-27}$$

上式中，当 $l_i > l_{ai}$ 时，取 $l_i = l_{ai}$。显然，p_i 必须大于 0；若小于 0，则取 $p_i = 0$。

假设位于被动区土钉可提供足够的锚固力维持土钉支护的稳定。根据图 3-10 中的几何关系，确定单位宽度内土钉墙总土钉张力 $T_t = \dfrac{F_{AC}}{\cos(\alpha_{cr} + \theta)}$，式中，$\theta$ 为土钉轴向与水平夹角。根据式（3-27），土钉支护面层上总抗力就是总侧向土压力，由下式确定：

$$P = \frac{F_{AC}}{\cos(\alpha_{cr} + \theta)} - \frac{1}{S_h}\sum_{i=1}^{n}\tau_i\pi Dl_i \tag{3-28}$$

式中：n 为穿过 AC 面土钉层数。显然，P 必须大于 0。若 P 小于 0，则取 $P = 0$，说明无土压力。

以上推导中，假设滑动面 AC 附近土体、穿过主动区土钉段与周围土体作用同时达到极限状态。

由式（3-28）可以看出，土钉墙面层上土压力与开挖深度、坡角、土层性质、土钉布置等多个因素相关。式（3-28）表明，当开挖深度大于临界深度 h_{cr} 时，面层上承受的土压力随着开挖深度的增加而增加。

土压力实测数据表明，土钉支护结构面层中部土压力一般较大，上部和下部均较小。结合工程经验，认为土钉墙面层上承受的土压力分布为梯形是比较合理的，如图 3-11 所示。这与 Coulomb 土压力理论假设挡土墙墙底土压力最大不相同。

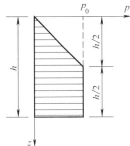

对图 3-11 所示土压力面积积分，使之等于由式（3-28）确定的总压力 P，确定图 3-11 中土压力分布值 p_0：

$$p_0 = \frac{4}{3h}P \tag{3-29}$$

式中：h 是土钉墙高度（m）；P 为总土压力（kN），由式（3-28）确定。

图 3-11 面层土压力沿深度分布

对水泥土搅拌桩复合土钉墙，总土压力可由式（3-28）确定，但由于水泥土搅拌桩墙刚度较大，土压力分布采用三角形较合理，坑底处土压力最大。

以上介绍的方法是基于柔性土钉支护可充分发挥土体自稳能力以及面层承受的土压力来源于土钉结构能约束土体变形这两个特性提出的。只要符合这种挡土机理，该方法都适用。事实上，对于桩排等支挡结构，若主动区土体进入了主动极限状态，将式（3-28）稍作改变，同样可以用它确定总主动土压力 P_a：

$$P_a = \frac{F_{AC}}{\cos\alpha_{cr}} \tag{3-30}$$

上式中 F_{AC}、α_{cr} 意义与式（3-28）相同，其中 $\beta = 90°$。桩排等结构刚度较大，与 Coulomb 土压力理论一样，假设土压力为三角形分布，坑底处土压力值 p_0 最大，$p_0 = \frac{2P_a}{h}$。

式中：h 是基坑深度（m）；P_a 由式（3-30）确定。

3.5.2 工程应用

实例一：

一基坑工程位于深圳市[10-11]，基坑南侧坡面 80°，开挖深度 14.35m，采用预应力锚索复合土钉支护，共 10 层，如图 3-12 所示。从上往下第（1）、（2）、（4）、（6）、（8）、（9）和（10）排为土钉，长度分别为 8m、8m、12m、8m、8m、8m 和 6m，水平、垂直间距均为 1.4m，倾角为 10°，土钉孔直径 120mm。第（3）、（5）、（7）排为预应力锚索，从上到下长度分别为 18m、17m 和 16m，自由段均为 5m，锚固段长度分别为 13m、12m 和 11m。土钉和锚索水平间距均为 1.4m。开挖影响范围土层包括人工填土层、坡洪积层、残积层，厚度分别是 0.6m、14.6m 和 19.15m。主要影响土层是第二层坡洪积层，参数为 $\gamma = 19.2\text{kN/m}^3$、$c = 25\text{kPa}$、$\varphi = 20°$，土钉和锚杆与周围土体极限摩阻力 $\tau = 32\text{kPa}$。坑底土层稳定，坑底以上作为均质土考虑。实测土压力如图 3-12 中左图所示[11]。

图 3-12 中，$\alpha_{cr} = (80° + 20°)/2 = 50°$，由此确定潜在滑动面位置 AC。图 3-12 中土钉

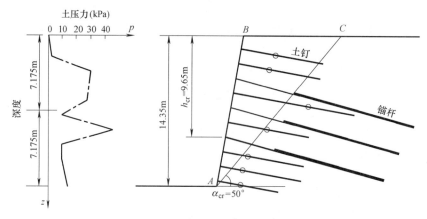

图 3-12　复合土钉墙实例分析

上的小点是实测最大张力位置，靠近潜在滑动面，表明 $\alpha_{cr}=50°$ 确定的 AC 面就是实际存在的滑动面。由第 2 章推导的公式确定临界自稳高度 $h_{cr}=9.65m$，小于实际开挖深度，存在土压力。由式（3-25）计算得到 $F_{AC}=228.3kN$。顶部两排土钉锚固力 T_i 太小，不能产生土压力 P_i。位于主动区锚杆段没有灌浆，不存在与土层之间的摩阻力。余下的 5 排土钉在主动区总长度 12.5m，产生的摩阻力为 $32 \times 3.14 \times 0.12 \times 12.5 = 150.7kN$。由式（3-28）得到面层上总土压力 $P=348.6kN$。由式（3-29）得到 $p_0=32.4kPa$，依据图 3-11 确定土压力沿深度分布，如图 3-13 所示。

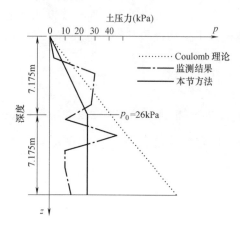

图 3-13　面层土压力沿开挖深度的分布

图 3-13 中，粗实线是以上方法计算得到的土压力分布，与实测值（虚线表示）较接近。细实线是由传统 Coulomb 主动土压力理论得到的结果，在坑底附近与实测值相差较大。

以上分析中，假设滑动面附近土体、位于主动区土钉段与土体相互作用均达到极限状态，但文献［10-11］中没有说明试验中复合土钉墙的工作状态。

实例二：

基坑开挖深度 $h=5.0m$，坡角 59°，设置 3 排土钉，长度 8～9m[12]。场址土层沿深度分布着填土层、粉质黏土、粉砂粉土互层、粉砂层，其中以粉质黏土层为主，坑底不存在深厚软土。土层平均参数为 $c=16.5kPa$、$\varphi=10°$、$\gamma=17.8kN/m^3$。监测表明，土钉墙处于稳定状态。据公式（2-13），得到自稳临界高度 $h_{cr}=8.8m$，大于实际的开挖深度 5.0m。由前面的分析可知，这种情况下，基坑短期内可以依靠土体自身的抗滑作用保持自稳，土钉墙面层处土压力几乎为零。这一结论与数值模拟结果[12]和现场观测到的情况是相符的。

实例三：

2008 年 5 月 12 日，汶川发生了 8.0 级特大地震。文献［13］中报道了由这次地震引发的地质灾害的图片，其中有一个是关于都江堰至汶川公路边坡土钉墙面层被震坏的情形，如图 3-14 所示。从该图可以看出，边坡坡度较缓，土钉墙面层只是局部拉裂或隆起，没有出现冲剪和撕裂，没有发生滑塌破坏。若坡度较缓，即使在有地震动荷载作用下，土钉墙面层承受的土压力也不大。

图 3-14　强震中土钉墙发生的破坏

实例四：

位于青海省西宁市商业巷南市场的佳豪广场 4 号楼基坑工程开挖深度为 12m（第 7.4 节有详细介绍），上部为填土层，厚度 2.4m，其下为砂砾层。下面分析中，填土层（$\gamma=16\text{kN/m}^3$）作为超载考虑，$q=38.4\text{kPa}$。其下砂砾层重度 $\gamma=20\text{kN/m}^3$、黏聚力 $c=0.0\text{kPa}$、内摩擦角 $\varphi=35°$、钉—土界面粘结强度 $\tau=180\text{kPa}$。共设置 8 排土钉，与水平方向夹角 $\theta=10°$，水平间距 $S_h=1.2\text{m}$，土钉孔直径 D 按 100mm 考虑，支护计算剖面如图 3-15 所示。

图 3-15 中，$\alpha_{cr}=(85°+35°)/2=60°$，潜在滑动面与水平方向夹角 60°。图 3-15 中自稳临界坡角 35°，远小于实际坡角 85°，存在土压力。

考虑均布超载 q 的影响，由式（3-25）计算得到 $F_{AC}=325.8\text{kN}$。

顶部两排 6m 长土钉位于被动区长度分别为 0.8m、1.6m，位于主动区长度分别为 5.2m、4.4m。中间三排长 2m、2m、1.9m 土钉全部位于主动区，不发挥锚固作用，计算中不考虑。下面三排长 1.9m、1.8m、1.7m 土钉位于被动区长度分别为 0.3m、0.8m、1.4m，位于主动区长度分别为

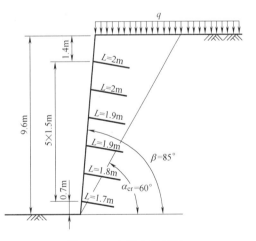

图 3-15　土压力计算图

1.6m、1.0m、0.3m。如式（3-27）所述，当 $l_i>l_{ai}$ 时，取 $l_i=l_{ai}$，得到位于主动区土钉总长度 $L=0.8+1.6+0.3+0.8+0.3=3.8\text{m}$，产生的总摩阻力为 $180\times3.14\times0.1\times3.8/1.2=179\text{kN}$。

根据（3-28），得到土钉墙面层上总土压力 $P=773.6\text{km}$。

假设土钉墙符合经典土压力理论适用条件，下面依据经典理论计算：

（1）Rankine 土压力理论

$$由式(3\text{-}8)，K_a=\tan^2\left(45°-\frac{\varphi}{2}\right)=0.27，P_a=\left(\frac{1}{2}\gamma h^2+qh\right)K_a=349.5\text{kN}$$

（2）Coulomb 土压力理论

取 $\delta=0$，由式（3-15），$K_a=0.24$，$P_a=\frac{1}{2}\gamma h^2 K_a=221\text{kN}$（计算中，忽略超载 q 的影响）

根据以上计算，由式（3-28）得到的土钉支护面层上总土压力 P 远大于由经典土压力理论计算得到的结果。2009 年 3 月 19 日，该基坑施工现场发生坍塌事故。除了现场评估的失事原因外，过大的土压力也是原因之一。

黏性土基坑中，土钉支护面层较少发生破坏，主要原因是土体黏聚力 c 较大，开挖深度没有超过土体的自稳临界高度或在自稳临界高度附近。在基坑坡度较缓、坑底不存在软土的情况下，一层地下室黏土基坑的自稳高度有的大于基坑开挖深度，面层上几乎不会承受土压力。因此，面层也不会发生破坏。

基坑开挖深度建议不要超过土体临界自稳高度过大。否则，过大的土压力有可能导致柔性面层撕裂，从而引起基坑失稳。基坑较深时，设计中可采用加大坡角、多级放坡等工程措施，尽可能地发挥土体的自稳性，减少土压力。

由于面层中部附近土压力较大，设计中土钉支护中部附近土钉可设计长一些，以提供充足的锚固力。

3.6　须进一步探讨的问题

1. 影响因素分析

土钉支护技术采用的是边开挖边支护的施工方式，至少有以下 4 个方面影响到土钉结构面层上承受的土压力：

（1）密集布置的土钉刚度远大于周围土体，土钉提供抗拉、抗弯、抗剪三种作用，在一定程度上限制了坑壁临空面附近土体自由移动，上部竖向土压力无法全部传递到下部土体上，引起面层土压力相应减少。当土体密实强度高、土钉布置间距较小时，相邻两层土钉之间的土体因钉—土之间界面摩擦力在土体中的传递，形成以土钉位置为支点的承压拱，也可以减少面层土压力。

（2）密集布置的土钉插入土体中，特别是土钉的压力注浆作用，提高了土钉径向一定范围内的土体强度，主动区内部分区域土体强度得到提高，可导致面层土压力减少。

（3）从结构布置上来看，面层很薄，柔性大，承载后可发生向坑内的位移。土钉也可与周围土体之间发生相对滑移和被轴向拉伸，卸载面层上承受的土压力。

（4）当开挖深度小于土体自稳高度时，基坑可依靠自身的抗滑作用保持稳定，面层上有可能不承受土压力。

前三个特点从理论上有待研究。本章介绍的方法探讨了最后一个因素的影响，利用主动区滑动面上土体剩余下滑力来确定土钉结构面层上承受土压力，能较好地反映土压力随着基坑开挖深度变化的全过程，证明了土压力与坡角等多个因素存在相关性。

2. 土体拱效应概念

土体中的拱效应（arching）与结构工程中的"拱"是不相同的概念。基坑工程中，采用数值模拟方法，可以确定支护结构土体中存在拱位置及拱效应。如图 3-16 所示，文献 [14] 用试验的方法说明了这一问题。

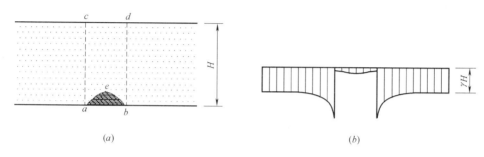

图 3-16　砂层中的拱效应

重度为 γ 的无黏性砂，放置在一个平台上。平台上安装了一个可下陷的小口 ab，如图 3-16（a）所示，用来测量小口和相邻区域的砂层压力。砂层高度 H 大于小口宽度 ab 的几倍。只要小口保持它初始的位置，ab 范围内的压力与平台相邻位置没有差异，都等于 γH，如图 3-16（b）所示。当小口向下凹陷时，ab 范围内的压力减少，变成初始值几分之一，而该范围外相邻处的压力则增加。这是由于小口 ab 范围内上方砂柱体下沉时，产生了沿着侧向边界 ac、bd 剪应力，阻止柱体下沉。这种剪应力向下传递，使平台上相邻区域上的压力增加。理论上，孔口 ab 范围内的压力与砂层高度 H 值无关。

简单地说，这种拱效应就是土体中由于剪应力的作用使一处应力向另一处的转移。这种应力转移和传递是否能实现，依赖于土体中力平衡能否建立。当土体密实强度较高、土钉布置的竖向间距较小时，相邻两层土钉之间的土体因钉—土之间界面摩擦力在土体中的传递，形成以土钉位置为支点与侧向土压力相平衡的承压拱。此时，相邻两层土钉之间的土体，除了承受拱外的土体不平衡力外，将与土钉形成一个稳定的土钉复合体。同理，若土钉水平方向布置较密时，同样由于钉—土间界面摩擦力的传递，将在水平方向形成承压拱，将土体的侧向压力通过拱效应传递给土钉，使得水平土钉间的土体与土钉形成一个稳定的整体。这就是土拱效应机理。

显然，土体中拱效应的存在，将使土钉支护面层侧向土压力减少。有不少学者对土体中拱效应进行了探讨 [15-19]，这是一个值得深入探讨的问题。

3. 复合体黏聚力

土钉的弹性模量远大于周围土体的弹性模量，开挖面附近土体发生侧向变形时，土钉与土体的相互作用将在钉—土界面上产生摩擦力。该摩擦力使土钉受拉，在土钉中产生轴向拉力，在一定程度上弥补了由于土体开挖卸载引起的侧向应力的减小，相当于在土体原有的应力基础上额外地增加了一个应力，使得土体的强度提高。另外，钉—土界面上摩擦力在周围土体内传递，也可增加土体内侧向应力。设置土钉后，土钉与周围一定范围内土体可以看作是各向异性的复合体，复合体强度远大于土体强度。

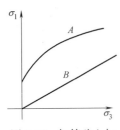

图 3-17 加筋砂土与
砂土试验对比曲线

对带状拉筋的砂土进行了三轴压缩试验，加筋砂土的强度可以比不加筋砂土的强度提高三倍左右[17-18]。图 3-17 中曲线表明，加筋砂土与未加筋砂土的强度曲线几乎完全平行，说明砂土的内摩擦角在加筋前后几乎没有变化。未加筋砂土的强度曲线经过坐标原点（图 3-17 中 B 曲线），而加筋砂土的强度曲线则不经过坐标原点，与纵坐标相交（图 3-17 中 A 曲线），其截距就是黏聚力，加筋砂土力学性能的改善正是由于复合土体具有的这种"黏聚力"的缘故。这个"黏聚力"不是砂土固有的，而是加筋的结果。加筋后，复合土体内摩擦角变化不大，但黏聚力增加了，因而提高了土体的抗剪强度，这就是黏聚力的概念。主动区土体黏聚力的存在，较少了面层上的土压力。

补充说明一下，抗剪强度指标 c，英文名称为 cohesion intercept 或 apparent cohesion。为了与规范保持一致，书中将它称为"黏聚力"。单词 cohesion 有"凝聚力""内聚力"等意思。因此，有教科书中称它为"凝聚力"。

4. 整体稳定性

由图 3-7c 可知，当基坑开挖深度大于土体自稳临界高度，或者边坡坡角大于土体自稳临界坡角时，主动区土体需要土钉墙提供抗滑作用才能重新保持稳定，面层上将承受一定的土压力。事实上，除了这一条件外，基坑坑底以下土体须保持稳定。

如图 3-18 所示，基坑开挖降低了坑底 EA' 面以下土体承载力，有可能在 $A'F$ 范围内上覆土自重和外载 q 共同作用下发生隆起破坏。被维护土体可分成三个区：以 $A'C'$ 面为界，分为滑动区和土钉锚固区；以 EF 为界，其下土体称为抗隆起稳定区。EF 面以下土体保持稳定，也是土压力产生的前提条件之一。

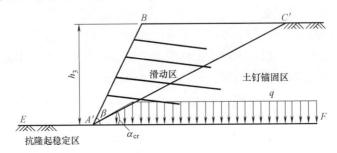

图 3-18　土压力的产生

参 考 文 献

[1] Craig R F. Soil mechanics (sixth edition) [M]. Spon press, New York, 2002.

[2] 杨育文. 土钉支护中土压力计算 [J]. 岩土工程学报, 2013, 35 (1): 111-116.

[3] 陈利洲. 土钉墙的两条滑裂面成因分析 [J]. 工业建筑, 2005, 35 (S): 503-505.

[4] 王步云. 土钉墙设计 [J]. 岩土工程技术, 1997, (4): 30-41.

[5] 莫暖娇. 土钉墙侧向土压力分布研究 [J]. 隧道建设, 2006, 26 (2): 1-4.

[6] 刘晓红, 饶秋华. 土钉支护侧土压力合理分布模式探讨 [J]. 中南公路工程, 2006, 3 (2): 29-32.

[7] TB 10025—2006 铁路路基支挡结构设计规范 [S]. 北京: 中国铁道出版社, 2007.

[8] GB 50739—2011 复合土钉墙基坑支护技术规范 [S]. 北京: 中国计划出版社, 2012.

［9］ JGJ 120—2012 建筑基坑支护技术规程［S］．北京：中国建筑工业出版社，2012．

［10］ 汤连生，宋明健，廖化荣，等．预应力锚索复合土钉支护内力及变形分析［J］．岩石力学与工程学报，2008，27（2）：410-417．

［11］ 姚刚，刘晓纲，韩森．超深基坑复合土钉支护结构原位试验研究［J］．土木工程学报，2006，39（10）：92-101．

［12］ 杨育文．土钉墙中土压力探究［J］．地下空间与工程学报，2010，6（2）：300-305．

［13］ 赵其华等．四川汶川县大地震引发的次生地质灾害［J］．中国地质灾害与防治学报，2008，19（2）：封面 3．

［14］ Terzaghi Peck R B，Mesri G．Soil mechanics in engineering practice（third edition）［M］．John wiley & sons，Inc．，1996．

［15］ 屠毓敏，金志玉．基于土拱效应的土钉支护结构稳定性分析［J］．岩土工程学报，2015，27（7）：792-795．

［16］ 匡立新．基于土拱作用的土钉支护研究［D］．长沙：中南大学，2002．

［17］ 黄希来．土钉支护技术的工作机理和工程应用研究［D］．上海：同济大学，2007．

［18］ 汪成．复合土钉支护稳定性分析及工程应用研究［D］．西安：西安建筑科技大学，2003．

［19］ 程峰，王杰光，靳丽辉．基于土拱效应的土钉支护间距临界值分析［J］．中国水运，2007，7（1）：58-60．

第4章 钉—土相互作用

4.1 土钉受力分析

　　土钉支护结构中，土钉是主要的承载构件单元之一。与周围土体相比，土钉具有较高的刚度和强度。当土体进入塑性状态时，应力将逐渐向土钉上转移和扩散。土钉与周围土体的摩擦作用使得土钉轴向拉伸，这种摩擦作用和周围土体的约束，使得土钉具有抗拉、抗弯、抗剪能力，如图 4-1 所示。土钉支护结构除了面层有一定的挡土作用外，滑动面处土钉提供的抗滑作用也增强了土体的稳定性，延缓滑动区域的形成和发展。土钉的这些作用同时增加了滑动面处土体压应力，使得土体具有额外的抗剪能力，进一步加强了主动区土体的稳定性[1]。土钉墙中，土钉、面层、被维护土体形成一个整体。土钉与周围土体的相互作用是最基本的作用，研究得较多[2-4]。

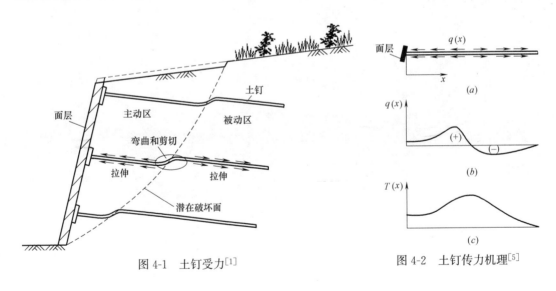

图 4-1　土钉受力[1]　　　　　　　图 4-2　土钉传力机理[5]

　　图 4-2 是主动区土体向外膨胀变形时土钉沿长度的受力状况。图 4-2a、b 分别表示土钉与周围土体之间产生的摩阻力 $q(x)$ 方向、大小沿长度的变化，图 4-2c 是土钉轴力 $T(x)$ 沿土钉长度的分布情况。土钉最大轴力通常位于潜在滑动面附近。

　　预应力锚索复合土钉支护实例监测表明[6]，沿基坑开挖深度方向上，土钉轴力最大值呈现上部和下部较小、中部附近较大的特点。土钉发挥的主要作用是抗拉，也有一定的抗弯和抗剪作用。土钉在土钉支护中发挥的抗拉作用，有相近的看法。如何确定土钉抗弯和抗剪作用，则分歧较大[7-9]。

4.2 规范推荐的方法

按下式验算土钉承载力[10]：

$$\frac{R_k}{N_k} \geqslant K_t \tag{4-1}$$

式中：K_t——土钉抗拔安全系数，安全等级为二级、三级的土钉墙，K_t 分别不应小于 1.6、1.4；

  R_k——土钉的极限抗拔承载力标准值（kN），由式（4-2）确定；

  N_k——土钉的轴向拉力标准值（kN），由（4-3）确定。

土钉极限抗拔承载力标准值可按下式估算，但应通过抗拔试验验证。

$$R_k = \pi d \sum q_{sk,i} l_i \tag{4-2}$$

式中：d——土钉的锚固体直径（m），对成孔注浆土钉，按成孔直径计算，对打入钢管土钉，按钢管直径计算；

  $q_{sk,i}$——土钉在第 i 层土的极限粘结强度标准值（kPa），应由土钉抗拔试验确定，无试验数据时，可根据工程经验取值，规范中给出了参考值；

  l_i——土钉在滑动面外的部分在第 i 土层中的长度（m），直线滑动面与水平面的夹角取 $\dfrac{\beta+\varphi_m}{2}$，$\varphi_m$ 为基坑底面以上土层按厚度加权的内摩擦角平均值（°），如图 4-3 所示。

土钉的极限抗拔承载力标准值 R_k 不得大于 $f_y A_s$。其中，f_y 为土钉杆体材料的抗拉强度设计值（kPa）；A_s 是土钉杆体的截面面积（m²）。

土钉轴向拉力标准值由下式确定：

$$N_k = \frac{1}{\cos\alpha} \xi \eta p_a S_v S_h \tag{4-3}$$

式中：α——土钉与水平方向的倾角（°）；

  ξ——墙面倾斜时主动土压力折减系数，由式（4-4）确定；

  η——土钉轴力调整系数，由式（4-5）确定；

S_v、S_h——土钉水平和垂直间距（m）；

  p_a——土钉所在位置主动土压力值强度标准值（kPa），由朗肯主动土压力理论确定。

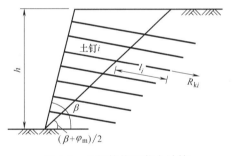

图 4-3　土钉抗拔承载力计算

$$\xi_1 = \tan\frac{\beta-\varphi_m}{2} \left[\frac{1}{\tan\dfrac{\beta+\varphi_m}{2}} - \frac{1}{\tan\beta} \right] \Big/ \tan^2\left(45° - \frac{\varphi_m}{2} \right) \tag{4-4}$$

式中：β 为土钉墙坡面与水平方向的夹角。

由于采用朗肯主动土压力计算的土钉轴力上部偏小、下部偏大，因此计算中要根据土钉所在的位置对主动土压力按式（4-5）进行调整：

$$\eta = \eta_a - (\eta_a - \eta_b)\frac{z}{h} \tag{4-5}$$

式中：z——土钉至基坑顶面的垂直距离（m）；

　　h——基坑深度（m）；

　　ΔE_a——作用在以 s_x、s_z 为边长的面积内的主动土压力标准值（kN）；

　　η_a、η_b——经验系数，η_b 可取 0.6～1.0。其中 η_a 计算式为：

$$\eta_a = \frac{\sum(h - \eta_b z)\Delta E_a}{\sum(h - z)\Delta E_a} \tag{4-6}$$

调整前后土钉轴力相等。该方法存在一定的近似性，还需要进一步的验证[10]。由于土钉墙结构具有土与土钉共同工作的特性，受力状态复杂，目前尚没有研究清楚土钉的受力机理，土钉拉力计算方法也不成熟[10]。

铁路规范中，土钉的拉力按下式计算[11]：

$$E_i = \sigma_i S_x S_y / \cos\beta \tag{4-7}$$

式中：E_i——第 i 层土钉的计算拉力（kN）；

　S_x、S_y——土钉之间水平和垂直间距（m）；

　　　β——土钉与水平面的夹角（°）；

　　　σ_i——第 i 层土钉处的土压力（kPa）。参见图 3-9，取值为式（3-22）中 p_1。

土钉钉材抗拉断强度应满足 $\dfrac{T_i}{E_i} \geqslant 1.8$，式中 E_i 由式（4-7）确定；T_i 是土钉拉力，由下式确定：

$$T_i = \frac{1}{4}\pi d_b^2 f_y \tag{4-8}$$

式中：d_b——钉材直径（m）；

　　f_y——钉材抗拉强度设计值（kPa）。

土钉抗拔稳定性应满足 $\dfrac{F_i}{E_i} \geqslant K$，式中，$K$ 为土钉抗拔安全系数，$K = 1.8$；E_i 由式（4-7）确定；F_i 是土钉抗拔力，取式（4-9）、式（4-10）确定的有效锚固力较小值[11]。

由土钉与孔壁界面岩土抗剪强度确定的有效锚固力为：

$$F_i' = \pi d_h l_{ei}\tau \tag{4-9}$$

式中：d_h——钻孔直径（m）；

　　l_{ei}——第 i 根土钉有效锚固长度（m）；

　　　τ——锚孔壁与注浆体之间粘结强度设计值（kPa）。

由钉材与砂浆界面的粘结强度确定的有效锚固力为：

$$F_i'' = \pi d_b l_{ei}\tau_g \tag{4-10}$$

式中：τ_g——钉材与砂浆间的粘结强度设计值（kPa）；

　　d_b——钉材直径（m）。

土钉锚固区与非锚固区分界面，即潜在破裂面位置由图 4-4 确定。

图 4-4 中潜在破裂面距墙面的距离 l 取值：当土钉距墙顶的距离 $z \leqslant H/2$ 时，$l = (0.3～0.35)H$；当 $z > H/2$ 时，$l = (0.6～0.7)(H - z)$。当坡体渗水较严重或岩体风化破碎严重、节理发育时取大值，H 是土钉墙高度。

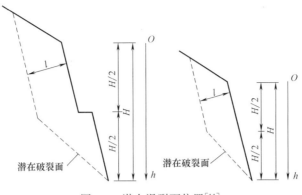

图 4-4 潜在滑裂面位置[11]

土钉长度应包括非锚固长度和有效锚固长度。非锚固长度应根据墙面与土钉潜在破裂面的实际距离 l 确定，有效锚固长度应通过土钉墙内部稳定性验算确定[11]。

锚杆复合土钉墙中，锚杆承载力也由式（4-1）验算[10]，但定义不同。其中 K_t 为锚杆抗拔安全系数，安全等级为一级、二级、三级的支护结构，K_t 分别不应小于 1.8、1.6、1.4；R_k 为锚杆极限抗拔承载力标准值（kN），由式（4-11）确定；N_k 为锚杆轴向拉力标准值（kN），由式（4-14）确定。

锚杆极限抗拔承载力应通过抗拔试验确定，其标准值可按下式估算：

$$R_k = \pi d \sum q_{sk,i} l_i \tag{4-11}$$

式中：d——锚杆的锚固体直径（m）；

l_i——锚杆的锚固段在第 i 土层中的长度（m）；

$q_{sk,i}$——锚固体与第 i 土层之间的极限粘结强度标准值（kPa）。

锚杆的自由段长度应按下式确定（图 4-5）：

$$l_f \geqslant \frac{(a_1 + a_2 - d\tan\alpha)\sin(45° - \varphi_m/2)}{\sin(45° + \varphi_m/2 + \alpha)} + \frac{d}{\cos\alpha} + 1.5 \tag{4-12}$$

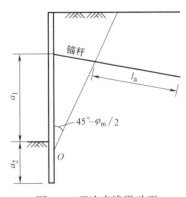

图 4-5 理论直线滑动面

式中：α——锚杆与水平方向的倾角（°）；

a_1——锚杆的锚头中点至基坑底面的距离（m）；

a_2——基坑底面至挡土构件嵌固段上基坑外侧主动土压力强度与基坑内侧被动土压力强度等值点 o 的距离（m）；对多层土地层，当存在多个等值点时应按其中最深处的等值点计算；

d——挡土构件的厚度（m）；

φ_m——o 点以上各土层按厚度加权的内摩擦角平均值（°）。

锚杆自由段长度除应符合公式（4-12）的规定外，尚不应小于 5.0m。

锚杆杆体的受拉承载力应符合下式规定：

$$N \leqslant f_{py} A_p \tag{4-13}$$

式中：N——锚杆轴向拉力设计值（kN）；

f_{py}——预应力钢筋抗拉强度设计值（kPa），当锚杆杆体采用普通钢筋时，取普
通钢筋强度设计值（f_y）；

A_p——预应力钢筋的截面面积（m²）。

锚杆的轴向拉力标准值 N_k 由下式计算：

$$N_k = \frac{F_h S}{b_a \cos\alpha} \tag{4-14}$$

式中：F_h——挡土构件计算宽度内的弹性支点水平反力（kN）；

　　　S——锚杆水平间距（m）；

　　　b_a——结构计算宽度（m）；

　　　α——锚杆与水平方向的倾角（°）。

4.3　土钉极限粘结强度

土钉与周围土体作用的极限粘结强度标准值 q_{sk} 应由土钉抗拔试验确定。无试验数据时，可根据工程经验并结合表 4-1、表 4-2、表 4-3 取值。

土钉的极限粘结强度标准值[10]　　　　　　　表 4-1

土的名称	土的状态	q_{sk}(kPa)	
		成孔注浆土钉	打入钢管土钉
素填土		15～30	20～35
淤泥质土		10～20	15～25
黏性土	$0.75 < I_L \leqslant 1$	20～30	20～40
	$0.25 < I_L \leqslant 0.75$	30～45	40～55
	$0 < I_L \leqslant 0.25$	45～60	55～70
	$I_L \leqslant 0$	60～70	70～80
粉土		40～80	50～90
砂土	松散	35～50	50～65
	稍密	50～65	65～80
	中密	65～80	80～100
	密实	80～100	100～120

土钉和土体之间极限粘结强度标准值（kPa）[12]　　　　　　　表 4-2

土的名称	土的状态	成孔注浆土钉
素填土		15～30
淤泥质土		10～20
黏性土	流塑	15～25
	软塑	20～35
	可塑	30～50
	硬塑	45～70
	坚硬	55～80

土的名称	土的状态	成孔注浆土钉
粉土	稍密	20～40
	中密	35～70
	密实	55～90
砂土	松散	25～50
	稍密	45～65
	中密	60～80
	密实	75～100

注：1. 钻孔注浆土钉采用二次注浆或压力注浆时，表中数值可适当提高；

2. 钢管注浆土钉在保证注浆质量及倒刺排距 0.25～1.0m 时，外径 48mm 的钢管，土钉外径可按 60～100mm 计算，倒刺较密时可取较大值；

3. 对于粉土，密实度相同时，湿度越高，取值越低；

4. 对于砂土，密实度相同时，粉细砂宜取较低值，中砂宜取中值，粗砾砂宜取较高值；

5. 土钉位于水位以下时宜取较低值。

锚孔壁与注浆体之间粘结强度设计值[11]　　　　　　　　　表 4-3

岩土种类	岩土状态	孔壁摩擦阻力（MPa）	岩石单轴饱和抗压强度（MPa）
岩石	硬岩及较硬岩	1.0～2.5	＞15～30
	较软岩	0.6～1.0	15～30
	软岩	0.3～0.6	5～15
	极软岩及风化岩	0.15～0.3	＜5
黏性土	软塑	0.03～0.04	
	硬塑	0.05～0.06	
	坚硬	0.06～0.07	
粉土	中密	0.1～0.15	
砂土	松散	0.09～0.14	
	稍密	0.16～0.20	
	中密	0.22～0.25	
	密实	0.27～0.40	

注：1. 锚孔壁与水泥砂浆之间的粘结强度设计值应通过现场拉拔试验确定。当无试验资料时，可参照此表选用，但施工时应进行拉拔验证。

2. 有可靠的资料和经验时，可不受本表限制。

　　以上 3 个表中，注意表 4-1、表 4-2 中数值是土钉或土钉注浆体与周围土体之间的极限粘结强度标准值，而表 4-3 则为锚孔壁与注浆体之间粘结强度设计值，概念上不一致。同为"粉土""砂土"，表 4-3 中数值明显较大。

　　土钉采用普通方法注浆和高压注浆，其界面粘结强度相差较大，经过二次高压注浆的土钉其界面粘结强度往往可以达到普通注浆的 2 倍[13]，具体见表 4-4。

　　对水泥掺入量分别为 10%、20%、30%、40% 的软土，在凝固 30d 后压缩试验和直剪试验中，掺入水泥浆后水泥土体的压缩模量显著提高，当水泥浆含量由 10% 提高到 40% 时，其压缩模量由 1.86MPa 提高到 8.96MPa，压缩性大大降低。掺入水泥浆后土体的黏聚力和内摩擦角也有了大幅提高，当水泥浆含量由 10% 提高到 40% 时，黏聚力由 2kPa 提高到 18kPa，土体的内摩擦角由 0.5° 提高到 19.0°，其抗剪强度也得到了大幅提高[14]。

界面粘结强度标准   表 4-4

土层种类		界面粘结强度标准值（kPa）	
		无压或 1 次低压注浆	2 次高压注浆
淤泥		20～25	35～50
黏性土	软塑	30～40	60～70
	可塑	40～50	70～90
	硬塑	50～60	90～110
	坚硬	60～70	110～130

试验数据表明，膨胀土含水量与抗剪强度成反比关系，即土体含水量增加其抗剪强度会急剧降低，如图 4-6、图 4-7 所示[15]。

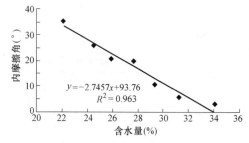

图 4-6 含水量与内摩擦角关系曲线

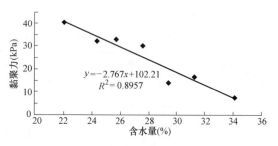

图 4-7 含水量与黏聚力关系曲线

4.4 土钉支护中的构件单元

除了土钉外，土钉支护结构构件单元还包括面层、锚杆（索）、超前支护，如水泥土桩（墙）、微型桩等。

（1）面层

土钉结构中，面层上承受的土压力较小，这是土钉支护与传统支护（如桩排）的最大区别。基坑工程中，面层刚度较小，其作用可以概括为：

1）挡土护坡。它可以限制临空面土体变形和局部土体的塌落，暴雨时可以防止雨水的冲刷。

2）传递应力。面层与土钉连接，面层上承受的土压力可以转移到土钉上，调节土钉承载和临空面变形。

3）止水作用。面层喷射混凝土凝固后，有一定的防渗作用。

（2）水泥土桩（墙）

水泥土桩（墙）复合土钉支护中，水泥土桩墙主要发挥四个作用：

1）抗渗。一方面，水泥土渗透系数小，具有隔水性能，可以隔断地下水的渗流通道。另一方面，一般水泥土桩墙嵌入基坑坑底一定深度，延长了渗流路径，减小渗透力，防止坑底发生渗透破坏。

2）超前支护。水泥土桩墙在基坑开挖之前就达到了一定的强度。分层开挖时，水泥土桩墙可以维持开挖临空面上土体的稳定，防止施工过程中出现局部崩塌。

3）坑底抗隆起。水泥土桩墙底部一般位于坑底以下一定深度，嵌入到强度较高土层，可防止坑底发生隆起破坏。

4）抗滑作用。水泥土桩墙强度比土体要高，可提供一定的抗弯抗剪能力，限制基坑变形。

（3）预应力锚杆（索）

锚杆（若杆件是高强钢丝或钢铰线，则称为锚索）主要作用是通过施加预应力约束基坑变形和提高基坑整体稳定性。锚杆不同于土钉，主要区别见表4-5。

土钉与锚杆的区别　　　　　　　　　　　　　　　　　表4-5

	土　钉	锚　杆
受力机理	岩土体发生一定的变形后，土钉才开始受力，阻止其继续变形。密集排列土钉除可提高被加固岩土体稳定性外，也可增强其强度。土钉一般全长受力，但受力较小，个别土钉如发生破坏或失效，对基坑整体稳定影响不大	安装后即施加预应力，限制岩土体发生过大变形。锚杆通过拉力将不稳定岩土体的滑动荷载传递至岩土体深部稳定位置，增强被加固体的稳定性。自由段起传力作用，锚固段发挥锚固作用，受力较大。若一个锚杆发生破坏或失效，有可能诱发基坑滑塌
注浆方式	一般情况下沿土钉全长注浆	仅锚固段注浆
长　度	一般小于两倍的基坑开挖深度	非锚固长度不小于5.0m
空间布置	较密，1.0～2.0m	水平、垂直间距分别不宜小于1.5m、2.0m
预应力	一般不施加	施加

（4）微型桩

微型桩复合土钉支护中，微型桩主要作用：

1）有一定的超前支护作用。微型桩一般是在基坑开挖前设置的，利于开挖临空面土体的稳定。

2）限制基坑位移。微型桩刚度较大，可承担一定的侧向土压力，可发挥类似抗滑桩的作用。

3）传力作用。微型桩通过其他构件将受力传递给土钉。

参 考 文 献

［1］ Geotechnical Engineering Office，Civil Engineering and Development Department. Guide to soil nail design and construction［M］. Hong Kong，March 2008.

［2］ Chu L M，Yin J H. Comparison of interface shear strength of soil nails measured by both direct shear box tests and pull-out tests［J］. ASCE J of Geotechnical and Geo-environmental Engineering，2005，131（9）：1097-1107.

［3］ Yin J H，Su L J，Cheung，R W M. The influence of grouting pressure on the pullout resistance of soil nail in compacted completely decomposed granite fill［J］. Geotechnique，2009，59（2）：103-113.

［4］ Su L J，Yin J H，Zhou W H. Influences of overburden pressure and soil dilation on soil nail pull-out resistance［J］. Computers and Geotechnics，2010，37（4）：555-564.

［5］ U. S. Federal Highway Administration（FHWA）. Geotechnical engineering circular No. 7：soil nail walls [M]. Publication No. FHWA-IF-03-017.

［6］ 姚刚，刘晓纲，韩森．超深基坑复合土钉支护结构原位试验研究［J］．土木工程学报，2006，39（10）：92-101.

［7］ Bride B. J，Soil nailing-ananlysis and design［J］．Ground Engineering，September，1989，52-56.

［8］ Jewell R A，Pedley M J，Soil nailing design：the role of bending stiffness［J］．Ground Engineering，1990，23（2）：30-36.

［9］ Schlosser F．The multicriteria theory in soil nailing［J］．Ground Engineering，1991，24（9）：30-33.

［10］ JGJ 120—2012 建筑基坑支护技术规程［S］．北京：中国建筑工业出版社，2012.

［11］ TB 10025—2006 铁路路基支挡结构设计规范［S］．北京：中国铁道出版社，2009.

［12］ GB 50739—2011 复合土钉墙基坑支护技术规范［S］．北京：中国计划出版社，2012.

［13］ 李志刚，任佰俪，秦四清．高压注浆土钉特性及应用［J］．岩石力学与工程学报，2004，23（9）：1564-1567.

［14］ 张广兴．设计参数对高压注浆与普通注浆土钉影响对比分析［J］．工程勘察，2014，（11）：6-11.

［15］ 岳大昌，李明，廖心北，等．膨胀土基坑复合土钉墙试验研究［J］．四川建筑科学研究，2015，41（1）：184-186.

第5章 土钉支护稳定性计算

5.1 概述

土钉支护结构的稳定性，是土钉技术涉及的第一个问题，研究得最多，问题也最多。从第 2 章公式推导可知，若基坑坑底能保持稳定，只要基坑开挖深度 h 小于或等于临界值 h_{cr}，或其坡角 β 小于或等于临界坡度 β_{cr}，基坑短期内可以保持自稳，不需要任何支护。

当 $h > h_{cr}$ 或 $\beta > \beta_{cr}$ 时，传统的挡土结构是依靠被动土压力（如桩排）或墙底部的摩阻力（如重力式挡墙）等与所承受的外载维持平衡，土钉墙则是在土体中设置较密的土钉，通过土钉与相邻土体相互作用，共同承载，弥补土体自身的抗拉、抗剪能力不足等途径，以达到增强土体稳定性的目的。土钉墙是边开挖边支护的柔性结构，土体发生足够的位移，土体本身的抗滑能力能得到较充分的发挥。土钉支护稳定涉及岩土体、地下水及支护构件以及三者的相互作用，目前已经发展了多种分析方法，如土钉支护整体稳定、土钉支护内部和外部稳定以及局部稳定（如土钉被拔出）等。另外，坑底抗隆起验算无疑也属于基坑稳定性分析。由于土钉支护稳定性问题的复杂性，留下了多个问题有待解决。本章阐述经典边坡稳定分析基本原理以及由此衍生的、目前在工程中广泛应用的土钉支护稳定计算方法，分析研究思路，介绍研究进展。

5.2 由边坡稳定分析衍生的方法

这类方法的一个特点就是在经典的边坡稳定分析条分法的基础上，在抗滑作用中计入位于滑动面以外土钉段提供的锚固力，建立力或力矩平衡方程，得到土钉支护稳定安全系数的关系式，这类方法已在工程中广泛应用[1-4]。本节中，首先简要介绍经典的边坡稳定分析条分法原理，明确安全系数的概念，然后考虑土钉抗滑作用，确定土钉支护稳定计算方法。

5.2.1 经典条分理论

土体自重、地下水渗流产生的渗透力将引起自然边坡、基坑和堤防边坡等失稳，最常见的滑动破坏类型如图 5-1 所示[5]。图 5-1 中，第一种圆弧旋转破坏中，滑动面形状可以是圆弧（circular）或非圆弧曲线（non-circular）；前者一般发生在均质、各向同性土中，后者多发生在非均质土中；平移滑动（translational slip）多发生在浅表土层中，滑动面大体平行于坡面；最后一种是复合滑动（compound slip），通常发生在深层土中，破坏面由曲线和直线组成。大多情形下，边坡稳定可认为是平面应变的二维问题。

实际工程中，通常由极限平衡法分析边坡稳定，其中条分法（the method of slices）

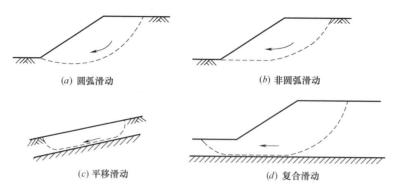

(a) 圆弧滑动　　　　　　　　　　　　(b) 非圆弧滑动

(c) 平移滑动　　　　　　　　　　　　(d) 复合滑动

图 5-1　土坡滑动破坏类型[1]

(a) 圆弧滑动；(b) 非圆弧滑动；(c) 平移滑动；(d) 复合滑动

是应用最为广泛的方法。例如，圆弧旋转破坏类型中，假定潜在滑动面为一圆弧，滑动面以上土体 ABCD 被垂直分成宽度为 b 的 n 个土条，如图 5-2 所示[5]。假定滑动面处土条底为直线，与水平方向夹角为 α_i，土条中心线高度 h_i（$i=1$，2，$\cdots$，n），如图 5-2 所示，土条间相互作用包括法向压力和切向剪力。边坡稳定安全系数 F 定义为滑动面处土条可用的抗剪强度（the available shear strength）τ_f 与维持极限平衡稳定状态土条须调用（mobilized）的抗剪强度 τ_m 之比[5]，即 $F=\tau_f/\tau_m$。假设每个土条安全系数相同，得到的安全系数是沿滑动破坏面平均安全系数（the lumped factor of safety）[5]。如图 5-2 所示，取垂直于剖面方向单位厚度，作用在土条 i 上的力有：（1）土条自重 W_i；（2）土条底部法向力 N_i、切向力 T_i；（3）土条间法向力 E_{i1}、E_{i2} 和切向力 X_{i1}、X_{i2}。该问题是超静定的（statically indeterminate）。为求解，须对土条间的力（interslice forces）E 和 X 进行假定，因此得到的安全系数值不是精确解。

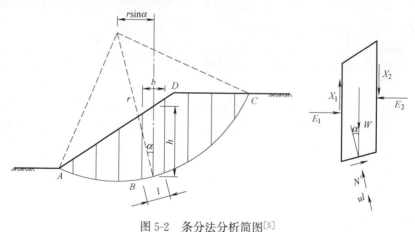

图 5-2　条分法分析简图[5]

如图 5-2 所示，建立绕 o 点的沿破坏弧 ABC 剪力的力矩之和与土体 ABCD 重力力矩之和相等的平衡方程：

$$\sum_{i=1}^{n} rT_i = \sum_{i=1}^{n} rW_i \sin\alpha_i \tag{5-1}$$

由安全系数的定义，有 $T_i = \tau_{im} l_i = \dfrac{\tau_{if}}{F} l_i$，所示有 $\sum\limits_{i=1}^{n} \dfrac{\tau_{if}}{F} l_i = \sum\limits_{i=1}^{n} W_i \sin\alpha_i$，于是

得到[5]：

$$F = \frac{\sum\limits_{i=1}^{n} \tau_{if} l_i}{\sum\limits_{i=1}^{n} W_i \sin\alpha_i} \tag{5-2}$$

用有效应力表示：

$$F = \frac{\sum\limits_{i=1}^{n} (c_i' l_i + N_i' \tan\varphi_i')}{\sum\limits_{i=1}^{n} W_i \sin\alpha_i} \tag{5-3}$$

式中：c_i'、φ_i' 分别为土条 i 位于破坏面处的土体粘结力（kPa）和内摩擦角（°），其余符号如图 5-2 所示。由于 N_i' 是未知的，须由近似方法确定，得到的安全系数值也将是近似的。根据土条条间力的不同假定，得到不同的 N_i' 值，由此得到不同假设条件下的安全系数计算式。常用的方法包括瑞典法和毕肖普法，分别介绍如下。

（1）瑞典法［Fellenius (or Swedish) solution］

对每一个土条，瑞典法假设土条条间合力为零，由此得到土条 i 底面的法向力 $N_i' = W_i \cos\alpha_i - u_i l_i$，其中 $u_i l_i$ 是土条 i 底部孔隙水压力（$i=1, 2, \cdots, n$）。将 N_i' 代入式（5-3）中，得到瑞典法具体计算公式：

$$F = \frac{\sum\limits_{i=1}^{n} [c_i' l_i + (W_i \cos\alpha_i - u_i l_i) \tan\varphi_i']}{\sum\limits_{i=1}^{n} W_i \sin\alpha_i} \tag{5-4}$$

该方法需试算一系列的破坏面后，才能确定最小安全系数对应的潜在破坏面。与更精确方法得到的结果比较，该法低估了安全系数值，误差在 5%～20% 之间[5]。

当按总应力分析，即无孔隙水压和土体 $\varphi_u = 0$ 时，则式（5-4）变成：

$$F = \frac{\sum\limits_{i=1}^{n} c_i' l_i}{\sum\limits_{i=1}^{n} W_i \sin\alpha_i} \tag{5-5}$$

由于式（5-5）中不存在 N_i'，得到的安全系数 F 将是精确值[5]。

（2）毕肖普法（Bishop routine solution）

该方法中，假设任一土条 i 的条间合力是水平的，即 $X_1 - X_2 = 0$。极限平衡状态下，对土条 i，由安全系数的定义确定滑动面处的剪力为

$$T_i = (c_i' + N_i' \tan\varphi_i')/F \quad (i=1,2,\cdots,n) \tag{5-6}$$

由竖向力平衡条件确定 N_i' 为：

$$N_i' = \left(W_i - \frac{c_i' l_i}{F} \sin\alpha_i - u_i l_i \cos\alpha_i\right) \Big/ \left(\cos\alpha_i + \frac{\tan\varphi_i' \sin\alpha_i}{F}\right) \tag{5-7}$$

由几何关系，$l_i = b_i \sec\alpha_i$，将它们代入式（5-3）中，得到毕肖普法具体表达式[5]：

$$F = \frac{1}{\sum W_i \sin\alpha_i} \sum \left\{ [c_i' b_i + (W_i - u_i b_i) \tan\varphi_i'] \frac{\sec\alpha_i}{1 + \tan\alpha_i \tan\varphi_i'/F} \right\} \tag{5-8}$$

式（5-8）中，任一土条滑动面处孔隙水压力可用无量纲指标孔压率（pore pressure ratio）r_{ui}表示，$r_{ui}=\dfrac{u_i}{\gamma h_i}$，或表示为$r_{ui}=\dfrac{u_i}{W_i/b_i}$。于是，式（5-8）变成：

$$F=\frac{1}{\sum W_i \sin\alpha_i}\sum\left\{\left[c_i'b_i+W_i(1-r_{ui})\tan\varphi_i'\right]\frac{\sec\alpha_i}{1+\tan\alpha_i\tan\varphi_i'/F}\right\} \tag{5-9}$$

以上计算式两侧都存在F，可用连续逼近法（a process of successive approximation）求解，收敛快。与瑞典法类似，该方法同样也低估了安全系数，但误差不超过7%，大多小于2%[5]。

须特别指出的是，上面土条条分法中，强调边坡稳定安全系数为土体可用的抗剪强度与为了维持极限平衡状态土体实际调用的抗剪强度之比，并假定每个土条安全系数相同，得到的安全系数是沿整体滑动破坏面的平均值，在概念上是清晰的。有些介绍条分法的文献中，采用静力学上的概念，将安全系数定义为抗滑力矩（或力）与下滑力矩（或力）之比，没有反映土体抗剪强度这一本质特性。

5.2.2 土钉支护整体稳定分析

基于瑞典法的土钉墙整体稳定分析方法，在很多文献中报道过[1-4,6-9]，其假设条件为：

（1）土条条间合力为零；

（2）破坏面土体达到极限状态时，土钉与周围土体的相互作用也同时达到抗拉极限状态；

（3）滑动面处土体、钉－土相互作用具有相同的安全系数F；

（4）无地下水。

考虑土钉位于滑动面以外土钉段的锚固力沿滑动面切向分力提供的抗滑力矩。一土钉支护剖面上有m排土钉，对一土钉j，其轴向与水平方向倾角为θ_j，提供的锚固力为P_j。土钉锚固力沿破坏面切向提供的抗滑力矩为：

$$\sum_{j=1}^{m}r\cos(\alpha_j+\theta_j)\frac{P_j}{S_hF} \tag{5-10}$$

式中：r是圆弧半径（m）；α_j为土钉j穿过滑动面处的土条底面与水平方向的夹角（°）；S_h为土钉水平间距（m）；其余符号如图5-2所示。计入以上土钉锚固力沿破坏面切向提供的抗滑力矩，计算绕圆心O点土体沿破坏面处剪力抗滑力矩与土体重力滑动力矩（图5-2），使抗滑力矩和滑动力矩相等，得到与式（5-4）类似的表达式：

$$F=\frac{\displaystyle\sum_{i=1}^{n}(c_il_i+W_i\cos\alpha_i\tan\varphi_i)+\sum_{j=1}^{m}\cos(\alpha_j+\theta_j)P_j/S_h}{\displaystyle\sum_{i=1}^{n}W_i\sin\alpha_i} \tag{5-11}$$

由于不考虑地下水的影响，无孔隙水压力作用，土体参数也不采用有效应力强度指标。比较式（5-4）与（5-11），在式（5-11）分子中增加了土钉锚固力的影响，其余基本保持不变。

有的方法中考虑了土钉锚固力增加的滑动面处土体法向力，使土体获得了额外的抗剪强度，由此产生了抗滑力矩：$\sum_{j=1}^{m} r\sin(\alpha_j + \theta_j)\tan\varphi_j P_j / S_h$，其中 φ_j 为土钉 j 穿过破坏面处的土体内摩擦角。由于这种额外的土体抗剪强度存在不确定性因素，须乘以折减系数 $0.5^{[1]}$。于是，式（5-11）变成：

$$F = \frac{\sum_{i=1}^{n}(c_i l_i + W_i \cos\alpha_i \tan\varphi_i) + \sum_{j=1}^{m}[\cos(\alpha_j + \theta_j) + 0.5\sin(\alpha_j + \theta_j)\tan\varphi_j]P_j/S_h}{\sum_{i=1}^{n} W_i \sin\alpha_i}$$

（5-12）

目前，多个规范中土钉支护整体稳定计算公式都是由这一思路推导出来的。

基于毕肖普法的土钉墙稳定分析，有些文献中报道过[10,11]。与基于瑞典法的土钉墙稳定分析方法类似，假设条件中除了（1）换成土条条间合力是水平的外，其余三个假设条件保持不变。如基于瑞典法类似，土钉的作用仅计入位于破坏面以外土钉段锚固力沿破坏面切向分力提供的抗滑力矩，建立力矩平衡方程，整理得到土钉墙稳定安全系数表达式：

$$F = \frac{\sum_{i=1}^{n} \frac{(c_i b_i + W_i \tan\varphi_i)\sec\alpha_i}{1 + \tan\alpha_i \tan\varphi_i / F} + \sum_{j=1}^{m}\cos(\alpha_j + \theta_j)P_j/S_h}{\sum_{i=1}^{n} W_i \sin\alpha_i}$$

（5-13）

上式中，由于不考虑地下水的作用，无孔隙水压力，土体参数也不采用有效应力强度指标。由于式（5-13）中，两边都存在 F，须用连续逼近法求解。尽管这一方法计算得到的安全系数偏小，但与精确值更为接近。

复合土钉支护有很多形式。在这里，复合土钉墙是指在土钉+面层的土钉墙结构的基础上，增设了水泥土挡墙、微型桩、预应力锚杆中的一种或多种，它们结合在一起，共同维持基坑稳定。为了阐述方便，将这三种复合结构放在同一支护剖面上，如图 5-3 所示。复合土钉墙整体稳定计算同样可用前面的瑞典圆弧滑动法，只是要计入复合结构的抗滑作用[10]。下面分析中，假设条件与瑞典法的土钉墙整体稳定分析相同。

如图 5-3 所示，沿剖面垂直方向为单位厚度的滑动体 ABCDEFGA，转动中心 O，半径 R，滑动面为 ABC。对其中的任一土条 i（$i=1,2,\cdots,n_i$，n_i 为土条总数），滑动面处长度 l_i，与水平面夹角 α_i。土钉 j（$j=1,2,\cdots,n_j$，n_j 为土钉总数）穿过滑动面，土钉轴向与水平方向夹角 α_j，与滑动面处土条切向成夹角 $\alpha_i + \alpha_j$，如图 5-3 所示。

对每一个土条，假设土条条间合力为零，作用有重力 W_i、滑裂面处切向力 T_i 和法向力 N_i 以及土钉 j 滑动面外锚固段提供的锚固力 P_j 作用。假设破坏面土体和钉—土作用同时达到极限状态，且具有相同的安全系数 F_n。滑动体 ABCDEFGA 和穿过滑动面的土钉所提供的抗滑力矩 M_R 为：

$$M_R = \sum_{i=1}^{n_i} T_i R + R\sum_{j=1}^{n_j}\cos(\alpha_{0j} + \alpha_j)p_j/(F_n S_h)$$

（5-14）

式中：S_h 为土钉的水平间距（m）；α_{0j} 为土钉 j 穿过滑动面处的土条底面与水平方向

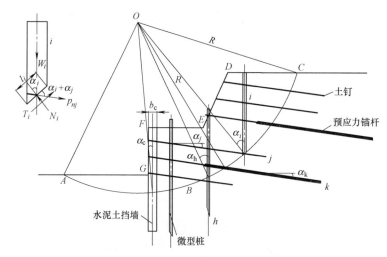

图 5-3　复合土钉墙稳定计算简图

的夹角（°）；α_j 为土钉 j 轴向与水平方向的夹角（°）；T_i 是土条 i 切向抗力，由安全系数的定义得到：

$$T_i = (c_i l_i + W_i \cos\alpha_i \tan\varphi_i)/F_n \tag{5-15}$$

式（5-14）、式（5-15）中，c_i、φ_i 分别为土条 i 滑动面处的土体黏聚力（kPa）和摩擦角（°）。滑动土体 $ABCDEFGA$ 产生的下滑力矩 M_s 为：

$$M_s = \sum_{i=1}^{n_i} RW_i \sin\alpha_i \tag{5-16}$$

建立抗滑力矩与下滑力矩相等的方程式。由式（5-14）至式（5-16），得到如下 F_n 表达式：

$$F_n = \frac{\sum_{i=1}^{n_i}(c_i l_i + W_i \cos\alpha_i \tan\varphi_i) + \sum_{j=1}^{n_j} \cos(\alpha_{0j} + \alpha_j) p_j / S_h}{\sum_{i=1}^{n_i} W_i \sin\alpha_i} \tag{5-17}$$

式（5-17）中，土条自重 W_i 可包含地面超载。比较式（5-11）和式（5-17），只是符号定义上稍有变化，实质上两式完全相同。以下分述不同的复合结构与式（5-17）组合的其他计算公式。

（1）存在预应力锚杆的情况

如图 5-3 所示，一预应力锚杆 k（$k=1$，2，…，n_k，n_k 为锚杆排数）穿过滑动面，位于滑动面外的锚固段存在锚固力 p_k（kN），不考虑预应力的影响。假设破坏面处土体、锚杆与周围土体相互作用同时达到抗滑极限状态，且具有相同的安全系数。与土钉类似，锚杆锚固力 p_k 提供的抗滑力矩 M_{Ra}：

$$M_{Ra} = \sum_{k=1}^{n_k} \cos(\alpha_{0k} + \alpha_k) p_k R / (F_n S_a) \tag{5-18}$$

式中：α_k 为锚杆 k 轴向与水平方向的夹角（°）；α_{0k} 为锚杆 k 穿过滑动面处的土条底面与水平方向的夹角（°）；S_a 是锚杆的水平间距（m）。

计入锚杆的抗滑力矩，同样建立抗滑力矩与下滑力矩相等的方程式，可得到如下锚杆复合土钉墙稳定安全系数 F_a 的具体表达式：

$$F_a = F_n + \frac{\sum_{k=1}^{n_k} \cos(\alpha_{0k} + \alpha_k) p_k / S_a}{\sum_{i=1}^{n_i} W_i \sin\alpha_i} \tag{5-19}$$

式中，F_n 由式（5-17）确定。实际上，由于不考虑锚杆预应力的影响，以上计算方法与考虑土钉滑动面外锚固段提供的锚固力对抗滑的作用是一样的。

（2）存在水泥土挡土墙的情况

如图 5-3 所示，滑动面 ABC 穿过水泥土挡墙，须计入水泥挡墙所能提供的抗滑力矩。同样，假设破坏面土体和位于滑动面处水泥土挡墙同时达到抗滑极限状态，且具有相同的安全系数 F_c。滑动面处挡土墙水泥土材料本身产生的剪力所提供的抗滑力矩 M_{Rc} 为[12]：

$$M_{Rc} = \frac{\tau_c b_c}{F_c \cos\alpha_c} R \tag{5-20}$$

式中：τ_c 为水泥土挡土墙材料抗剪强度（kPa），可取水泥土设计抗压强度标准值的 $0.1 \sim 0.2$ 倍，湿法水泥土取值 $120 \sim 140$kPa[13]；b_c 为水泥土挡土墙宽度（m）；α_c 为水泥土挡墙中心线与圆弧半径的夹角（°），如图 5-3 所示。

计入水泥土挡土墙的抗滑力矩，同样建立抗滑力矩与下滑力矩相等的方程式，可确定水泥土挡土墙复合土钉墙稳定安全系数：

$$F_c = F_n + \frac{\tau_c b_c}{\cos\alpha_c \sum_{i=1}^{n_i} W_i \sin\alpha_i} \tag{5-21}$$

式（5-21）中，F_n 由式（5-17）确定。计算 F_n 时，假设水泥土挡土墙重度与原位置的土体一致，不计水泥土挡土墙范围内土条的抗滑作用。

（3）存在微型桩的情况

如图 5-3 所示，一微型桩 l（$l = 1, 2, \cdots, n_l$，n_l 为微型桩排数）穿过滑动面 ABC。假设滑动破坏处土体和微型桩同时达到抗剪极限状态，且具有相同的安全系数 F_p。与水泥土挡土墙类似，计入微型桩桩身材料剪切强度产生的抗剪力矩 M_{Rp}[12]：

$$M_{Rp} = \frac{R}{S_p F_p} \sum_{l=1}^{n_l} \frac{\tau_l A_l}{\cos\alpha_l} \tag{5-22}$$

式中：S_p 为微型桩水平间距（m）；τ_l、A_l、α_l 分别为第 l 根微型桩桩身抗剪强度（kPa）、桩截面积（m²）、桩身中轴线与圆弧半径之间的夹角（°），如图 5-3 所示。由此可以得到微型桩复合土钉墙稳定安全系数 F_p 的计算式：

$$F_p = F_n + \frac{\frac{1}{S_p} \sum_{l=1}^{n_l} \frac{\tau_l A_l}{\cos\alpha_l}}{\sum_{i=1}^{n_i} W_i \sin\alpha_i} \tag{5-23}$$

根据式（5-17）、式（5-19）、式（5-21）和式（5-23）可计算复合结构任意组合情况下复合土钉墙稳定安全系数表达式。例如，某一复合土钉墙由预应力锚杆和微型桩两种复合结构形成，则由式（5-19）和式（5-23）叠加，得到它的稳定安全系数 F 表达式：

$$F = F_{\mathrm{n}} + \frac{\displaystyle\sum_{k=1}^{n_k} \cos(\alpha_{0k} + \alpha_k)\,p_k/S_{\mathrm{a}}}{\displaystyle\sum_{i=1}^{n_i} W_i \sin\alpha_i} + \frac{\dfrac{1}{S_{\mathrm{p}}}\displaystyle\sum_{l=1}^{n_l} \dfrac{\tau_l A_l}{\cos\alpha_l}}{\displaystyle\sum_{i=1}^{n_i} W_i \sin\alpha_i} \qquad (5\text{-}24)$$

式中 F_{n} 由式（5-17）确定。

须特别指出的是，在不同复合结构组合中，预应力锚杆的锚固力、水泥挡墙和微型桩材料的抗剪强度发挥程度各不相同。因此，对不同组合，要进行不同的折算处理[13]，这样才能得到与实际情况相符合的综合安全系数。

式（5-17）、式（5-19）中，土钉 j、锚杆 k 位于滑动面外锚固段提供的锚固力 P_j、P_k 由第 4 章相关公式确定，其大小还分别受土钉、锚杆材料本身允许的抗拉强度控制。

以上方法与边坡稳定计算类似，属于边坡稳定性验算衍生方法。要获得最小安全系数值，须对多个滑动面试算，确定最小安全系数对应的潜在滑动面。

有的文献认为[1]：水泥土比土的刚度大很多，当水泥土挡土墙达到强度极限时，土体的抗剪强度还没有充分发挥；当土体达到极限强度时，水泥土挡土墙墙身在此之前早已被剪断，两者不可能同时达到极限状态。对微型钢管桩，当土体达到极限强度时，微型钢管桩可能是被拔出的，不是由剪切强度控制的。当无经验时，最好不考虑它们的抗滑作用，当作安全储备来处理。

实际基坑工程中，圆弧滑动破坏最为多见，如图 5-4、图 5-5 所示[14-15]。图 5-4 所示的工程中，坑底附近存在中～高压缩性粉质黏土，其滑动面穿过了所有土钉，水泥土挡墙被剪断。失事的主要原因是土钉设计偏短、施工中存在超挖现象等[14]。

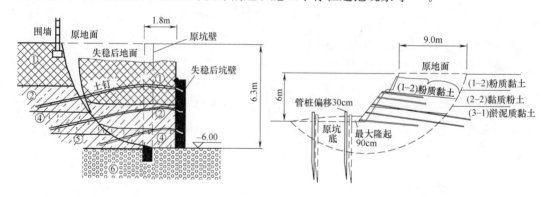

图 5-4　基坑西侧滑动面剖面[14]　　　　图 5-5　基坑滑动面剖面[15]

图 5-5 所示是一开挖深 6m 的基坑工程，坑底附近存在淤泥质土。滑动面仅穿过了部分土钉，微型桩被推移，滑动体范围较大。失事主要原因是因为墙顶超载[15]等引发坑底土体失稳。土钉设计偏短也应是原因之一，但坡脚失稳是主要原因。

顺便说明一下，图 5-5 中出现了与基坑边界平行的两条裂缝，较远的一条距基坑边界9m。第 3.2 节中分析表明，当基坑深度超过土体自稳临界高度后，土体中存在两个滑动面，延伸到地面时将出现两条裂缝，图 5-5 中两条裂缝进一步说明了这一推测的正确性。

5.3　土钉墙内部稳定性

前一节中，介绍了在边坡稳定分析中考虑土钉抗滑作用的土钉支护稳定分析基本原理，在工程中广泛应用，多个规范将它们称为整体稳定分析方法[1-3,13]。部分规范中，验算土钉墙稳定时，分为外部稳定和内部稳定计算[16]。其特点是，潜在滑动面将基坑开挖面相邻土体分成主动区和被动区，根据滑动面是否穿过土钉作为标准，分成内部稳定和外部稳定验算。"内部"是指滑动面穿过所有土钉或绝大部分土钉的情况，"外部"则是指滑动面不穿过或仅穿过极少数土钉的情况。下面公式推导中，都假设坡脚稳定。

当土钉墙处于内部失稳状态时，土钉才能发挥较好的作用：（1）锚固作用。随着开挖深度的不断增加，位于被动区的土钉逐步提供锚固拉力，限制主动区土体的进一步的变形。（2）应力传递作用。当主动区土体发生侧向位移时，由于土钉材料的刚度远大于周围土体，土钉发生变形相对较小，土钉将与周围土体间产生摩阻力，该摩阻力传递到土体中，限制主动区土体的位移。同时，土钉受力增加，弥补了由于开挖在土体中释放的部分侧向应力，并传递到被动区稳定土层中。（3）扩大了主动区范围。由于土体中存在强度高、布置密度较大的土钉以及土钉施工中常常采用高压注浆对土体产生的压密凝结作用，增加了沿土钉长度范围内土体的整体强度，使潜在滑动土体范围扩大。（4）土钉的约束作用，增加了滑动面附近土体压力，土体产生了额外的抗剪能力。

5.3.1 Davis 法

沈智刚（C. K. Shen）教授在 1981 年提出了一种土钉墙极限平衡分析方法[17]。该方法是一种块体分析方法，假定土钉墙滑动面为抛物线形，滑动面的位置由参数 a 来确定，由主动区极限平衡来确定安全系数，最小安全系数所对应的滑动面即为土钉墙潜在破坏位置，该安全系数就是土钉墙稳定安全系数。分两种情况来考虑：①滑动面位置超过所有或部分土钉长度范围，即外部稳定；②滑动面位置位于土钉加筋区内，即属于内部稳定状况。

（1）滑动面位于土钉长度范围以外的情况

如图 5-6 所示，滑动面位置位于大部分土钉加筋区范围以外，滑动面形状由方程 $y = \frac{1}{H}\left(\frac{x}{a}\right)^2$ 确定，此时，$a \geqslant L\cos\theta / \sqrt{H(H-L\sin\theta)}$。式中，$H$ 为土钉墙高度（m）；L 为土钉长度（m）；θ 是土钉轴向与水平方向的夹角（°）；a 为常数，用于选择不同的滑动面。

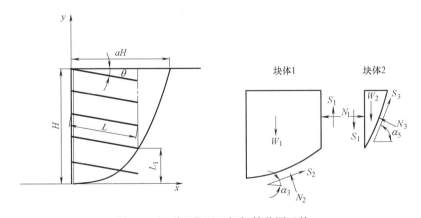

图 5-6　滑裂面位于土钉加筋范围以外

将主动区范围土钉墙分成两个块体：加筋区（块体 1）和非加筋区（块体 2），其受力情况如图 5-6 所示：切向力 S_2、S_3 假定分别平行对应的弦（kN），S_1、N_1 分别为两块体之间切向力和法向力（kN），N_2、N_3分别为两块体滑动面处法向力（kN），W_1、W_2分别为两块体重量（kN），α_3、α_5分别为切向力S_2、S_3与水平方向夹角（°）。

α_3、α_5分别由下面公式确定：

$$\alpha_3 = \tan^{-1}\left(\frac{L_1}{L\cos\theta}\right) \tag{5-25}$$

$$\alpha_5 = \tan^{-1}\left(\frac{H-L_1}{aH-L\cos\theta}\right) \tag{5-26}$$

上两式中，$L_1 = (L\cos\theta)^2/Ha^2$。对块体1，根据滑动面处力的平衡，可得出下列方程：

$$N_2 = (W_1-S_1)\cos\alpha_3 - N_1\sin\alpha_3 \tag{5-27}$$

$$S_2 = (W_1-S_1)\sin\alpha_3 + N_1\cos\alpha_3 \tag{5-28}$$

在图5-6所示剖面垂直方向单位厚度内：

$$W_1 = \gamma\left(HL\cos\theta - \int_0^{L\cos\theta}\frac{1}{Ha^2}x^2\,\mathrm{d}x\right) = \gamma\left[HL\cos\theta - \frac{(L\cos\theta)^3}{3Ha^2}\right] \tag{5-29}$$

$$N_1 = \frac{1}{2}k\gamma(H-L_1)^2 \tag{5-30}$$

上两式中，γ是土体重度（kN/m³），k为土的侧压系数。

同理，对于块体2，有：

$$N_3 = (W_2+S_1)\cos\alpha_5 + N_1\sin\alpha_5 \tag{5-31}$$

$$S_3 = (W_2+S_1)\sin\alpha_5 - N_1\cos\alpha_5 \tag{5-32}$$

$$W_2 = \gamma\left(aH - HL\cos\theta - \int_{L\cos\theta}^{aH}\frac{1}{Ha^2}x^2\,\mathrm{d}x\right) = \gamma\left[aH - HL\cos\theta - \frac{(aH)^3 - (L\cos\theta)^3}{3Ha^2}\right] \tag{5-33}$$

由此，可得沿滑动面的下滑力S_D及抗滑力S_F

$$S_D = S_2 + S_3 \tag{5-34}$$

式（5-34）中，均为有效应力强度指标。

$$S_F = c'L_2 + N_2'\tan\varphi_1' + N_3\tan\varphi_2' + T_T \tag{5-35}$$

式中：c'为土体沿滑裂面黏聚力（kPa）；φ_1'、φ_2'分别为块体1、块体2沿滑裂面处土体内摩擦角（°）；T_T为所有土钉轴向锚固力沿切线方向分力的合力（kN）；L_2为滑裂面总长（m），由下式确定：

$$L_2 = \int_0^{aH}\sqrt{1+\left(\frac{\mathrm{d}y}{\mathrm{d}x}\right)^2}\,\mathrm{d}x \tag{5-36}$$

式（5-35）中，$N_2' = N_2 + \sum_{j=1}^{m}T_j\sin(\theta+\alpha_3)$ \hfill (5-37)

式中：T_j（$j=1, 2, \cdots, m$）为第j排土钉锚固力。

由摩尔-库仑准则：

$$S_3 = c'L_2' + N_3\tan\varphi_2' = (W_2+S_1)\sin\alpha_5 - N_1\cos\alpha_5 \tag{5-38}$$

由此得到：

$$S_1 = \frac{c'L_2' + W_2(\cos\alpha_5\tan\varphi_2' - \sin\alpha_5) + N_1(\cos\alpha_5 + \sin\alpha_5\tan\varphi_2')}{\sin\alpha_5 - \cos\alpha_5\tan\varphi_2'} \tag{5-39}$$

上式中，L_2' 是块体 2 滑动面弧长，为：

$$L_2' = \int_{L\cos\theta}^{aH} \sqrt{1 + \left(\frac{\mathrm{d}y}{\mathrm{d}x}\right)^2}\,\mathrm{d}x \tag{5-40}$$

土体系数 β，可由块体 1 和 2 交界面处切向力和法向力之比获得：

$$\beta = \frac{S_1}{N_1} \tag{5-41}$$

若由上式计算得到的 β 值大于 $\tan\varphi_2'$，则选择 $\beta = \tan\varphi_2'$。

（2）滑动面位于土钉长度范围以内的情况

如图 5-7 所示，滑动面方程同样为 $y = \dfrac{1}{H}\left(\dfrac{x}{a}\right)^2$，此时，$a < L\cos\theta / \sqrt{H\,(H - L\sin\theta)}$，滑动面位于土钉加筋范围以内。

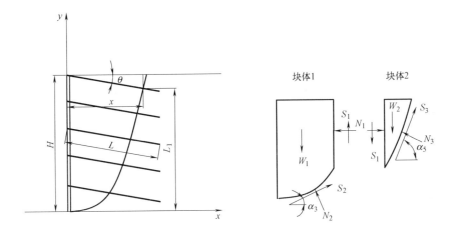

图 5-7　滑裂面位于土钉加筋范围内

将滑动范围内的土体同样分成块体 1 和块体 2，它们的受力情况与图 5-6 是一致的，其中：

$$\alpha_3 = \tan^{-1}\left(\frac{L_1}{x}\right) \tag{5-42}$$

$$\alpha_5 = \tan^{-1}\left(\frac{x\tan\theta}{aH - x}\right) \tag{5-43}$$

其中：

$$x = \frac{1}{2}Ha\left(\sqrt{(a\tan\theta)^2 + 4} - a\tan\theta\right) \tag{5-44}$$

$$L_1 = \frac{1}{H}\left(\frac{x}{a}\right)^2 \tag{5-45}$$

其余计算表达式与前面的外部稳定分析形式一致，不同的只是几何参数，例如，$N_1 = \dfrac{1}{2}k\gamma\,(x\tan\theta)^2$。因此，和前面方法一样，可以求出土钉墙滑动面处抗滑力 S_F 和滑动力 S_D 表达式。

第 j 排土钉锚固力 T_j（$j=1,2,\cdots,m$），指位于土钉墙被动区内土钉与周围土体相互作用而产生的抗滑力。对土钉 j，其抗滑力 T_i（kN）为：

$$T_i = \pi D l_j (\tau_{ns} + c') \tag{5-46}$$

式中：D 为土钉横截面直径（m）；l_j 为土钉 j 在被动区范围的长度（m）；土钉与周围土体之间的剪应力 $\tau_{ns} = \sigma_n \tan\varphi'$，$\sigma_n$ 是土钉界面正应力，通过单元的受力分析，能建立与 σ_x 和 σ_y 之间的关系，而 $\sigma_y = \overline{\gamma Z_j}$，$\overline{Z}_j$ 为土钉 j 在被动区范围的长度上的中点距地表的距离（m），γ 是土体重度（kN/m³），$\sigma_x = k\sigma_y$，k 为土的侧压系数；c'、φ' 分别为土钉周围土体的黏聚力（kPa）和内摩擦角（°），为有效应力强度指标。上式必须满足下述条件：

$$T_i \leqslant A_s f_y \tag{5-47}$$

式中：A_s、f_y 分别指土钉横截面积（m²）、土钉材料屈服强度（kPa）。土钉产生的锚固力 T_i 必须小于土钉材料极限抗拉强度 f_y 所能提供的拉力。

对某一开挖深度 H 的土钉墙，假定对某一滑动面位置土钉墙达到极限平衡状态，其下滑力 S_D 等于抗滑力 S_F，建立极限平衡方程 $S_D = S_F$，式中 S_D、S_F 可根据上面分析确定。土钉墙安全系数为 F_s，假设土体黏聚力和内摩擦角的安全系数也是 F_s，即：$c' = \dfrac{c}{F_s}$，$\tan\varphi' = \dfrac{\tan\varphi}{F_s}$。

将这两式代入极限平衡方程中，通过循环计算可求出 F_s 的大小。改变参数 a 值的大小，可改变滑动面 $y = \dfrac{1}{H}\left(\dfrac{x}{a}\right)^2$ 位置，计算其他滑动面处的 F_s。这一过程可随 a 值的变化进行多次重复计算，从中选取最小安全系数值作为对应开挖深 H 的土钉墙安全系数。初始循环计算时，可假定 $F_s = L/H$。因土钉墙施工是逐步进行的，H 的大小是在不断变化的。对每一个 H，都必须采用上述方法，求得 F_s，直到开挖到最终深度。

5.3.2 折线滑动面法

文献 [18] 中介绍了一种简单的计算土钉墙稳定计算方法，其基本假定为：

（1）滑裂面为直线和折线两种情况，如图 5-8 所示。图 5-8a 是内部稳定验算，图 5-8b 是外部稳定验算。

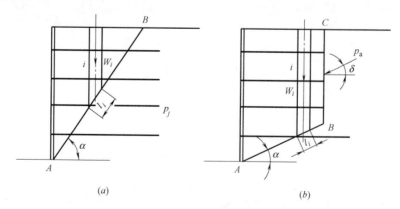

图 5-8 计算简图

（2）图 5-8b 外部稳定验算中，主动土压力作用在垂直滑动面上。

（3）滑动土体被等分成若干垂直土条，不考虑土条土间作用力。

（4）土钉只提供锚固力作用。

（5）滑动破坏面土体达到极限状态时，钉—土相互作用也同时达到抗拉极限状态，且具有相同的安全系数 F_s。

（6）无地下水作用。

如图 5-8a 所示的内部稳定验算，类似于土体楔体极限滑动。沿剖面垂直方向取单位厚度土钉墙，分别确定沿滑动面 AB 方向上土钉、土条抗滑力以及土条的下滑力，建立力的平衡方程式，可得到土钉墙内部稳定安全系数 F_s 具体形式：

$$F = \frac{\sum_{i=1}^{n}(l_i c_i + W_i \cos\alpha\tan\varphi_i) + \frac{1}{S_h}\sum_{j=1}^{m} p_j \cos(\alpha+\theta_j)}{\sum_{i=1}^{n} W_i \sin\alpha} \tag{5-48}$$

式中：α 为滑裂面与水平方向夹角（°）；θ_j 为土钉 j 与水平方向夹角（°）；m 为土钉总数；n 为滑裂体土条总数；P_j 为第 j 个土钉提供的锚固力（kN）；l_i 为第 i 个土条沿滑裂面上的长度（m）；W_i 为第 i 个土条自重（包括地面超载）（kN）；c_i、φ_i 分别为第 i 个土条滑裂面处土体黏聚力（kPa）、内摩擦角（°）；S_h 为土钉水平间距（m）。

对如图 5-8b 所示的外部稳定验算情况，滑动面为折线 ABC，垂直面 BC 上作用着主动土压力 p_a，与水平夹角为 δ，沿剖面垂直方向取单位厚度土钉墙，在滑动面 AB 方向上分别求出土条、土钉抗滑力以及土条、主动土压力 p_a 下滑力，建立力的平衡方程式，可得到土钉墙外部稳定安全系数定义 F_s 具体形式：

$$F_s = \frac{\sum_{i=1}^{n}(l_i c_i + W_i \cos\alpha\tan\varphi_i) + \frac{1}{S_h}\sum_{j=1}^{m} p_j \cos(\alpha+\theta_j)}{\sum_{i=1}^{n} W_i \sin\alpha + p_a \cos(\alpha-\delta)} \tag{5-49}$$

式（5-48）、式（5-49）中，建议 $\alpha = \frac{1}{2}(\beta+\varphi)$，$\beta$ 为坡角（°），φ 为滑动面 AB 处土体内摩擦角（°）。

式（5-49）中，主动土压力 p_a 与土体强度指标相关，p_a 表达式中也应包含着 F_s。如果 p_a 中忽略 F_s，则该式在概念上是不严谨的。

5.3.3 楔体滑动破坏法

该方法由边坡的楔体滑动法得来，用于土钉墙内部稳定计算。如图 5-9 所示[19]，假定滑动剖面为一直线，滑动体为一三角形楔体 ABC，AB 为滑动面，长度为 l_{AB}，它与水平方向夹角为 α，自重为 W，坡面 AC 与水平方向夹角为 β，沿滑动面 AB 作用有法向力 N 和切向力 T 以及土钉 j 提供的锚固力 P_j，土钉 j 与水平方向夹角为 θ_j（$j=1, 2, \cdots, m$，m 为土钉排数）。

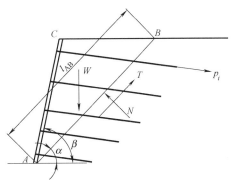

图 5-9 土钉墙稳定验算

假设滑动面土体达到极限状态时，钉—土相互作用也同时达到极限状态，且具有相同的安全系数 F。与折线滑动面法类似，沿滑动面 AB 方向上分别求出楔形土体、土钉抗滑力以及土体下滑力，建立力的平衡方程式，得到与式（5-48）类似的土钉墙整体稳定安全系数 F 表达式：

$$F = \frac{cl_{AB} + W\cos\alpha\tan\varphi + \dfrac{1}{S_h}\sum_{j=1}^{m}\cos(\alpha+\theta_j)p_j}{W\sin\alpha} \tag{5-50}$$

式中：$\alpha=\dfrac{1}{2}(\beta+\varphi)$；$\theta_j$ 为土钉 j 与水平方向夹角（°）。

这是最简化的土钉墙稳定验算方法，特别适用于坑底附近土体能保持稳定、土层强度较高的情况。它可用来对复杂的计算方法得到的结果进行复核，也可以用来初步确定土钉总锚固力[20]。

5.3.4 王步云方法

1. 内部稳定分析

王步云先生曾对四个黄土类粉土和粉质黏土土钉墙支护进行了试验[21]，认为土钉墙的破坏是渐进性的，即使在主动区内出现局部剪切面、拉裂缝，并随超载增加而加宽，土钉墙还是可以维持很长一段时间不会发生滑塌破坏。根据试验结果和有限元分析，他认为滑动面 ABC 和作用于土钉墙面层上的土压力分布均呈折线，如图 5-10 所示。面层上土压力由第 3 章图 3-8a 和式（3-19）确定。

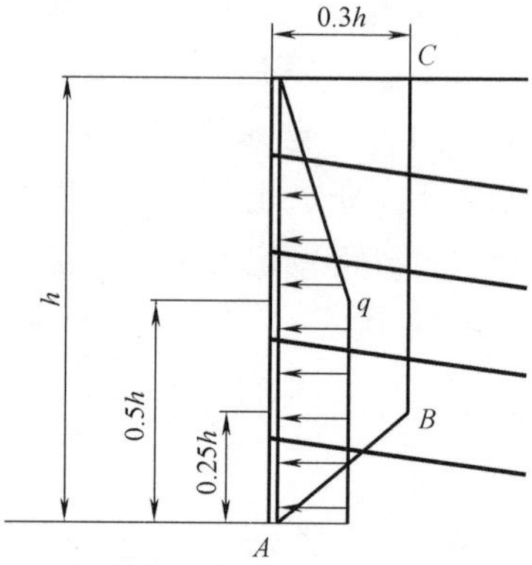

土钉墙支护内部稳定验算包括在面层土压力 q 作用下，土钉不会被拉断和被拔出两种情况，如图 5-11 所示。如图 5-11a 所示，对土钉 j（$j=1$，2，…，m，m 为土钉排数），若保证不被拉断，须满足下式：

$$\frac{\pi d^2 f_y}{4q_j S_h S_v} \geqslant 1.5 \tag{5-51}$$

图 5-10　滑动破坏面形状和面层上的土压力

式中：d——土钉加筋体直径（m），不包括灌浆体；

　　　f_y——土钉材料抗拉强度标准值（kPa）；

　　　q_j——第 j 层土钉处面层上的土压力（kPa）；

S_h、S_v——分别是土钉水平、垂直间距（m）。

如图 5-11b 所示，对土钉 j，若保证不被拔出，须满足下式：

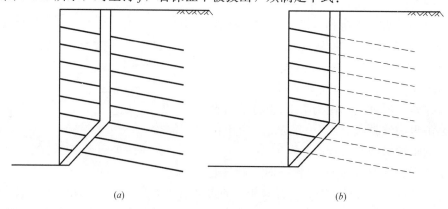

(a)　　　　　　　　　　　　　　　　　　(b)

图 5-11　土钉墙内部稳定验算[21]

$$\frac{p_j}{q_j S_h S_v} \geq F_p \tag{5-52}$$

式中：p_j——土钉 j 位于滑动面外土钉段所提供的锚固力；

$\qquad F_p$——土钉抗拔安全系数，$1.5 \sim 2.0$。

其余符号意义与式（5-51）相同。

类似于这种折线滑动破坏在基坑工程中时有发生。图 5-12 是一预应力锚索复合土钉墙支护设计剖面，土体为含砾粉质黏土和粗砂层，滑动破坏面呈折线，如图 5-13 所示，土钉和锚索被拔出[22]。滑塌主要原因：土钉施工中因地下障碍，使得第二、三排土钉没有办法施工，长度没有达到设计值，加之土钉灌浆效果又不理想，还有地下水的不利影响等[22]。

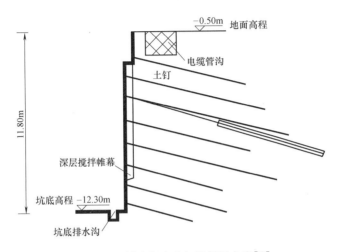

图 5-12　锚索复合土钉墙设计方案[22]

2. 外部稳定分析

土钉墙外部滑动破坏，指滑动面位于土钉长度范围以外的情况。此时，土钉不发挥抗滑作用，土钉墙的作用类似于重力式挡墙，墙背垂直滑动面上作用有主动土压力，土钉墙依靠本身重力来维持稳定，如图 5-14 所示。这种情况下，须按一般重力式挡墙验算绕墙趾处发生倾覆破坏（图 5-14a）和沿土钉墙底面滑移破坏（图 5-14b）两种破坏形式，其中抗倾覆安全系数须大于 1.6，抗滑移须大于 1.3。

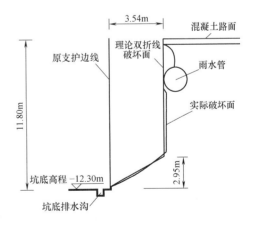

图 5-13　基坑滑动面剖面[22]

5.3.5　抛物线滑动法

根据土钉墙变形观测资料，土钉墙破坏时发生绕墙趾转动的变形，由此提出了土钉墙内部稳定计算方法[23]，基本假定为：

（1）滑裂面为抛物线形，通过坡脚；

（2）与毕肖普法类似，滑动面以上土体被分成 n 个土条，假定土条间合力是水平的；

（3）土钉只承受拉力；

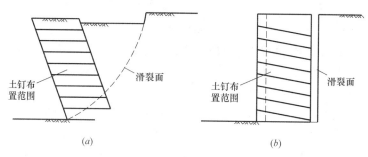

图 5-14 土钉墙外部稳定分析[21]

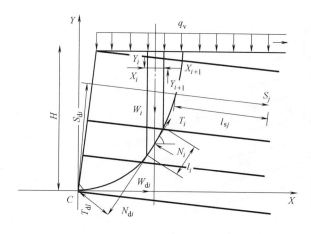

图 5-15 计算简图

（4）土体、土—土钉界面破坏符合摩尔-库仑准则，同时达到极限状态，有相同的安全系数 F；

（5）不考虑地下水作用。

计算简图如图 5-15 所示。

由毕肖普法，同样假定任一土条的条间合力是水平的，即 $Y_i - Y_{i+1} = 0$。对土条 i，同样有 $T_i = (c_i + N_i \tan\varphi_i)/F$。土钉的抗滑作用，仅计入滑动面以外土钉段提供的锚固力。以坡脚点转动为中心，建立极限力矩平衡方程，整理得土钉墙内部稳定安全系数表达式：

$$F = \frac{\sum_{i=1}^{n} \frac{1}{m_{\alpha i}}(c_i l_i \cos\alpha_i + W_i \tan\varphi_i) T_{di}}{\sum_{i=1}^{n}(W_i W_{di} - N_i N_{di}) + \sum_{j=1}^{m} P_j S_{dj}}$$

(5-53)

式中：$m_{\alpha i} = \cos\alpha_i + \tan\varphi_i \sin\alpha_i/F$；$W_i$、$T_i$、$N_i$ 分别为土体 i 的自重、底部剪力和法向力；c_i、φ_i 分别为土条 i 底破坏面处土体粘结力和内摩擦角（$i = 1, 2, \cdots, n$）；P_j 是土钉 j 位于滑动面以外土钉段提供的锚固力（$j = 1, 2, \cdots, m$）；其余符号如图 5-15 所示。与毕肖普法计算式类似，F 存在于等式的两边，经迭代求解。同样，须试算一系列的破坏面后，才能确定最小安全系数对应的潜在破坏面。

须强调的是，基坑开挖深度小于土体自稳临界高度时，开挖面附近土体是沿着潜在滑动面发生侧向位移和沉降变形的，并不会发生绕墙趾转动。随着开挖深度的增加，当超过土体自稳临界高度之后，只有当滑动面附近土体达到抗剪极限状态、土钉位于被动区土钉段达到抗拔极限状态之后，特别是在土体强度较高的情况下，土钉墙才会发生绕墙趾转动。

式（5-53）中，将土体黏聚力和内摩擦角等作为随机变量，采用一次二阶矩法（first order second moment）可以得到土钉墙内部稳定可靠度指标 β[24]。

与这一方法类似，同样假定滑裂面为抛物线和土条间合力是水平的，采用力的递推方法确定土条条间力，直到它满足边界条件，同样可以确定土钉墙内部稳定安全系数[25]。

5.3.6 三维稳定分析

上限定理是假设以位移增量表示的外部荷载系统做的功等于内部应力的能量耗散，那么塑性滑塌一定发生，外部荷载系统因此就构成了引起滑塌的真实荷载的上界。上限定理已成功地应用于边坡稳定分析[26-31]，有些情况下可得到真实解答。上限定理应用范围很广，也适用于土钉墙内部稳定计算[32-33]。

与第2.2节中描述的上限定理类似，假定土钉墙主动区范围内土体达到塑性阶段，土体抗剪和土钉抗拉同时进入极限阶段，有相同的安全系数 F_s。此时，作用在滑动体上的力包括土钉抗拔力 T_i、地面超载 P、土体自重 W。不考虑地下水影响。根据上限定理建立下面的方程式：

$$\sum_{i=1}^{n} \vec{T_i} \vec{V_n} + \int_A \vec{p} \vec{V_p} dA + \int_\Omega \vec{W} \vec{V_{wi}} d\Omega = \int_\Omega D d\Omega \tag{5-54}$$

式中：$\vec{V_n}$，$\vec{V_p}$，$\vec{V_{wi}}$ 分别为土钉 i 位于滑裂单元面处、外力 P 处、自重 W 处的速度向量；D 为单位面积能量耗散；Ω 表示土钉墙主动区范围；A 为外力 P 作用面积；n 为土钉总数。

假定土体破坏符合 Mohr-Coulumb 准则，式（5-54）中所涉及的土黏聚力与内摩擦角 c_e、φ_e 及土钉表面与周围土体摩阻力 τ_e 由下式决定：

$$\begin{cases} C_e = C/F_s \\ \varphi_e = \tan^{-1}(\tan\varphi/F_s) \\ \tau_e = \tau/F_s \end{cases} \tag{5-55}$$

式中，c、φ 及 τ 均为土体抗剪强度指标。

为求解式（5-54）中的 F_s，须以离散单元代替连续的滑裂区域 Ω。将所研究的土钉墙主动区滑裂范围进行离散。将每个离散单元作为刚体看待，认为只在单元界面存在能量耗散，则式（5-54）可用下式表示：

$$\sum_{i=1}^{n} \vec{T_i} \vec{V_{ti}} + \sum_{i=1}^{m} \vec{p_i} \vec{V_{pi}} + \sum_{i=1}^{l} \vec{w_i} \vec{V_{wi}} = \sum_{i=1}^{k} D_i I_i \tag{5-56}$$

式中：n、m、l、k 分别表示滑裂范围土钉数、荷载分区数、土单元数、单元界面数；I_i 为 i 处界面面积。求解式（5-56），进行迭代计算，可确定 F_s 的大小。

用离散体代替连续的土钉墙主动滑裂区域求解过程中，工作量较大的部分是形成机动的、符合边界条件的相容速度场。速度场的建立方法介绍如下。

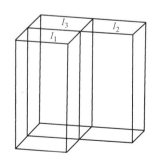 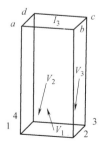

图 5-16　建立速度场

如图 5-16 所示，存在 3 个连续单元 I_1、I_2、I_3，假定 I_1、I_2 所有界面上速度向量已知，现在计算单元 I_3 上速度向量。令 $\vec{V_1}$、$\vec{V_2}$、$\vec{V_3}$ 分别为面 1234、12ba、23cd 上的速度向量，$\vec{n_1}$、$\vec{n_2}$、$\vec{n_3}$ 分别为以上 3 个面上对应的法向量，由流动法则可以建立以下方程组：

$$\begin{cases} \dfrac{\vec{V_1}\vec{n_1}}{||\vec{V_1}||\times||\vec{n_1}||}=\sin\varphi_1 \\[3mm] \dfrac{\vec{V_2}\vec{n_2}}{||\vec{V_2}||\times||\vec{n_2}||}=\sin\varphi_2 \\[3mm] \dfrac{\vec{V_3}\vec{n_3}}{||\vec{V_3}||\times||\vec{n_3}||}=\sin\varphi_3 \end{cases} \tag{5-57}$$

式中：φ_1、φ_2、φ_3 分别为 I_3 单元 3 个界面处土体内摩擦角，符号 $\|\vec{V}\|$ 或 $\|\vec{n}\|$ 表示向量的模。由于单元 I_1、I_2 上速度向量已知，根据运动连续性原理，即不重叠、不分离，可以建立 $\vec{V_2}$、$\vec{V_3}$ 与 $\vec{V_1}$ 之间的关系式。因此，上式中只存在 $\vec{V_1}=\{x_1，y_1，z_1\}$ 这一未知量。联立三个非线性方程，求解 $\vec{V_1}$ 向量。根据 $\vec{V_2}$ 与 $\vec{V_3}$ 之间的关系，获得单元 I_3 的其他速度向量 $\vec{V_2}$、$\vec{V_3}$。用同样的方法，可求得其他单元的速度向量。

土钉的锚固段位于主动区滑动体以外，任一土钉锚固力在式（5-56）中作为外力考虑。如图 5-17 所示，土钉 i 穿过滑裂面 j，其速度向量为 $\vec{V_j}$，土钉锚固力为 T_i。土钉 i 所做的功率 $E_i=\vec{V_j}\vec{T_i}$。E_i 一般为负值，抵抗土体抗滑动体的运动。

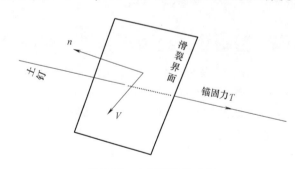

图 5-17　土钉所做的功率

用上限定理求解的土钉墙稳定分析中，滑动体的形状可以是任意的。既可以分析球面滑动体，也可以分析土钉墙复合滑动体类型[34-35]。用上限理论可以探讨安全系数与土体刚度的关系[36]。

一次二阶矩法是目前在岩土工程中广泛采用的可靠度分析方法。在该方法中，首先须确定随机变量和分布类型，利用其均值和方差在功能函数空间中迭代求解最短距离对应点，得到相应可靠度指标。与一次二阶矩法相比，下面介绍的方法则较简单，它不考虑参数的分布类型，只需假定安全系数 F 符合对数正态分布，利用台劳级数公式近似求得安全系数 F 的方差，然后就可以求得失效概率 P_f。

基于台劳级数的可靠度分析步骤如下[37]：

（1）确定含有安全系数 F 的具体表达式，如式（5-56）所示；

（2）确定含有安全系数 F 表达式中随机参数及其最近似值的大小，并计算安全系数 F_m；

（3）对任一随机参数，确定 σ_i（$i=1，2，\cdots，n$）；

（4）对任一随机参数，最近似值为 x_i，在保持其他参数为最近似值不变的情况下，计算安全系数

$$F_i^+ = F(x_i + \sigma_i) \quad (i = 1, 2, \cdots, n)$$
$$F_i^- = F(x_i - \sigma_i) \quad (i = 1, 2, \cdots, n) \tag{5-58}$$

（5）由台劳级数方法确定安全系数 F 方差 σ_F 的近似值：

$$\sigma_F^2 \approx \sum_{i=1}^{n} \left(\frac{\partial F_i}{\partial X_i} \right)^2 \sigma_i^2 \tag{5-59a}$$

$$\frac{\partial F_i}{\partial X_i} = \frac{F_i^+ - F_i^-}{2\sigma_i} \tag{5-59b}$$

（6）计算 V_F：

$$V_F = \frac{\sigma_F}{F_{mlv}} \tag{5-60}$$

（7）假定 F 符合对数正态分布，确定可靠度指标：

$$\beta = \frac{\ln\left(\frac{F_{mlv}}{\sqrt{1 + V_F^2}} \right)}{\sqrt{\ln(1 + V_F^2)}} \tag{5-61}$$

由可靠度指标大小，就可以求出失效概率 P_f 值。这一方法可用于土钉墙内部稳定可靠度分析[38]。

5.3.7 渗流作用下土钉支护基坑的稳定性

1. 渗流场

土钉技术在基坑工程中刚开始应用时，大多不存在地下水，或通过降低地下水，使水位位于基坑开挖面以下。随着工程经验的积累，应用范围逐步扩大。水泥土复合土钉墙有一定的挡水作用，可以应用于上层滞水的地区。工程上，遭受连续暴雨、相邻地下水管破裂渗漏等情形时常发生，大多土钉墙中不可能完全不存在地下水。据统计分析，由地下水引发的土钉墙滑塌事故占到 20%[39]，这给土钉技术的安全性留下了隐患。依据本书第 2 章中讨论的地下水渗流对土体自稳性的影响，从力平衡这一角度，可以分析渗流条件下土钉支护的稳定性。

以下分析中，假设土体均质同性，地下水渗流场稳定，渗流不受土钉设置的影响，但与土钉支护面层相关。如图 5-18 所示，实际工程中有三种典型的土钉墙结构影响到土体中的渗流场：（1）面层设置排水设置（图 5-18a）；（2）面层为隔水层，这是传统的设计（图 5-18b）；（3）面层附近设置连续的水泥土桩墙，形成挡水帷幕（图 5-18c）。

假设土钉墙面层上设置的水管有足够的排水能力，地下水水位不发生变化，则图 5-18a 中渗流场与图 2-6 中渗流情况类似，孔隙水压计算与图 2-7 中的方法一致。图 5-18b、图 5-18c 中，等线线 ab 上 a 点孔隙水压不为零，与浸润线和面层或水泥桩墙相交的 E 的水头相关。为分析方便，不考虑流线 Ea 水头损失，认为 a 点水头就等于 E 的高程水头减少值。图 5-18b、图 5-18c 中，A 点孔隙水压最大，孔隙水压 $u = \eta \gamma_w z$，如图 5-19 所示。

AC 面上承受的总孔隙水压力 U 为：

$$U = \frac{\eta z \gamma_w}{2 \sin\alpha} h = \frac{\eta \xi \gamma_w}{2 \sin\alpha} h^2 \tag{5-62}$$

式中的符号与式（2-18）相同。

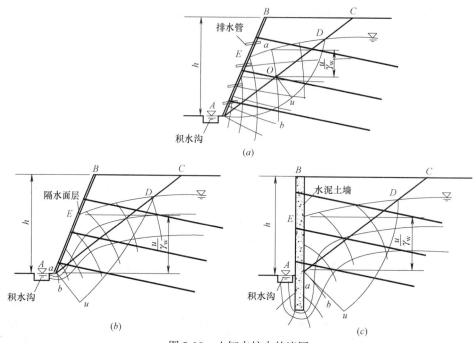

图 5-18　土钉支护中的流网

2. 滑动面

前面所述，在土钉墙稳定分析中，潜在滑动面有多种假设形状。潜在滑动面的形状与土的性质、土层分布、土钉设置等相关，合理地确定潜在滑动面是一个很复杂的问题。在强度较高、土性相近的土层中，若坑底以下土体是稳定的，潜在滑动面则大多是通过坡脚的近似平面形状。例如，法国一滑塌的 7m 高的砂性土中的土钉墙，土层参数 $\gamma = 20\text{kN}/\text{m}^3$、$c = 3\text{kPa}$、$\varphi = 38°$[40]，其滑动面就可以近似地用一平面形状替代，如图 5-20 所示的 AC 面，滑动面 AC 与水平方向的倾角为 63°。将 $\beta = 90°$、$\varphi = 38°$ 代入式（2-12）中，得到 $\alpha_{cr} = 64°$。这说明土钉墙达到稳定极限平衡状态时，滑动面与水平方向的夹角与土体达到稳定极限平衡状态时是相同的，受土钉设置的影响不大，都可以由式（2-12）确定。第 2.3 节中已证明滑动面的位置不受地下水的影响。下面分析中，为了简化分析过程，假设土钉墙达到稳定极限平衡状态时，滑动面与水平方向的倾角同样由式（2-12）确定。

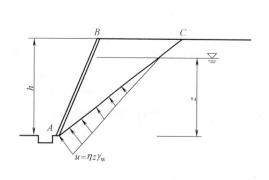

图 5-19　孔隙水压计算简化方法

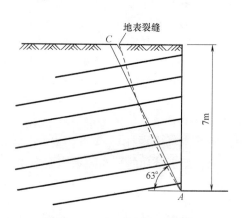

图 5-20　土钉墙滑塌实例[40]

74

3. 稳定分析

由第2章分析可知，当开挖深度大于h_{cr}时，土体下滑力将大于抗滑力，其自身的抗滑能力不足，这时支护结构将发生抗滑作用。这时，滑动面近似地用一平面AC替代，它与水平方向的夹角由式（2-12）确定，如图5-21所示。

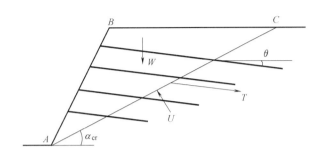

图5-21　渗流条件下土钉墙稳定分析

图5-21中，滑动面AC上受楔形土体ABC重力W（浸润线下土体取饱和重度，参看第2.3节）、垂直于该面的总孔隙水压力U、沿AC面土体黏聚力产生的抗力和位于被动区土钉提供的总锚固力T共同作用，不考虑T施加在AC面上法向力和土体由此产生的额外抗剪力。假设沿滑动面土体、钉—土相互作用同时达到极限状态、有相同的安全系数F，其表达式由下式确定：

$$F=\frac{(W\cos\alpha_{cr}-U)\tan\varphi+\dfrac{ch}{\sin\alpha_{cr}}+T\cos(\theta+\alpha_{cr})/S_h}{W\sin\alpha_{cr}} \tag{5-63}$$

式中：θ——土钉轴向与水平方向的夹角（°）；

　　W——楔体ABC自重（kN）；

　　U——滑动面上总孔隙水压力（kN）；

　　h——土钉墙高度（m）；

　α_{cr}——土体达到稳定极限平衡状态时潜在滑动面与水平方向的夹角（°）；

c，φ——沿滑动面土体总应力抗剪强度指标（kPa,°）；

　　T——墙体单位厚度内位于被动区土钉提供的总锚固力；

　　S_h——土钉水平间距（m）。

对水泥土复合土钉墙，忽略水泥土墙的抗滑力作用。采用式（5-63）计算安全系数，不需要迭代计算，也不用寻找最小滑动面的位置，是简化的计算方法，可用于地下水渗流对基坑稳定性影响的初步分析。

4. 实例分析

位于武汉市武昌区一基坑工程，开挖深度4.55～6.05m，采用三至四排土钉支护，土钉水平和垂直间距都为1.5m，坡度1：0.5，面层设置排水管排水。场地以填土为主，坑底以下土体能保持稳定。土层参数综合取值。2005年9月3日中午，该基坑东侧段约40余米长的边坡发生滑塌。该段开挖深度5.15m，采用三排土钉支护，长6～12m，如图5-22所示。主要原因是由于连日强降雨，临近基坑一下水管大量渗漏，面层上排水管无法及时排出，地下水水位上升接近到地表，发生滑塌事故。原设计方案和滑塌后的坡面形状如图 5-22 所示。采取的补救措施：滑塌段采取沙包回填反压，设置 1 排长 10.0m 的钢管桩，桩顶用槽钢连接，加设两排 9m 长锚杆，形成桩-锚支护，以防止对临近建筑物产生不利影响。增设桩-锚支护工程补救措施后，基坑处于稳定状态。

下面计算分析中，选用的参数见表 5-1。

计算采用的参数 表 5-1

基坑				土层					土钉			
h (m)	β (°)	ξ	η	c (kPa)	φ(°)	γ(kN/m³)	γ_{sat}(kN/m³)	τ(kPa)	L (m)	S_h (m)	D (m)	θ(°)
5.15	63.4	1	1	2	16	19.1	22	22	6～12	1.5	0.12	10

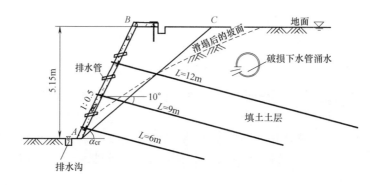

图 5-22　滑塌土钉墙实例

由式（2-12）确定滑动面 AC 的位置 $\alpha_{cr}=40°$，如图 5-22 所示。由式（2-23），得到基坑临界自稳高度 $h_{cr}=0.72$m，小于 5.15m，土体本身无法维持稳定，土钉支护结构必须发挥抗滑作用。计算确定 $U=102$kN、$W=205$kN；位于被动区土钉总长度 23.8m，得到单位墙体厚度内 $T=131$kN。将它们代入式（5-63）中得到 $F=0.89$。考虑到面层排水管不能及时排出地下水，将孔隙水压力 U 按式（5-62）计算，则 $U=204$kN，其余保持不变，则由式（5-63）计算得到 $F=0.67$。

本实例中，沿滑动面 AC 除了孔压作用外，水体浸泡可能降低土体的抗剪能力。这两种因素叠加后，土钉墙必将发生滑塌破坏。

若不存在地下水，滑动面 AC 的位置保持不变。由式（2-13），得到基坑临界自稳高度 $h_{cr}=1.1$m，小于 5.15m，同样土体本身无法维持稳定，必须依靠土钉支护结构发挥抗滑作用。将表 5-1 中的 ξ、η 取值为零，由式（2-18）、式（2-19）分别确定 $U=0$、$W=178$kN，土钉提供的锚固力 T 认为保持不变，将它们代入式（5-63）中，得到 $F=1.23$。说明不存在地下水情况下，该土钉墙沿滑动面 AC 抗滑力大于土体下滑力，基坑是稳定的。事实上，该基坑工程开挖到 5.15m 的最终深度后，在竣工两个多月之后，经历连日强降雨才发生滑塌事故。

随着地下水水位的升高，土体的天然重度变成饱和重度，增加了下滑力，同时土体本身的抗剪强度可能降低，也存在发生渗透破坏的可能性，这三个方面都可以降低土钉墙稳定性，甚至诱发滑塌事故。地下水引起的这三个方面的问题都很复杂，它们在土钉墙稳定分析中如何考虑，到目前为止没有好的解决方法。以上介绍的渗流情况下土钉墙内部稳定计算方法简单，没有复杂的计算，可用于土钉墙内部稳定的初步分析。事实上，在这一方法的基础上，可以考虑不同土层、不同滑动面形状以及增设微型桩、预应力锚杆等，可进一步提出较复杂的土钉支护稳定分析方法。

5.4　规范推荐的方法

土钉墙分层开挖、分层设置土钉及面层，每一次开挖都可能是不利工况，都须对土钉墙进行整体滑动稳定性验算。土钉墙整体滑动稳定性验算采用圆弧滑动条分法，如图 5-23 所示[1]。

$$K_{s,i}=\frac{\sum[c_jl_j+(q_jb_j+\Delta G_j)\cos\theta_j\tan\varphi_j]+\sum R'_{k,k}[\cos(\theta_k+\alpha_k)+\psi_v]/s_{x,k}}{\sum(q_jb_j+\Delta G_j)\sin\theta_j} \tag{5-64}$$

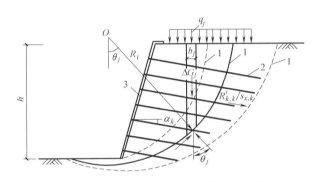

图 5-23　无地下水时土钉墙整体稳定分析
1—滑动面；2—土钉或锚杆；3—土钉墙面层

式中：$K_{s,i}$——第 i 个滑动圆弧处土钉墙整体稳定安全系数；

c_j、φ_j——第 j 土条滑弧面处土的黏聚力（kPa）、内摩擦角（°）；

b_j——第 j 土条的宽度（m）；

q_j——作用在第 j 土条上的附加分布荷载标准值（kPa）；

ΔG_j——第 j 土条的自重（kN），按天然重度计算；

θ_j——第 j 土条滑弧面中点处的法线与垂直面的夹角（°）；

$R'_{k,k}$——第 k 层土钉或锚杆对圆弧滑动体的极限拉力值（kN），应取土钉或锚杆在滑动面以外的锚固体极限抗拔承载力标准值与杆体受拉承载力标准值的较小值；

α_k——第 k 层土钉或锚杆的倾角（°）；

θ_k——滑弧面在第 k 层土钉或锚杆处的法线与垂直面的夹角（°）；

$s_{x,k}$——第 k 层土钉或锚杆的水平间距（m）；

ψ_v——计算系数，可取 $\psi_v=0.5\sin(\theta_k+\alpha_k)\tan\varphi$，此处 φ 为第 k 层土钉或锚杆与滑弧交点处土的内摩擦角。

采用上式计算多个滑动面处的 $K_{s,i}$，选取最小值作为土钉墙整体稳定安全系数 K_s。安全等级为二级、三级的土钉墙，K_s 分别不应小于 1.3、1.25。

上式中，锚杆和土钉对滑动稳定性的作用是一样的[1]。若不计入土钉锚固力在滑动面处土体产生的额外抗滑作用 ψ_v，式（5-64）与式（5-11）没有本质的区别。规范同时规定[1]，若基坑底面下有软土层的土钉墙应进行坑底隆起稳定性验算见式（2-25）。

考虑截水帷幕、微型桩、预应力锚杆等构件，复合土钉墙整体稳定性分析可采用简化圆弧滑动条分法，如图 5-24 所示[13]，最危险滑裂面同样通过试算搜索确定。

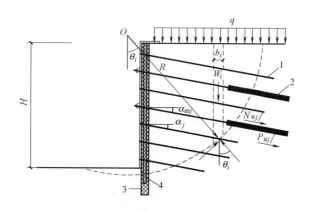

图 5-24　复合土钉墙稳定计算简图
1—土钉；2—预应力锚杆；3—截水帷幕；4—微型桩

$$K_{s0} + \eta_1 K_{s1} + \eta_2 K_{s2} + \eta_3 K_{s3} + \eta_4 K_{s4} \geqslant K_s \qquad (5\text{-}65)$$

$$K_{s0} = \frac{\sum c_i L_i + \sum W_i \cos\theta_i \tan\varphi_i}{\sum W_i \sin\theta_i} \qquad (5\text{-}66)$$

$$K_{s1} = \frac{\sum N_{uj} \cos(\theta_j + \alpha_j) + \sum N_{uj} \sin(\theta_j + \alpha_j)\tan\varphi_j}{s_{xj} \sum W_i \sin\theta_i} \qquad (5\text{-}67)$$

$$K_{s2} = \frac{\sum P_{uj} \cos(\theta_j + \alpha_{mj}) + \sum P_{uj} \sin(\theta_j + \alpha_{mj})\tan\varphi_j}{s_{2xj} \sum W_i \sin\theta_i} \qquad (5\text{-}68)$$

$$K_{s3} = \frac{\tau_q A_3}{\sum W_i \sin\theta_i} \qquad (5\text{-}69)$$

$$K_{s4} = \frac{\tau_y A_4}{s_{4xj} \sum W_i \sin\theta_i} \qquad (5\text{-}70)$$

式中：　　　　　　　　　K_s——整体稳定性安全系数，对应于基坑安全等级一、二、三级分别取 1.4、1.3、1.2；开挖过程中最不利工况下可乘 0.9 的系数；

K_{s0}、K_{s1}、K_{s2}、K_{s3}、K_{s4}——整体稳定性分项抗力系数，分别为土、土钉、预应力锚杆、截水帷幕及微型桩产生的抗滑力矩与土体下滑力矩比；

c_i、φ_i——第 i 个土条在滑弧面上的黏聚力（kPa）及内摩擦角（°）；

L_i——第 i 个土条在滑弧面上的弧长（m）；

W_i——第 i 个土条重量（kN），包括作用在该土条上的各种附加荷载；

θ_i——第 i 个土条在滑弧面中点处的法线与垂直面的夹角（°）；

s_{xj}——第 j 根土钉的平均水平间距（m）；

$s_{2,xj}$、$s_{4,xj}$——分别为第 j 根预应力锚杆、微型桩的平均水平间距（m）；

$\qquad N_{uj}$——第 j 根土钉在稳定区（即滑移面外）所提供的摩阻力（kN）；

$\qquad P_{uj}$——第 j 根预应力锚杆在稳定区（即滑移面外）的抗拔力（kN）；

$\qquad \alpha_j$——第 j 根土钉轴向与水平方向的夹角（°）；

$\qquad \alpha_{mj}$——第 j 根预应力锚杆轴向与水平方向的夹角（°）；

$\qquad \theta_j$——第 j 根土钉或预应力锚杆与滑弧面相交处，滑弧切线与水平面的夹角（°）；

$\qquad \varphi_j$——第 j 根土钉或预应力锚杆与滑弧面交点处土的内摩擦角（°）；

$\qquad \tau_q$——假定滑移面处相应龄期截水帷幕抗剪强度标准值（kPa），根据试验结果确定；

$\qquad \tau_y$——假定滑移面处微型桩的抗剪强度标准值（kPa），可取桩体材料的抗剪强度标准值；

$\qquad A_3$、A_4——分别为单位计算长度内截水帷幕、单根微型桩的截面积（m²）。

$\qquad \eta_1$、η_2、η_3、η_4——土钉、预应力锚杆、截水帷幕及微型桩组合作用折减系数，取值应符合下列规定：

（1）η_1 宜取 1.0。

（2）$P_{uj} \leqslant 300$kN 时，η_2 宜取 0.5～0.7，随着锚杆抗力的增加而减小。

（3）截水帷幕与土钉墙复合作用时，η_3 宜取 0.3～0.5，水泥土抗剪强度取值较高、水泥土墙厚度较大时，η_3 宜取较小值。

（4）微型桩与土钉墙复合作用时，η_4 宜取 0.1～0.3，微型桩桩体材料抗剪强度取值较高、截面积较大时，η_4 宜取较小值。基坑支护计算范围内主要土层均为硬塑状黏性土等较硬土层时，η_4 取值可提高 0.1。

（5）预应力锚杆、截水帷幕、微型桩三类构件共同复合作用时，组合作用折减系数不应同时取上限。

设计中，除了以上计算外，还须验算坑底抗隆起稳定性，见第 2.4 节介绍。

5.5 关于失稳模式的讨论

土钉支护基坑工程，发生破坏的形式较多。大体上，可分为内部和外部失稳两种模式，如图 5-25、图 5-26 所示。

内部失稳破坏包括[41]：

（1）由于土钉被拉断，引起失稳，如图 5-25a 所示；

（2）由于土钉被拔出，引起失稳，如图 5-25b 所示；

（3）潜在滑裂面处土钉抗弯或（和）抗剪不足引起的失稳，如图 5-25c 所示；

（4）土钉头与面层联结处强度不够，结构发生破坏，引起失稳，如图 5-25d 所示。

本章前面土钉墙内部稳定分析中，只探讨了（1）、（2）两种破坏方式，这也是设计中土钉支护稳定性验算的主要内容。实际工程中，土钉头与面层联结处强度不够、面层被撕裂的失稳破坏时有发生[42]。

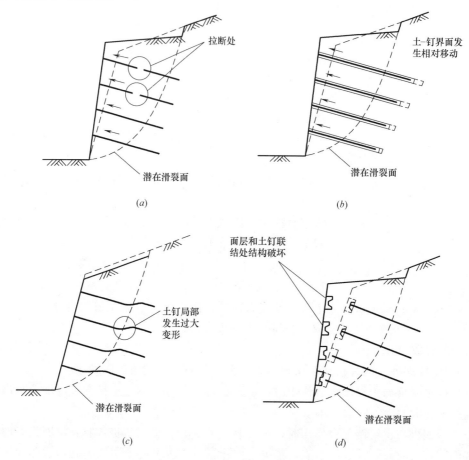

图 5-25　土钉墙内部失稳模式[41]

土钉支护外部破坏是将土钉支护结构作为一个刚体，发生类似于重力式挡土墙的破坏。外部失稳包括[41]：

（1）滑动破坏：土体较均匀，由于土体抗剪强度不足，发生绕某一外点转动变形而失稳，如图 5-26a 所示；

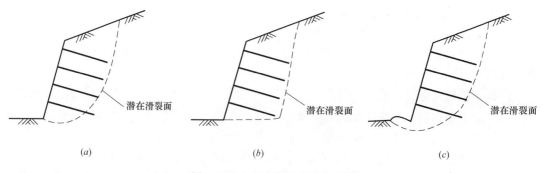

图 5-26　土钉墙外部失稳模式[41]

（2）平滑破坏：基坑底附近区域土层强度变化较大，由于坑底土体抗滑能力不足，发生平移滑动而失稳，如图 5-26b 所示；

（3）坑底隆起破坏：由于坑底附近存在软土，土体承载力不足，发生坑底隆起变形而失稳，如图 5-26c 所示。

目前土钉支护设计中，考虑了滑动破坏、坑底隆起两种破坏方式。实际上，平滑破坏方式在基坑工程中也不少见[33]。基坑稳定性，是设计中的首要问题，目前已经发展了多种分析方法。针对具体基坑条件，如何合理地应用，也是一个亟待解决的问题。

参 考 文 献

[1] JGJ 120—2012 建筑基坑支护技术规程 [S]. 北京：中国建筑工业出版社，2012.

[2] CECS 96：97 基坑土钉支护技术规程 [S]. 北京：中国工程建设标准化协会，1997.

[3] DB 42/159—2004 基坑工程技术规程 [S]. 武汉：湖北省建设厅，2004.

[4] DG/TJ08-61—2010 基坑工程技术规程 [S]. 上海：上海市城乡建设和交通委员会，2010.

[5] Craig R. F. Soil mechanics（sixth edition）[M]. Spon press，New York，2002.

[6] 张明聚，宋二祥，陈肇元. 基坑土钉支护稳定分析方法及其应用 [J]. 工程力学，1998，15（3）：36-43.

[7] 王安宝，史维汾，王国俊. 土钉支护的稳定分析—条分法结合复形调优法 [J]. 地下空间，1997，17（1）：1-8.

[8] 程良奎，杨志银. 喷射混凝土与土钉墙 [M]. 北京：中国建筑工业出版社，1998.

[9] 黄强. 建筑基坑支护技术规程应用手册 [M]. 北京：中国建筑工业出版社，1999.

[10] 孙铁成，张明聚，杨茜. 深基坑复合土钉支护稳定性分析方法及其应用 [J]. 工程力学，2005，22（3）：126-133.

[11] 秦四清，王建党. 土钉支护机理与优化设计 [M]. 北京：地质出版社，1999.

[12] 杨志银，张俊，王凯旭. 复合土钉墙技术的研究和应用 [J]. 岩土工程学报，2005，27（2）：153-156.

[13] GB 50739—2011 复合土钉墙基坑支护技术规范 [S]. 北京：中国计划出版社，2010.

[14] 徐国民，吴道明，杨金和. 昆明某训练基地基坑变形失稳原因分析 [J]. 岩土工程界，2003，6（2）：31-33.

[15] 孔剑华. 某工程基坑支护坍滑事故的整体稳定性分析 [J]. 城市勘测，2005，（3）：48-52.

[16] TB 10025-2006 铁路路基支挡结构设计规范 [S]. 北京：中国铁道出版社，2009.

[17] Shen C K，Herrmann L R，Romstad K M，et al. An in site earth reinforcement lateral support system [R]. Department of Civil Engineering，University of California，Davis，March 1981，12-29.

[18] User's guide，Geotechnical software GEO5 [R]. Fine Ltd. 2009，537-538.

[19] Soil nail walls，geotechnical engineering circular No. 7 [R]. Federal Highway Administration，U. S. Department of Transportation，USA，March 2003.

[20] 张钦喜，霍达，王兆和. 土钉墙设计的滑楔平衡法 [J]. 工业建筑，2002，32（20）：33-36.

[21] 王步云. 土钉墙设计 [J]. 岩土工程技术，1997，（4）：30-41.

[22] 黄圭峰. 深圳市某建筑深基坑支护滑塌事故剖析 [J]. 地质科技情报，2005，24（S）：65-68.

[23] 杨育文，袁建新. 深基坑开挖中土钉支护极限平衡分析 [J]. 工程勘察，1998，（6）：9-15.

[24] 杨育文，袁建新. 土钉墙极限平衡可靠度分析 [C]. 第六届中国岩石力学数值分析与解析方法论文集，1998，111-115.

[25] Yuan J X，Yang Y W，Tham L G. A new approach to limit equilibrium and reliability analysis of

soil nailed walls [J]. International Journal of Geomechanics, ASCE, 2003, 3 (4): 145-151.

[26] Chen Z Y, Wang X G, Haberfield C. A three dimensional slope stability method using the upper bound theorem part 1: theory and methods [J]. International Journal of Rock Mechanics & Mining Sciences, 2001, 38: 369-378.

[27] Chen Z Y, Wang J, Yin J H. A three dimensional slope stability method using the upper bound theorem part 11: numerical approaches, applications and extension [J]. International Journal of Rock Mechanics & Mining Sciences, 2001, 38: 379-397.

[28] Chen J Yin J H, Lee C F. The use of a SQP algorithm in slope stability analysis [J]. Communications in Numerical Methods in Engineering, 2005, 21 (1): 23-37.

[29] Yang X L, Li L, Yin J H. Seismic and static stability analysis for rock slopes by a kinematical approach [J]. Geotechnique, 2004, 54 (8): 543-540.

[30] Yang X L, Li L, Yin J H. Stability analysis of rock slopes with a modified Hoek Brown failure criterion [J]. International Journal for Numerical and Analytical Methods in Geomechanics, 2004, 28: 181-190.

[31] Chen J, Yin J H, Lee C F. A Rigid Finite Element Method for Upper Bound Limit Analysis of Soil Slopes Subjected to Pore Water Pressure [J]. ASCE J of Engineering Mechanics, 2004, 130 (8): 886-893.

[32] 杨育文. 喷锚网支护（土钉墙）三维稳定极限分析 [J]. 城市勘测, 2004, (5): 44-46.

[33] 杨育文. 土钉墙空间效应和平滑破坏模式的三维分析 [J]. 岩土力学, 2004, 25 (s2): 227-230.

[34] Yang Y W. Three dimensional stability analysis for soil nailed walls with upper boundary theory [J]. Proc. 11th Int. Conf. Comp. Method in Geomech, Italy, 2005, 397-402.

[35] 杨育文, 吴先干, 林科, 等. 土钉墙施工监测与破坏机理探讨 [J]. 地下空间与工程学报, 2006, 2 (3): 459-463.

[36] Yang Y W. The other soil parameters in stability limit analysis of soil-nailed walls in soft soil engineering [J], proceeding of the Fourth International Conference on Soft Soil Engineering, Vancouver, Canada, 4-6 October, 2006, 573-577.

[37] Duncan J M. Factors of safety and reliability in geotechnical engineering [J]. Journal of Geotechnical and Geoenvironmental Engineering, 2000, 126 (4): 307-316.

[38] 杨育文. 土钉墙三维稳定极限分析的可靠度计算 [J]. 地下空间与工程学报, 2005, 1 (6): 1029-1031.

[39] 杨育文. 我国失事土钉墙的反思 [J]. 工程勘察, 2011, 39 (2): 22-28.

[40] Sheahan T C, Ho C. Simplified trail wedge method for soil nailed wall analysis [J]. Journal of Geoenviromental and Geotechnical Engineering, 2003, 129 (2): 117-124.

[41] Guide to soil nail design and construction [R]. Geotechnical Engineering Office, Hong Kong, 2009, 34-35.

[42] 朱彦鹏, 叶帅华, 莫庸. 青海省西宁市某深基坑事故分析 [J]. 岩土工程学报, 2010, 32 (增刊1): 404-409.

第6章 变形分析方法

6.1 概述

土钉支护工程涉及岩土工程勘察、支护设计、施工、监测检测、竣工资料整理五道工序，每道工序中都有对它变形产生影响的因素。对一个不发生过大变形、不塌滑、工作正常的土钉支护的基坑工程来说，与变形相关的因素是很复杂的，至少存在下面6个方面：

（1）场址地质条件：土层强度、土层结构沿深度分布、是否存在地下水等。

（2）设计方案：土钉空间布置、位置、长度、与水平方向倾角、土钉材料、土钉与周围土体的结合方式、土钉墙坡角、面层材料、面层与土钉头的连接方式、是否采用降水、复合支护、组合支护结构等。

（3）所分析的土钉支护剖面位置：该处基坑宽度、与转角的距离。

（4）施工：开挖深度、土钉墙施工质量、分层开挖厚度及沿基坑水平、垂直方向次序、土钉墙结构受施工机械碰动或局部损坏情况等。

（5）工况：工作过程中土钉墙是否受雨水影响、相邻机械振动、墙顶堆荷的影响等。

（6）监测数据：仪器精度等。

在这6个方面中，常见的有第（1）～（4）中的大部分，几乎在每一个工程中都会出现。不常见的包括已竣工的土钉墙结构受随后施工的机械撞动、工作中暴雨冲刷、浸泡引发渗透破坏等。对一个具体的工程，它所发生的变形大小，其主要原因有的是常见的因素，涉及第（1）和（2）两个方面等，有的是如第（5）方面的偶然因素，大多则是多方面因素的综合。

勘察、设计、施工、监测和检测这些工序中，每道都与工程技术人的工程经验、水平、责任心、科学的实事求是的态度相关，这些主观因素也可以影响到土钉墙变形大小。单就土钉的几何尺寸来看，影响因素就包括：土钉在面层上水平间距、垂直间距、顶部土钉的埋深以及土钉长度、沿深度土钉长度的布置情况等五个因素，是一个五维空间问题。要全部考虑影响基坑变形的所有因素，将使问题无法求解。积累经验，逐步将数值模拟方法引入基坑工程设计变形分析，是一个努力的方向。

伟大的物理学家爱因斯坦认为，西方科学的发展是以两个伟大的成就为基础：希腊哲学家发明的形式逻辑体系（the formal logical system）（在欧几里得几何学中）和发现通过系统试验（systematic experiment）有可能找出的因果关系（causal relationships）（在文艺复兴时期）。关于西方科学发展史，可参考其他文献[1]，这里不作讨论。要强调的是，系统试验对科学发展的重要性。分析竣工基坑工程实例寻找基坑变形与影响因素之间关系的方法，就是依据系统试验方法。

Peck[2]通过收集分析桩排支护实例，得到最大沉降与距开挖边界距离的关系。Clough

等通过收集实例数据，辅以非线性有限元计算，得到最大侧向位移随支护刚度的变形规律[3]。Ou 等通过分析台北地区 10 个桩排支护监测数据，获得了地面沉降的特性[4]。Long 收集 300 多个基坑支护的数据，得到了基坑位移的一般性规律[5]。Yoo 分析 62 个桩排和地连墙实例，研究了侧向位移和土压力的问题[6]。欧盟一大型研究项目的第七子项科学与技术研究，在"城市环境中土—结构相互作用"专项中在世界范围内收集深基坑工程地下连续墙和桩排实例资料，研究桩墙支护最大变形[7]。通过分析实例，辅以有限元计算，Kung 等建立半经验的沉降模型[8]。这些研究成果可用于对桩排和地下连续墙支护变形的初步评估。

　　类似地，分析土钉支护基坑变形也可以从这一思路着手。从发表在我国各类学术期刊上关于土钉支护在深基坑工程领域应用的学术论文中，挑选出包含有：（1）地质条件；（2）设计方案；（3）施工过程；（4）监测点布置和监测结果；（5）坑安全稳定状态的典型实例。另外，作者从事深基坑工程实际工作多年，已收集到一些工程资料。本章中，对所收录到的基坑实测数据进行筛选，建立一个数据库，作为变形分析的基础，建立用于预测支钉支护基坑变形的一些关系，同时也为基坑变形计算提供基础性数据。

6.2　土钉墙

6.2.1　实例库

　　这里收集到的 13 个实例大多集中在武汉市汉口一级阶地一般黏土地区，土层分布、强度差别不大，它们的施工条件、监测也几乎一致。唯一不同的是有的坑底附近存在软土（$f_{ak}<100kPa$），有的则没有。所选择的实例，按照基坑的安全等级，土钉墙支护抗滑稳定安全系数都大于 1.2（稳定分析中，不计复合支护中水泥土桩的抗滑能力，作为安全储备）。根据湖北省地方标准，土钉墙支护方式只适用于开挖深度不大于 6.0m 的基坑，收集到的绝大部分实例符合这一要求。因此，13 个实例基本上属于同一类型的基坑，在下面的分析中，可以避免一些不必要的误差。

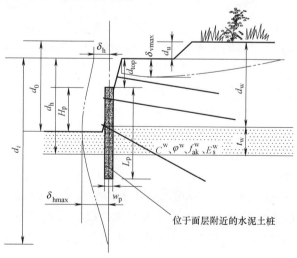

图 6-1　黏土中土钉支护示意图

在同一实例中，沿基坑周边不同位置，有的采用土钉墙支护，有的是与水泥土桩排组成复合支护，有的坡顶挖除一定厚度土层进行卸载处理等，它们将被分成不同的剖面，分开考虑。图 6-1 所示是采用的概化模型图，用于表示下面分析中符号的具体含义。

表 6-1 和表 6-2 所示为收集的 13 个基坑实例基本情况，监测数据表明其中没有包括过大变形的基坑。表 6-3 和表 6-4 中列出了这 13 个基坑实例中 26 个监测点附近的支护剖面详细信息，其中包括 8 个复合支护，15 个坑底附近存在软土。复合支护中，以水泥土桩为主，兼顾考虑木桩、注浆花管等。

表 6-3 和表 6-4 中，所有变形监测点都位于基坑边中间位置附近，不考虑空间效应的影响。26 个剖面处它们的土层分布类似：顶层为杂填土，厚 1.0～3.0m，其下为粉质黏土，厚 1.0～15.0m，有的在粉质黏土中夹淤泥或淤泥质粉质黏土，夹层厚度 1.5～2.5m，有的则没有这层软土。粉质黏土层一般很厚，一般超过基坑开挖影响的深度。粉质黏土层下为粉土、粉砂等。所有剖面土层分布基本类似，强度也差别不大。26 个支护方案中土钉大多采用 $\phi 22$ 螺纹钢筋，也有采用 $\phi 48$ 钢管，沿全程注浆，孔径按 $D=12cm$ 计，空间布置在 1.5 m×1.5 m 以内，土钉与水平方向斜角 10°～15°，面层全部采用喷射混凝土加钢筋网结构，与土钉头焊接。土钉墙坡度变化为 1∶0.1～1∶0.75，也有垂直边坡。土钉与周围土体极限摩阻力在 25～40kPa 范围内变化。复合土钉墙中水泥土桩等穿过坑底附近软土，嵌入下部较好土层。

在实例数据、信息的收集、整理过程中，所有数据做到客观真实，尽可能地避免人为因素影响，同时资料具有全面性和代表性。实例资料中包括工程勘察、支护设计、施工、监测和竣工全套档案资料，可以从多方面互相检校数据的可靠性。表 6-1～表 6-4 中介绍的数据，可以为基坑变形计算分析提供实例依据，各符号意义如图 6-1 所示。

基坑工程概况 表 6-1

基坑工程		基坑概化尺寸		支护类型	开挖深度(m)	坡顶卸载深度 d_u(m)
编号	名称	长(m)	宽(m)			
01	住宅 10 号楼	62.4	35.8	复合土钉墙	3.6～5.1	1.6～2.0
02	城中坊 2 号楼	100.0	50.0	土钉墙	4.6～4.9	—
03	六合花园	35.0	35.0	土钉墙、复合土钉墙	5.5	1.5
04	学院综合楼	62.0	30.0	土钉墙、放坡	2.4～4.0	
05	内科大楼	54.0	48.0	土钉墙	5.4～8.7	
06	学员综合楼	56.3	46.1	土钉墙、放坡	4.5～6.1	
07	大水巷综合楼	105.0	37.2	土钉墙、复合土钉墙	3.0～6.3	
08	女子世界公寓	187.0	41.6	土钉墙、桩排	5.2～6.6	2.0
09	33 号综合楼	76.2	43.0	土钉墙	5	
10	圣淘沙	113.3	48.0	土钉墙、复合土钉墙	5	
11	凤凰城	223.9	109.9	土钉墙、复合土钉墙	4.6～5.0	1.5
12	25 号街坊楼	78.3	38.3	复合土钉墙、放坡	4.5	
13	电业新村	40.0	40.0	土钉墙	4.4-6.0	—

基坑工程支护与变形概况　　　　　　　　　　　表 6-2

基坑工程		深井降水	土钉布置		水泥土桩		支护结构累计变形范围	
编号	名称		排数	长度(m)	排数	长度 L_P (m)	水平位移 δ_h(mm)	垂直位移 δ_v(mm)
01	住宅 10 号楼	—	3～4	6～8	1～2	5～9	6.0～30.0	2.0～14.0
02	城中坊 2 号楼	—	3	6～9	—	—	2.0～24.0	9.2～25.8
03	六合花园	—	2～3	6～9	1	5	10～45	10～50
04	学院综合楼	—	2	5～9	—	—	1.0～5	3.2～3.9
05	内科大楼	是	3～4	6～12	—	—	5～11	4.9～7.9
06	学员综合楼	是	3～4	8～12	—	—	8～15	6～18
07	大水巷综合楼	是	2～5	8～13	2	10	2～14.7	4～10.8
08	女子世界公寓	是	3	9～12	2	5.5～7.0	30～60	10～20
09	33 号综合楼	—	3	6～9	—	—	5～45	5～35
10	圣淘沙	是	3	6～9	1	5	6～21	0.5～2
11	凤凰城	—	3	7～10	1	6	1～25	0.5～18.5
12	25 号街坊楼	—	3	8～12	2	9	15～30	10～12
13	电业新村	是	3～4	4～9	—	—	3.6～16.0	1.6～17.1

监测实例详情　　　　　　　　　　　表 6-3

工程编号	测点编号	支护方式	坑底附近软弱土层					开挖深度 d_0 (m)
			名称	c^w(kPa)	φ^w(°)	d_w	t_w	
01	S_3	复合土钉墙	淤泥质粉质黏土	8.0	7.0	2.6	3.2	3.6
	S_{10}	复合土钉墙	淤泥质粉质黏土	8.0	7.0	2.6	3.2	5.1
02	C_1	土钉墙	淤泥	6.0	10.0	1.5	1.8	5.1
	C_2	土钉墙	淤泥	6.0	10.0	1.5	1.8	4.6
03	S_{13}	土钉墙	—	—	—	—	—	5.5
04	S_{10}	土钉墙	淤泥质粉质黏土	13.0	8.0	3.4	4.0	3.4
05	C_1	土钉墙						4.8
	C_5	土钉墙						3.4
06	C_1	土钉墙						4.7
	C_4	土钉墙						4.7
	A_8	土钉墙						6.1
07	H_4	复合土钉墙	淤泥质粉质黏土	13.0	10.0	4.6	5.6	7.2
	A_2	土钉墙	淤泥质粉质黏土	13.0	10.0	4.6	5.6	3.0
08	C_1	复合土钉墙	淤泥质粉质黏土	12.5	7.3	5.0	2.1	5.7
	A_{19}	土钉墙	淤泥质粉质黏土	12.5	7.3	7.1	1.5	6.6
09	C_1	土钉墙	淤泥质粉质黏土	12.0	6.0	3.3	2.5	4.6
	C_2	土钉墙	淤泥质粉质黏土	12.0	6.0	2.9	4.1	4.6

工程编号	测点编号	支护方式	坑底附近软弱土层					开挖深度 d_0 (m)
			名称	c^w(kPa)	φ^w(°)	d_w	t_w	
10	C_4	复合土钉墙	—	—	—	—	—	5.1
	C_4	土钉墙	—	—	—	—	—	2.5
11	S_7	复合土钉墙	淤泥质粉质黏土	10.0	7.0	3.3	2.0	5.0
	S_{27}	土钉墙	淤泥质粉质黏土	10.0	7.0	3.1	2.0	4.6
12	C_1	复合土钉墙	淤泥质粉质黏土	14.0	8.0	0.9	7.0	4.5
	C_2	复合土钉墙	淤泥质粉质黏土	14.0	8.0	1.3	7.5	4.5
13	C_1	土钉墙	—	—	—	—	—	6.0
	C_2	土钉墙	—	—	—	—	—	4.7
	C_3	土钉墙	—	—	—	—	—	4.1

实例支护与变形 表 6-4

工程编号	测点编号	土钉布置					水泥土桩布置			变形	
		排数	总长度 L_t(m)	S_h(m)	S_v(m)	平均 τ/kPa	L_{ep}(m)	W_p(m)	d_p(m)	δ_{hmax}(mm)	δ_{vmax}(mm)
01	S_3	3	15.0	1.5	1.2	30	6.0	0.9	2.0	20.0	13.0
	S_{10}	4	39.0	1.5	1.2	30	9.0	0.5	2.0	12.0	10.0
02	C_1	3	19.5	1.4	1.4	35	—	—	—	16.7	12.0
	C_2	3	21.0	1.4	1.4	35	—	—	—	13.0	11.0
03	S_{13}	3	22.0	1.5	1.5	31	—	—	—	40.0	5.0
04	S_{10}	2	17.0	1.5	1.1	25	—	—	—	8.0	3.9
05	C_1	4	30.0	1.4	1.1	30	—	—	—	8.0	5.9
	C_5	3	30.0	1.3	1.1	30	—	—	—	7.0	4.5
06	C_1	3	32.0	1.2	1.4	35	—	—	—	10.0	7.3
	C_4	3	32.0	1.2	1.4	35	—	—	—	6.2	7.1
	A_8	4	43.0	1.2	1.4	35	—	—	—	9.0	7.9
07	H_4	4	53.0	1.2	1.1	25	10.0	0.9	1.4	17.1	14.7
	A_2	2	17.0	1.5	1.2	25	—	—	—	14.0	5.8
08	C_1	3	34.0	1.2	1.5	25	7.0	0.9	1.6	65.0	28.3
	A_{19}	3	36.0	1.2	1.5	25	—	—	—	11.5	27.3
09	C_1	3	18.0	1.5	1.4	28	—	—	—	44.0	30.0
	C_2	3	24.0	1.5	1.4	28	—	—	—	13.0	15.9
10	C_4	3	24.0	1.3	1.4	35	5.0	0.5	1.6	24.0	1.6
	C_4	1	9.0	1.3	—	25	—	—	—	7.0	0.0
11	S_7	3	27.0	1.5	1.3	28	5.5	0.5	1.5	27.0	2.5
	S_{27}	3	24.0	1.5	1.3	28	—	—	—	60.0	5.0
12	C_1	3	26.0	1.5	1.5	25	9.0	0.9	3.0	28.0	12.5
	C_2	3	32.0	1.5	0.8	25	9.0	0.9	3.0	30.0	16.7

工程编号	测点编号	土钉布置					水泥土桩布置			变形	
		排数	总长度 L_t(m)	S_h(m)	S_v(m)	平均 τ(kPa)	L_{ep}(m)	W_p(m)	d_p(m)	δ_{hmax}(mm)	δ_{vmax}(mm)
13	C_1	4	44.0	1.2	1.4	40	—	—	—	4.0	6.0
	C_2	3	23.0	1.5	1.3	40	—	—	—	11.0	3.0
	C_3	3	18.0	1.5	1.1	40	—	—	—	7.0	3.0

6.2.2 变形分析

这里介绍的 13 个基坑实例，它们的地质条件、支护设计、施工都基本类似，没有发生塌滑破坏，用它们来评估同类基坑变形是足够的。下面分析中，着重考虑常见的主要影响因素，如土钉布置、软土层等，暂不考虑偶然的和次要因素，以简化分析过程。首先了解基坑变形总体状况，对一般的满足稳定要求的支护方案，在常规的施工条件下，根据开挖深度，就能评估所发生的变形，利于实际工程应用；然后进一步对不同的支护方案考虑坑底是否存在软土，是否采用复合支护、降水等条件，找出影响变形的主要因素，确定定量关系，利于进行精确的评估变形。

（1）总体分析

对于符合规范[2]要求的设计方案，它们的抗滑稳定安全系数大于 1.2、基坑开挖深度大多小于 6m、土层以黏土为主、施工中采用常规的边开挖边支护方法并不出现基坑大量渗水等异常情况的土钉墙支护（包括复合支护），统计它们的 26 个变形监测点数据，可知绝大部分基坑最大水平位移小于 0.7‰倍的开挖深度（图 6-2），最大水平位移发生的位置位于 0.5~1.0 倍的深度范围以内（图 6-3），发生的最大沉降大都小于 0.5‰倍的开挖深度。

如图 6-4 所示，当最大水平位移增加时，最大沉降也增加，它们的关系可由线性函数来表示：

$$\frac{\delta_{hmax}}{d_0} = 1.5033 \frac{\delta_{vmax}}{d_0} \tag{6-1a}$$

$$\delta_{hmax} = 1.5033 \delta_{vmax} \tag{6-1b}$$

图 6-2 至图 6-4 中符号的含义如图 6-1 所示，以下各图相同。

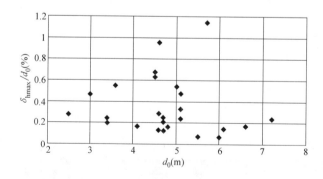

图 6-2 最大水平位移与开挖深度的关系

（2）土钉墙

表 6-4 中有 18 个土钉墙支护方案，最大水平位移大多小于 $0.4\%d_0$，比值有随 d_0 增加

而减小的趋势，如图 6-5 所示。对应地，最大沉降大多小于 $0.3\%d_0$。如图 6-6 所示，适度增加土钉总长度 L_t（表 6-4），对限制变形有一定帮助，但增加的土钉密度对减少位移作用不明显，如图 6-7 所示。

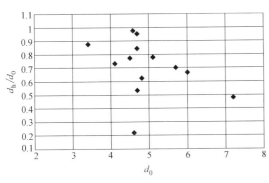

图 6-3　最大水平位移发生的位置　　　　图 6-4　最大水平位移与最大沉降的关系

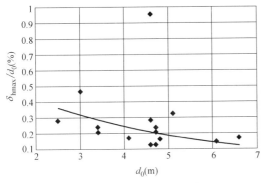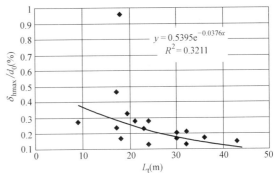

图 6-5　土钉墙支护最大水平位移与墙高的关系　　图 6-6　最大水平位移与土钉总长度的关系

（3）水泥土截水帷幕复合土钉墙

对基坑底附近存在软土层（$f_{ak}<100kPa$）的基坑，一般将在开挖面附近设置土泥土桩，例如水泥搅拌桩，形成复合土钉墙支护。桩身穿过软土层进入强度相对较高的黏土层中，提高软土层强度，限制过大位移的发生。另外，在基坑坑壁出露粉土，有可能发生渗透破坏的情况下，也将设置水泥土桩，主要作用是防渗。在所收集到的实例中有 8 个剖面是这种复合支护方式。

图 6-7 表明，单位空间上土钉总长度越长，最大变形越小。如图 6-8 所示，复合支护方式中 δ_{hmax}/d_0 大多位于 0.6% 附近。对应地，δ_{vmax}/d_0 在 0.2%～0.4% 内变化。分别比单纯土钉墙大 0.3%、0.1%。复合支护中 δ_{hmax}/d_0、δ_{vmax}/d_0 的大小似乎与 d_0 变化关系不大。如图 6-9 所示，增加单位深度土钉长度对减少 δ_{hmax}/d_0 的大小作用不大。

（4）坑底附近存在软土

坑底附近存在软土，对基坑有两个不利的作用：①土体抗剪能力的不足，基坑将产生滑动破坏；②软土承载力不足，基坑将发生大变形。当坑底附近存在软土层时，武汉地区一般采用复合土钉墙支护，或加大边坡坡角、坑顶附近土层卸载等措施，确保基坑安全。

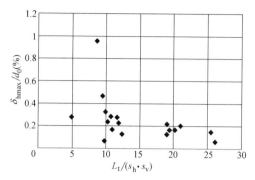

图 6-7　最大水平位移与土钉单位布置空
　　　　间上的总长度的关系

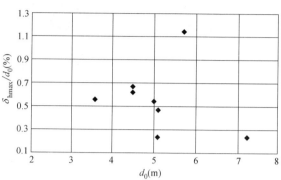

图 6-8　最大水平位移发生的位置

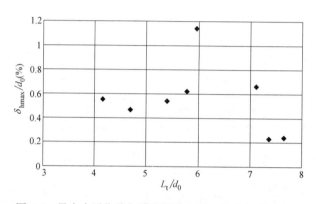

图 6-9　最大水平位移与单位深度上的土钉总长度的关系

一般地，位于基坑坑底附近的软土层，有可能因承载力不足发生隆起破坏。软土层厚度越大，对基坑稳定越不利。对深度为 h 的基坑，为了综合考虑软土层厚度 t、软土层层顶埋深 d 两个因素，如图 6-10 所示，提出软土层影响系数 C_w 的概念，如式（6-2）所示。

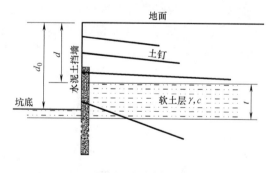

图 6-10　软土的影响

$$C_w = \frac{\gamma \times t}{c} R_t \qquad (6\text{-}2)$$

式中：γ 为软土层重度（下面分析中，$r = 18\mathrm{kN/m^3}$）；t 为软土层厚度；c 为软土黏聚力；R_t 是一参数，$0 \leqslant R_t \leqslant 1.0$：当 $d \leqslant h$ 时，$R_t = d/h$；当 $d > h$ 时，$R_t = 1 - (d-h)/\mathrm{h}$；当 $d \geqslant 2h$ 时，$R_t = 0$。由式（6-2）可以看出，C_w 越大，对基坑稳定越不利。

所收集到的实例中，共有 15 个剖面坑底附近存在软土，它们的 C_w 与 δ_{hmax}/d_0 之间的关系如图 6-11 所示。该图表明，当 C_w 增大时，δ_{hmax}/d_0 也有增大的趋势。如图 6-11 所示，δ_{hmax}/d_0 在 0.2%～0.7% 之间变化，变化幅度最大，说明了软土增加了支护结构稳定的不确定性。对应地，δ_{hmax}/d_0 在 0.4%～0.5% 之间变化。

（5）土钉刚度

土钉的刚度远大于周围土体，它的加筋和筋固双重作用使基坑维持稳定状态。在工程实践中，我们发现除了土体强度外，还有许多与土钉相关的因素也可能影响到它的变形大小。例如，土钉长度 l、孔径 D、土钉或土钉砂浆复合体的弹模 E、土钉与水平方向倾角 α、土钉空间布置 S_h、S_v 等。为了综合考虑土钉的加筋效应，提出土钉刚度系数 C_{sn} 的概念，定义如公式（6-3）所示。

$$C_{sn} = \frac{EA \sum_{i=1}^{n} l_i}{10^3 P_a S_H d_0^2} \cos\alpha \tag{6-3}$$

式中：E 为土钉或土钉砂浆复合体弹模；A 为土钉孔截面积；l_i 为第 i 根土钉长度；n 为同一截面上单列土钉总数；P_a 为大气压值，$P_a = 101.325\text{kPa}$；α 为土钉与水平方向的倾角，$0 \leq \alpha < 90°$；S_h 土钉水平间距；d_0 为开挖深度。式（6-3）中，$\cos\alpha$ 称为加筋效应系数：当 $\alpha = 0$ 时，其值为 1，效果最好；当 $\alpha = 90°$ 时，其值为 0，土钉作用最小。文中介绍的 13 个实例中，已知 $E = 2.2 \times 10^7 \text{ kPa}$，$A = 0.0113\text{m}^2$，$\alpha = 15°$，代入其余参数值，可以得到土钉墙上最大位移 δ_{max} 与 C_{sn} 之间的关系，如图 6-12 所示。图 6-12 中数据表明，当 C_{sn} 增大，比值 δ_{hmax} 有减少的趋势。

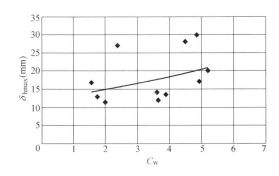

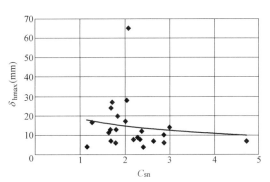

图 6-11　软土层影响系数与最大水平位移的关系　　图 6-12　土钉刚度系数与最大水平位移的关系

（6）结论

不发生渗透破坏情况下，地下水对基坑变形的影响，主要是降水引起的固结沉降。根据工程经验，固结沉降影响程度是有限的。例如，武汉地铁范湖车站水位降幅 10m 时，引起的地面最大沉降只有 20mm[9]。以上实例中，由于对地下水进行了有效的控制，没有发生渗透破坏，与基坑开挖引起的变形相比，固结沉降较小。因此，忽略了地下水对基坑变形的影响。

前面的分析结果表明，最大水平位移大多发生在坑底附近，大约在地表下 $0.8d_0$ 深度。发现在所收集到的实例中沿深度方向的侧向位移绝大多数呈"凸肚子"形状，中间位移较大，没有发现基坑顶部侧向位移最大的实例。大多基坑坑顶处水平位移约为 0.3% δ_{hmax}，侧向位移影响深度大多在 2.5 倍的开挖深度。图 6-13 表示出了沿深度方向侧向位移曲线的形状和位置。黏性土中，测斜孔深度一般要大于 2.5 倍的基坑开挖深度，基坑坑顶处水平位移一般不是最大水平位移。

通过对武汉市汉口一级阶地黏土中土钉支护实例分析，得到如下一些结论[10]：

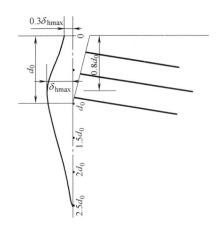

图 6-13 黏性土中支钉墙侧向变形分布概化图

（1）当软土层影响系数增加，或土钉刚度系数减少时，土钉墙最大变形有增加的趋势。

（2）土钉墙沿深度方向最大水平位移大多在 0.1％至 0.7％倍的开挖深度范围内变化，基坑顶部水平位移约 0.3 倍最大水平位移，基坑变形影响深度为 2 至 3 倍的开挖深度。基坑中部附近侧向位移较大，设计中土钉布置要注意"控中间"，限制过大变形。

（3）土钉墙最大沉降小于 0.5％倍的开挖深度，比最大水平位移要小一些。

（4）在土层地质条件相同情况下，复合土钉墙所发生的最大变形要小于土钉墙。但是，当基坑底附近存在软土层时，复合土钉墙并不能有效地控制位移，其最大水平位移大多在 0.6％倍的开挖深度附近变化。

（5）当土钉墙中部范围内土钉长度适当增加、同一剖面土钉总长度增加时，有可能减少基坑最大水平位移的发生。

6.3 复合土钉墙

6.3.1 实例库

从发表在我国各类学术期刊上 2000 多篇介绍复合土钉墙实例的论文和作者收集到的竣工资料中，筛选出 26 个复合土钉墙实例，建立一个数据库，如表 6-1～表 6-4 所示。表 6-5～表 6-8 中 S_h、S_v 分别表示土钉水平和垂直间距；L_n 为该剖面土钉总长；d_0、d_u 分别表示最终开挖深度和坡顶卸载深度。文献中没有的信息则以"—"填写。需说明的是，表中只包含了复合土钉墙支护主要信息和数据，一些不重要的没有录入。26 个工程中，开挖深度为 4.5～10.7m，统计情况见表 6-9。大多基坑深度大于 5.0m，其中 9～11m 深基坑 8 个。

基坑概况和地质条件 表 6-5

编号	工程名称	地下水类型与控制	边坡几何形状			场址主要土层				
			d_0 (m)	d_u (m)	坡度	土层名称	重度 (kN·m⁻³)	c (kPa)	φ (°)	摩阻力 (kPa)
01	汉口住宅 10 号楼	上层滞水，明排	5.1	2.0	垂直	粉质黏土	18.3	14	11.5	40
02	汉口大水巷综合楼	上层滞水，承压水，中深井	6.3	0	垂直	粉质黏土互层	18.3	12	18	35
03	汉口世界公寓	上层滞水，明排	5.7	1.5	垂直	杂填土	17.1	8	18	25
04	汉口圣淘沙	上层滞水，明排，深管降水	5.1	0	垂直	淤泥质黏土互层	17.9	16	12	25
05	汉口凤凰城	承压水，减压降水	5	1.5	垂直	素填土	16.7	6	6	15
06	汉口 25 号街坊楼	上层滞水，明排	4.5	0	1:0.8	淤泥质粉质黏土	17.7	14	8	25
07[11]	青岛，福林大厦	—	9.5	0	垂直	含黏性土砾	19.9	10	40	—
08[12]	商业综合楼	—	6.8	0	垂直	粉土	19	9	28.6	—
09[13]	湖州市科技中心	潜水	3.8	2	垂直	淤泥质黏土	16.8	5.6	3.6	—

编号	工程名称	地下水类型与控制	边坡几何形状			场址主要土层				
			d_0 (m)	d_u (m)	坡度	土层名称	重度 (kN·m^{-3})	c (kPa)	φ (°)	摩阻力 (kPa)
10[14]	上海雨水泵站	深井降水	9.4	5.3	垂直	粉质黏土夹淤泥质黏土	18(?)	8.5(?)	15(?)	20(?)
11[15]			5.7	—	—	淤泥质粉质黏土	18	7	12	—
12[16]	岳阳商住楼	潜水	5.35	1.2	垂直	淤泥质粉质黏土	18	8.8	5.2	—
13[17]	东台市		7.5	—	—	淤泥质粉质黏土	18	5.8	11.2	—
14[18]	郑州市	—	6.4	0	垂直	粉土	20.3	16	22	58
15[19]	上海市		6.2	1.5	垂直	砂质粉土	18.3	9	26.5	43(?)
16[20]	购物广场	潜水	9.5	—		卵石	20	5	38	120
17[21]	菏泽市培训中心	—	6.0	0	垂直	粉土	18.9	3.2	20	
18[22]	杭州市庆隆苑小区	—	5.3	2	垂直	淤泥质黏土	17(?)	8	3.6	
19[23]	郑州商住楼	承压水,管井降水	10.2	—	1:0.2	粉质黏土	19.7	28.7	14	
20[17]	无锡		4.8	—	—	粉质黏土	20.3	58.2	15.6	
21[24]	北京朝阳广场	上层滞水,泄水管	8	0	1:0.15	细砂	20	8	32	
22[25]	沈阳	潜水,轻型井点降水	8.5	0	垂直	粉质黏土	19.7	29.8	11.8	
23[26]	青岛市	承压水	10.7	0	垂直	粉质黏土	20	26	4.7	60
24[27]	深圳地下停车库	降水	10.8	0	垂直	含砾粉质黏土	18	20	20	
25[28]	—	井点降水	10.5	0	垂直	粉土	19.5(?)	10.6	12	
26[29]	湖南常德	—	10	0	1:0.1	细砂	19.9(?)	0	28	

水泥土复合土钉墙支护与变形　　　　表 6-6

编号	土钉布置				水泥土墙			变形	
	排数	总长度 L_n(m)	S_h (m)	S_v (m)	长度 L_c (m)	宽度 W_c (mm)	墙顶埋深 D_c(m)	水平 δ_{hmax}(mm)	垂直 δ_{vmax} (mm)
01	4	39	1.5	1.2	9.0	500	2.0	12	10
02	5	58	1.1	1.1	10.0	850	1.4	11	6
03	3	34	1.2	1.5	7.0	850	1.5	65	28.3
04	3	24	1.3	1.4	5.0	500	1.6	24	1.6
05	3	27	1.5	1.3	5.5	500	1.5	20	2.5
06	3	26	1.5	1.5	9.0	850	3.0	28	17.0
07[11]	5	30	1.5	2.0	7.5	550	0	18.8	9.9
08[12]	4	42	1.0	0.9	11.4	850	0	20.0	—
09[13]	4	44	1.0	0.9	10.3	1200	2.0	13.3	11.1
10[14]	5	35	1.0	1.0(?)	14.4	700	5.3	74	—
11[15]	5	42	1.0	1.0	12	700	—	19	14
12[16]	4	50	1.0	1.0	12.5	1200	1.2	38.4	—
13[17]	4	36	1	1.2	11.0	1200	—	66	—
14[18]	4	24	1.2	1.3	10	500	1.5	30	30
15[19]	5	64.5	1.2	1	12	1200	1.5	38	25.4
16[26]	3	26.5	1.6	1.8	8.1	500(?)	4	3	

编号	土钉布置				微型桩						变形	
	排数	总长度 L_n(m)	S_h (m)	S_v (m)	桩型	排数	长度 L_p(m)	直径 D_p (mm)	间距 (m)	桩顶深度 (m)	水平 δ_{hmax}(mm)	垂直 δ_{vmax}(mm)
01[20]	3	30	0.75	1	钢管	1	15	89	0.75	0	17	2.3
02[21]	4	45	1.2	1.2	钢筋混凝土	1	9	220	0.6	0	18	10.1
03[22]	5	60	1.0	0.9	毛竹	2	>10	110	1.8	2	22	—
04[23]	7	111	1.2	1.2	钢管	2	18	120	1	3	13	12

编号	土钉布置				预应力锚杆						变形	
	排数	总长度 L_n(m)	S_h (m)	S_v (m)	桩型	排数	总长度 L_a(m)	水平间距 (m)	垂直间距 (m)	预应力 (kN)	水平 δ_{hmax}(mm)	垂直 δ_{vmax}(mm)
01[17]	2	12	1	0.9	钢筋	2	18	1	0.9	70	3	5
02[24]	5	45	1.3	1.6	钢筋	1	12	1.6	—	100	22	14
03[25]	5	29	1.2	1.2	钢索	2	14	1.2(?)	1.2	—	22	8
04[26]**	3	26.5	1.6	1.8	钢索	3	43.5	1.6	1.8	—	3	—
05[27]	6	56	1.4	1.4	钢绞线	2	38	1.4	1.4	200	2	—
06[28]	5	60	1.3	1.4	钢筋	2	36	1.3	2.6	—	13.3	12.6
07[29]	6	36	1.6	1.6	钢索	1	13	1.6	—	120	47	31

注：＊＊略去水泥土搅拌桩数据。

开挖深度(m)	3～5	5～7	7～9	9～11
实例数	3	12	3	8

这 26 个实例中大多介绍了地下水的情况（表 6-5），涉及上层滞水、潜水、承压水这 3 种基本形式。在这些实例中，由于对地下水进行了有效的控制，没有发生渗透破坏，与基坑开挖引起的变形相比，固结沉降较小，忽略了地下水对复合土钉墙变形的影响。

6.3.2 变形分析

1. 总体分析

根据表 6-5 至表 6-8 中的数据，得到图 6-14 复合土钉墙最大水平位移与开挖深度之比（以下简称最大水平位移比）和开挖深度 d_0 之间的关系。实例中，最大水平位移大部分为 0.2%～0.6% 倍的开挖深度，平均值为 0.4%。桩排、地下连续墙支护的最大水平位移平均值在 0.2% 倍左右的开挖深度[5]。因此复合土钉墙最大水平位移较大，是桩排、地下连续墙支护的两倍左右。对水泥土墙和土钉墙组成的复合土钉墙，最大水平位移一般位于地表以下 0.5～1.0 倍的开挖深度的位置[10]。如图 6-15 所示，最大沉降大部分为 0.1%～0.3% 倍的开挖深度，平均值为 0.2%，而桩排、地下连续墙支护的最大沉降平均值在 0.1%～0.2% 倍左右的开挖深度[5]。因此，桩排和地下连续墙支护的最大沉降略小于复合土钉墙。基坑开挖越深，变形一般也越大，但图 6-15 表明开挖深度增加时，变形与开挖深度之比没有出现增大的趋势。最大水平位移增加时，最大沉降也增加，呈明显的线性关系，如图 6-16 所示，可用下式近似表示：

$$\frac{\delta_{hmax}}{d_0} = 1.5876\frac{\delta_{vmax}}{d_0} \qquad (6\text{-}4a)$$

$$\delta_{hmax} = 1.5876\delta_{vmax} \qquad (6\text{-}4b)$$

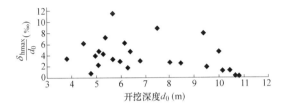

图 6-14　最大水平位移比和开挖深度的关系　　　　图 6-15　最大沉降比和开挖深度的关系

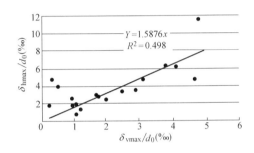

图 6-16　最大水平位移比和最大沉降比的关系

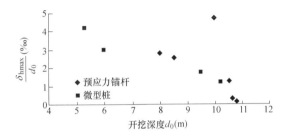

图 6-17　最大水平位移比和开挖深度的关系

统计设有预应力锚杆和微型桩的复合土钉墙实例，得到它们的最大水平位移为 0.1‰～0.3‰ 倍的开挖深度（图 6-17），几乎是平均值的一半，但大于桩排和地下连续墙支护。这说明，锚杆或微型桩对复合土钉墙的变形有明显的约束作用。

2. 地质条件

在桩排和地下连续墙支护方式中，场址的土层结构不同，变形规律也存在差异[7-8]。同样，复合土钉墙的变形也与地质条件相关。与桩排等支护方式相比，复合土钉墙大多用于开挖深度较浅的基坑（例如，小于 10 m），主要与第四纪土层相关，涉及杂填土、黏性土、淤泥质土、粉土、粉砂等浅部土层。土抗剪强度指标 c、φ 及物理指标 γ 是土的重要参数，与基坑的变形相关。为综合衡量土层强度，这里提出土层单位抗剪强度 τ_u 的概念，定义为 1 m 深度处土层的抗剪强度，$\sigma = \gamma h = \gamma$。根据莫尔-库仑强度准则，有：

$$\tau_u = c + \sigma\tan\varphi = c + \gamma\tan\varphi \qquad (6\text{-}5)$$

式中，c、φ、γ 分别是土层的黏聚力（kPa）、内摩擦角（°）和重度（kN/m³）。由表 6-5 计算得到每个实例主要土层的单位抗剪强度值 τ_u（kPa），在表 6-6 至表 6-8 中找到对应的最大水平位移，得到图 6-18 中的关系。从该图可以看出，τ_u 增大时，最大水平位移有明显减少的趋势。拟合的包络曲线是一指数函数，方程由下式确定。

$$\frac{\delta_{hmax}}{d_0} = 17.643e^{-0.0532\tau_u} \qquad (6\text{-}6)$$

式中，δ_{hmax} 为最大水平位移（mm），d_0 为开挖深度（m），τ_u 是主要土层单位抗剪强度值，以 kPa 计。

例如，对一稳定的复合土钉墙，若主要土层 $\tau_u=25$kPa，开挖深度 8m，则由上式估算知，最大水平位移将不大于 37.3mm。须特别指出，"主要土层"是指决定复合土钉墙稳定性的关键土层，如坑底附近最软弱土层或较大厚度土层。图 6-18 表明，复合土钉墙的变形受主要土层强度控制，土层单位抗剪强度是决定性因素之一。

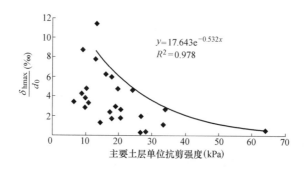

图 6-18　主要土层单位抗剪强度与最大水平位移比之间的关系

3. 支护构件对变形的影响

（1）土钉

由表 6-6 至表 6-8 中的数据可知土钉平均长度 l 与开挖深度 d_0 之比 R_n 在 0.6～2.89 之间变化，统计结果见表 6-10。

土钉设计长度统计　　　　　　　　　　　　　　　　　表 6-10

R_n变化范围	0.5～1	1～1.5	1.5～2	2.～2.5	2.5～3
实例数	7	6	9	3	1

表 6-10 中，土钉相对长度 R_n 在 1.5～2.0 之间剖面最多，占总数的 35.7%；在 0.6～1.0、1.0～1.5 这两个区间实例数随后，分别占 25%、21.4%，这 3 个区间的实例占总数的 82.1%。这说明目前国内复合土钉墙中，土钉平均长度大多小于 2.0 倍的基坑开挖深度，在 1.5 倍左右开挖深度的较多。对场址土层以软土层为主的 11 个实例中，R_n 在 0.74～2.89 之间变化，其中有 5 个剖面 R_n 在 1.5～2.0、2.0～2.5 这两个区间内，这说明软土地区复合土钉墙中土钉设计长度大多在 2 倍左右的开挖深度范围内，比平均值长度要长一些。

由表 6-6 至表 6-8 中的数据，得到土钉相对长度值，然后可确定图 6-19 所示的最大水平位移比与土钉相对长度的关系。图 6-19 表明，土钉相对长度增加时，复合土钉墙最大水平位移比没有明显减小的趋势。

土钉空间布置 $n=1/(S_h \times S_v)$，指复合土钉墙面层上单位面积内所布置土钉的根数。土钉空间布置反映了土钉提高主动区土体强度和抗滑的性能。

这 26 个实例中，n 在 0.33～1.33 之间变化，其统计结果见表 6-11，大多情况下，面层上每平方米布置 0.5～1.0 根土钉。同样，由表 6-6～表 6-8 中的数据，得到土钉空间布置 n 与变形的关系，如图 6-20 所示。n 增加时，最大水平位移没有明显增加的趋势。按照目前的经验，S_h 或 S_v 最小值为 1.0m。因为群锚效应，当间距小于 1.0m 时，由于土钉相互影响加强，土钉功能并不能相应地提高。它们的合理取值，是一个与土层性质、边坡几

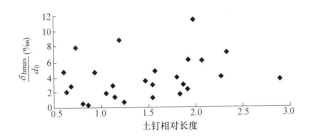

图 6-19　最大水平位移比与土钉相对长度的关系

何尺寸、土钉长度、坡顶超载等众多因素相关的一个优化问题，还有待进一步的研究。

土钉空间布置 表 6-11

n 值变化范围	0.3~0.6	0.6~0.9	0.9~1.2	1.2~1.5
实例数	11	7	7	1

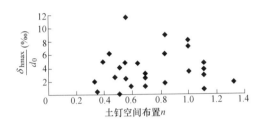

图 6-20　最大水平位移比与土钉空间
布置 n 的关系

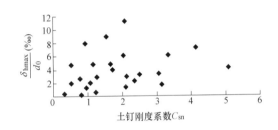

图 6-21　最大水平位移比与土钉刚度
系数 C_{sn} 之间的关系

根据式（6-3）定义的土钉刚度系数 C_{sn}，确定最大位移 δ_{max} 与 C_{sn} 之间的关系，如图 6-21 所示。图 6-21 表明，当 C_{sn} 增大时，δ_{hmax} 有减少的趋势，这与桩排支护类似[5,6]。

（2）预应力锚杆复合土钉墙

锚杆比土钉长，与土钉相比，它的锚固作用更明显，但由于布置空间较大，对主动区土体加筋作用减弱。锚杆大多施加了预应力，对土体侧向位移的限制更明显。同样，锚杆承受土体传来的摩擦力，弥补了由于开挖在土体中释放的部分侧向应力，使得锚杆一定范围内土体位移减少。预应力锚杆大多用于基坑深度大于 6 m 的基坑。26 个工程中，有 7 个有预应力锚杆，预应力在 70~200kN 之间不等，锚杆多为钢筋、钢索或钢纹线材料，1~2 排不等，水平间距 1~1.6m。锚杆长度与开挖深度之比 0.8~1.9，大多大于 1.5。锚杆复合土钉墙发生的最大侧向变形大多小于 0.3% 倍的开挖深度，比平均值小。这表明锚杆对土体侧向变形有明显的限制作用。

（3）水泥土截水帷幕复合土钉墙

收集到的 26 个工程中，共有 16 个设计方案中布置有水泥土墙，由两排或单排水泥土搅拌桩形成，宽度 W_c 在 500~1200mm 之间。大多水泥土墙墙顶位于地表以下 1.0~2.0m，底部嵌入基坑底以下 0.13~1.0 倍的基坑开挖深度。大多嵌固深度在约 0.5 倍的开挖深度，嵌固在较好土层中。由于水泥土墙复合土钉墙多用于土层较差的地层条件下，

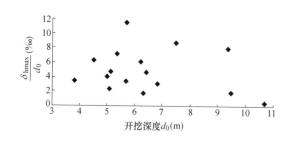

图 6-22　开挖深度与最大水平位移比的关系

与预应力锚杆复合土钉墙相比，它发生的变形要大一些，如图 6-22 所示。最大水平位移大多小于 8‰ 的开挖深度。

（4）微型桩复合土钉墙

在 26 个实例中，有 4 个存在微型桩。微型桩多为直径 $\phi 120\sim220$mm 钢管或毛竹这两种材料。布置 1~2 排，桩顶位于地表以下 2~3m，沿基坑走向桩间距 0.5~1.8m。加微型桩后，基坑发生的位移较平均值要小，如图 6-17 所示。

4. 结论

基坑是开挖形成的人工边坡，其安全性取决于坡脚的稳定和边坡中部不发生过大的位移这两个方面的因素。支护结构须首先确保坡脚的稳定性，其次才是控制边坡中部附近土体的过大位移，这是基坑支护设计的基本原则。复合土钉墙支护结构正好能满足这两个方面的要求：土泥土挡墙、微型桩增强了坡脚的稳定性，而预应力锚杆、土钉则限制了边坡中间附近土体的位移。统计数据表明，目前复合土钉墙设计方案中，土钉长度大多在 1.5 倍左右开挖深度、软土地区大多则在 2 倍左右的开挖深度范围内变化；土钉和锚杆水平间距大于 1m。水泥土墙一般用于土质较差基坑，底部大多嵌入强度较高土层，复合土钉墙应用范围比土钉墙广泛。前面分析中，没有考虑地下水的影响。通过以上分析，得到如下结论[30]：

（1）复合土钉墙最大水平位移、最大沉降平均值分别为 0.4％、0.2％倍的基坑开挖深度，前者是桩排或地下连续墙支护的两倍左右。设有预应力锚杆的复合土钉墙，最大水平位移值减小到 0.2％倍的开挖深度。复合土钉墙最大水平位移增加时，最大沉降也增加。最大水平位移或最大沉降与开挖深度之比，它们和开挖深度之间没有明显的关系。

（2）复合土钉墙的变形受基坑主要土层强度控制。主要土层单位抗剪强度增加时，基坑变形明显减小。

6.4　关于变形和预警值的讨论

由式（6-1）和式（6-4）可知，$\delta_{hmax} \approx 1.5 \delta_{vmax}$。

据变形监测数据统计分析，对开挖深度为 h 的基坑，土钉墙发生的侧向位移和沉降大致形状如图 6-13 所示，基坑中部附近侧向位移 δ_{hmax} 较大，离基坑边界一定距离处的地表沉降 δ_{vmax} 最大，且 $\delta_{hmax} \geqslant \delta_{vmax}$。土钉支护设计中须控制基坑中部过大位移，防治发生滑塌破坏。若设置了超前支护（如水泥土挡墙），基坑最大侧向位移往往发生于基坑上部。另外，第 2.4 节分析表明，设计中须首先确保基坑坑底附近土体的稳定性。因此，土钉支护设计中须遵守"稳坡脚，控中间"的基本原则。

除了基坑变形外，实际工程中另外一个问题是基坑发生某一大小变形是否会破坏毗邻地铁隧道、地下构筑物、地上建筑物等？基坑本身是否安全？这都与变形预警值大小相关。预警值的确定，它除了与第 6.1 节中介绍的 6 个方面的因素相关外，还与周边构筑物结构允许变形的大小、基坑安全等级、土体应力路径等相关，监测预警是信息化施工中关键问题之一。

根据以上分析，对开挖深度 6m 以内一般黏性土中的支钉墙，建议累计最大水平位移大于或等于 1‰ 倍的开挖深度时，基坑就认为进入非稳定状况，可作为预警指标之一；当开挖深度大于 6m 时，建议累计最大水平位移达到 60mm 作为预警值。单从土钉支护基坑安全性角度出发，考虑场地存在的主要土层和开挖深度 h 两个因素，将基坑土体变形累积值或连续三天变形速率作为预警指标，确定预警值，见表 6-12[31]。若须考虑周边构筑物结构允许变形的大小等，表中值要进一步调整。

基坑预警值 表 6-12

主要土层	累积值(mm)				连续三天变形速率(mm/d)	
	最大水平位移 δ_{hmax}		最大沉降 δ_V		最大水平位移	沉降
	$h \leqslant 6.0m$	$h > 6.0m$	$h \leqslant 6.0m$	$h > 6.0m$		
软土	1.5%h	90	1%h	60	5	3
黏性土	1%h	60	0.7%h	40	3	2
砂性土	0.7%h	40	0.5%h	30	2	1

参 考 文 献

[1] David C. Lindberg. The beginnings of western Science [M]. Cambridge Univ Press，1992.

[2] Peck R B. Deep excavation and tunneling in soft ground [C] // Proceedings of 7th Int Conf on Soil Mechanics and Foundation Engineering，Mexico City，1969：225-290.

[3] Clough G W，O' Rourke T D. Construction induced movements of in situ walls [C] // Proceedings of Design and Performance of Earth Retaining Structure. Geotechnical Special Publication，ASCE，New York，1990，25：439-470.

[4] Ou C Y，Hsien P G，Chiou D C. Characteristics of ground surface settlement during excavation [J]. Canadian Geotechnical Journal，1993，30：758-767.

[5] Long M. Database for retaining wall and ground movements due to deep excavations [J]. Journal of Geotechnical Engineering，2001，127 (3)：203-224.

[6] Yoo C. Behavior of braced and anchored walls in soils overlying rock [J]. Journal of Geotechnical Engineering，2001，127 (3)：225-233.

[7] Long M. Database for retaining wall and ground movements due to deep excavation [J]. Journal of Geotechnical and Geoenvironmental Engineering，ASCE，2001，127 (3)：203-221.

[8] Kung G T C，Jung H，Hsiao E C，et al. Simplified model for wall deflection and ground-surface settlement caused by braced excavation in clays [J]. Journal of Geoenviromental and Geotechnical Engineering，2007，133 (6)：731-747.

[9] 范士凯，杨育文. 长江一级阶地基坑地下水控制方法和实践 [J]. 岩土工程学报，2010，32（增刊1）：63-68.

[10] 杨育文. 黏土中土钉墙实例分析和变形评估 [J]. 岩土工程学报，2009，31 (9)：1427-1433.

[11] 李明，魏一祥. 复合土钉墙支护技术在青岛福林大厦基坑支护中的应用 [J]. 探矿工程（岩土钻掘工程），2008 (6)：63-66.

［12］　金家兴，吕艳兵. 复合型土钉墙支护在软土中的运用［J］. 岩土工程界，2008，11（11）：39-44.

［13］　唐波，张艳蓉，马蒸，等. 湖州地区软土基坑复合土钉墙支护工程实例［J］. 浙江建筑，2008，25（9）：33-35.

［14］　张利慧. 浦东国际机场二期工程北雨水泵站基坑施工［J］. 中国市政工程，2005，（6）：56-58.

［15］　马军，郯伟丛. 软土地基基坑搅拌桩加土钉墙支护技术［J］. 建筑技术，2002，33（2）：123-124.

［16］　白三贵. 水泥搅拌桩—土钉墙复合支护技术在建筑软土基坑工程中应用［J］. 广东建材，2009，（5）：112-114.

［17］　张建. 新型土钉墙技术在基坑支护工程中的应用［J］. 江苏地质，2002，26（6）：221-224.

［18］　余建民，冯翠红，闫银刚. 止水型复合土钉墙支护的研究与应用［J］. 建筑技术，2009，40（2）：132-135.

［19］　樊向阳，徐水根. 自钻式锚杆在软土地区复合土钉墙支护中的应用［J］. 岩土工程界，2004，7（1）：67-69.

［20］　张利生，张昭善. 复合土钉墙技术在某基坑支护中的应用［J］. 山东煤炭科技，2005，（1）：35-36.

［21］　陈启辉，张鑫，孙剑平，等. 控制邻近建筑物变形的复合土钉支护技术设计和施工［J］. 工业建筑，2008，38（5）：115-118.

［22］　陈旭伟，缪曙光，严平，等. 双排毛竹桩复合土钉墙在软土基坑围护中的应用［J］. 浙江建筑，2005，22（2）：29-30.

［23］　何德洪，付进省. 郑东新区土钉墙加微型钢管桩基坑支护技术［J］. 探矿工程，2009，（1）：49-51.

［24］　刘兴旺. 复合土钉墙支护技术在朝阳广场深基坑中的应用［J］. 施工技术，2007，36（6）：80-82.

［25］　赵乃志，刘丹，张敏江，等. 复合土钉支护技术在深基坑中的应用［J］. 沈阳建筑大学学报（自然科学版），2007，23（3）：411-414.

［26］　丁明海，张启军. 复合型土钉墙在深基坑围护工程中的应用［J］. 现代矿业，2009，（6）：136-138.

［27］　江时才. 某公用地下停车库基坑支护的施工［J］. 施工技术，2006，35（2）：49-51.

［28］　刘方渊，左文贵. 土钉墙与预应力锚杆支护在某大厦基坑工程中的应用［J］. 采矿技术，2008，8（4）：53-55.

［29］　肖峰. 预应力锚索—土钉墙复合支护技术在建筑深基坑工程中的应用［J］. 广东建材，2009（3）：70-72.

［30］　杨育文. 复合土钉墙实例分析和变形评估［J］. 岩土工程学报，2012，34（4）：734-741.

［31］　杨育文. 我国失事土钉墙的反思［J］. 工程勘察，2011，39（2）：22-28.

第7章 土钉支护机理研究

7.1 概述

基坑工程中，土钉支护是一种边开挖边支护的技术，从基坑开挖、土钉支护的工作状态进入极限平衡的这一过程在第 3.2 节中作了简要介绍。土钉支护中，上部土钉等支护构件首先发挥作用，随着开挖深度的增加，从上到下逐层发挥挡土功能。与其他支护方式类似，在这一过程中若抗滑能力小于土体、外载等产生的下滑作用，土钉支护结构将发生滑塌破坏。由于土钉墙是柔性结构，发生滑塌之前，通常会在开挖面附近地表产生大量的裂缝，滑塌有可能将持续一段时间，呈渐进式破坏。

大体上，土钉支护结构性能上的研究有三种途径，即室内试验或原位测试、数值模拟及理论分析。其中，试验数据是数值模拟和理论分析的基础，理论方法要经试验数据验证和完善。数值模拟成本低，模拟结果对理论分析有参考价值，也可以弥补试验中的不足。室内试验、现场测试、数值模拟是研究土钉支护机理极为重要的手段。本章首先介绍土钉支护数值模拟方法，然后结合典型土钉支护现场试验，分析结构构件力学性状。为了理解土钉支护全过程，本章最后介绍几个滑塌实例。

7.2 数值模拟方法

计算机技术的飞速发展，为大规模的数值模拟分析提供了条件。数值模拟方法最大的优点是能够用于研究土钉支护结构性状和预测基坑变形。为了适应复杂的地质环境条件，土钉支护技术发展了多种挡土结构，它们的稳定抗滑机理非常复杂，而数值模拟就是很好的研究工具。数值模拟成本低廉，对理论分析有指导作用，也可以弥补试验上的不足。另外，基坑工程大多位于繁华都市区，与密布的建筑、地铁、地下管线等构筑物毗邻，基坑开挖引起的过大变形将影响周边环境。反过来，过大变形有可能使紧邻的地下水管破裂和地下水渗出，基坑发生渗透破坏，使土钉支护失稳。如果能够预测基坑开挖中有可能发生的位移，就能优化设计方案，既可保护周边环境，也利于自身的稳定。

土钉支护数值模拟开始于 20 世纪 80 年代初，已积累了不少经验。有限元法有严格的理论基础，是一种强有力的数值计算方法，不仅能计算土钉内力、土体的应力-应变关系、模拟开挖过程等，而且可以考虑土体的非均匀性和各向异性。沈智刚等[1]、宋二祥等[2]分别于 1981 年和 1996 年针对土钉墙的力学性状开发了有限元法程序，假定为平面应变问题。前者将土钉作为复合单元，后者将土钉作为杆单元，土钉与土交界采用 10 节点界面单元连接。土的本构关系前者采用 Duncan-Chang 模型，后者采用 Mohr-Coulomb 模型，都采用初应力法迭代求解方程组。Smith 等[3]采用有限元法研究了土钉墙稳定机理等。杨林德等[4]采用带转动自由度的 Goodman 单元，对复合土钉墙进行了有限元分析。采用商用有限元软件，有不少学位论文研究了土钉技术[5-7]。李彦初等[8]运用有限元软件建立了复合土钉支护三维模型，对基坑的开挖支护过程进行了数值模拟。利用商用软件，差分法也得到广泛的应用[9-12]，对土钉支护机理等进行了深入的探讨。也有采用离散元研究土钉墙的稳定性[13]。对线弹性静力边界元法耦合处理后，边界元法也是分析土钉墙稳定和变形的一个工具[14]，下节作简要介绍。

7.2.1 土钉墙边界元法

土钉墙设计中，土钉作为加筋体，刚度远大于周围土体，它的设置应尽量保持与土中可能出现的最大拉应力方向一致，用以限制基坑开挖引起的侧向变形。土为非连续弹塑性介质，随着基坑开挖深度的增加，开挖面附近土体侧向压力消失或减少，土体将会出现塑性区。数值模拟分析和土钉墙结构模型试验表明，塑性区一般在极限滑裂面附近出现，此处土钉轴向拉力也达到最大值。

沿滑裂面将土钉墙分成两个区，即主动区和被动区，它们之间的相互作用可用文克莱弹簧（Winkler springs）来模拟[13]。图 7-1 中，K_n、K_s 分别代表滑动面处土体法向和切向刚度，假定为弹塑性。切向弹簧力学性状为理想弹塑性，当土的应力状态达到抗剪强度时，即认为进入塑性状态，此时 F_s 保持为常量，K_s 变为割线刚度，如图 7-1a 所示，土的抗剪强度由莫尔库仑准则确定，$\tau = c + \sigma\tan\varphi$。土体法向弹簧不能承受拉力，在法向压力作用下不发生塑性变形，如图 7-1b 所示。滑裂面处土的力学性质，由下式确定：

$$\begin{Bmatrix} F_s \\ F_n \end{Bmatrix} = \begin{bmatrix} K_s & 0 \\ 0 & K \end{bmatrix} \begin{Bmatrix} u_s \\ u_n \end{Bmatrix} \tag{7-1}$$

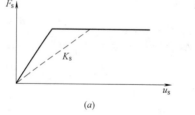
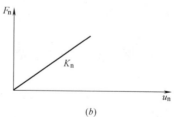

图 7-1　土弹簧力学模型

如图 7-2 所示，土钉穿过滑裂面处 A 点，假定该处两交界面发生了相对位移，A 点变为 A'，土钉切向、法向位移分别为 u_s、u_n（局部坐标系下）。由于土钉直径 D 远小于土钉长度，因此在切向力 F_s 作用下所发生的位移 u_s 可以按半无限长桩来计算。交界面处土钉切向位移 u_s 由式（7-2）确定。

$$u_s = \frac{F_s}{2EI\beta^3} \tag{7-2}$$

式中：$\beta = \sqrt[4]{\dfrac{K_n D}{4EI}}$；$F_s$ 为土钉切向力（kN）；EI 为土钉体抗弯刚度（kN·m²）；D 为土钉及锚固体直径（m）；K_n 为土体侧向抗力系数（kN/m³）。

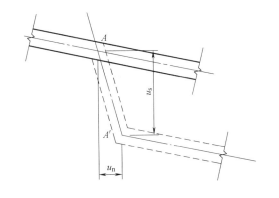

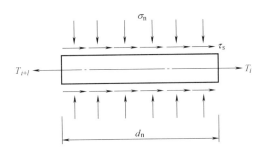

图 7-2　交界面处土钉位移　　　　　　　图 7-3　土钉体受力情况

假定土钉体发生沿轴向位移 u_n 后，横截面仍保持为平面。取土钉 d_n 段为脱离体，刚体位移为 δ_n，如图 7-3 所示。土钉体轴向应变为：

$$\varepsilon_n = \frac{\partial u_n}{\partial n} - \frac{\partial \delta_n}{\partial n} \tag{7-3}$$

土钉体轴力为：

$$T_i = EA\varepsilon_n = EA\left(\frac{\partial u_n}{\partial n} - \frac{\partial \delta_n}{\partial n}\right) \tag{7-4}$$

$$T_{i+1} - T_i = \frac{\partial T_i}{\partial n} \tag{7-5}$$

将式（7-4）代入式（7-5）得：

$$T_{i+1} - T_i = EA\left(\frac{\partial^2 u_n}{\partial n^2} - \frac{\partial^2 \delta_n}{\partial n^2}\right) \tag{7-6}$$

根据平衡条件 $\sum F_n = 0$ 得：

$$T_{i+1} - T_i = \pi D \tau_s \tag{7-7}$$

由式（7-6）、式（7-7）得：

$$\frac{\partial^2 u_n}{\partial n^2} - \frac{\partial^2 \delta_n}{\partial n^2} = \frac{\pi D \tau_s}{EA} \tag{7-8}$$

式（7-8）中，土钉刚体位移 δ_n 较小，可忽略不计。式（7-8）简化为：

$$\frac{\partial^2 u_n}{\partial n^2} = \frac{\pi D \tau_s}{EA} \tag{7-9}$$

式中，τ_s 为土钉体与周围土体界面摩阻力。在这里，同样认为 $\tau_s = K_s u_s$，K_s 为弹塑性，如图 7-4 所示，假定土—土钉体界面无相对位移，u_p 为土钉体极限抗拔位移，τ_p 为对应土—土钉界面的极限摩阻力。如图 7-4 所示，考虑 u_s 的取值情况，式（7-9）变为：

$$\begin{cases} \dfrac{\partial^2 u_n}{\partial n^2} = \dfrac{\pi D}{EA} K_s \overline{u}_n & (u_n < u_p) \\[2mm] \dfrac{\partial^2 u_n}{\partial n^2} = \dfrac{\pi D}{EA} \tau_p & (u_n \geq u_p) \end{cases} \tag{7-10}$$

式（7-10）边界条件为：$u_n < u_p$ 时：$n=0$ 时 $\varepsilon=0$；$n=L$ 时，$u_n=u_t$。$u_n \geq u_p$ 时：$n=0$ 时 $\varepsilon=0$；$n=L$ 时，$u_n=u_p$。式中，L 为土钉在被动区的长度。

103

根据边界条件，可得式（7-10）解答为：

$$u_n = \frac{u_t}{e^{\sqrt{K}L} + e^{-\sqrt{K}L}}\left(e^{\sqrt{K}n} + e^{-\sqrt{K}n}\right) \qquad (u_n < u_p)$$

$$u_n = \frac{1}{2}Cn^2 + \left(u_p - \frac{1}{2}CL^2\right) \qquad (u_n \geqslant u_p) \tag{7-11}$$

式中：$C = \dfrac{\pi D \tau_p}{EA}$，$K = \dfrac{\pi D K_s}{EA}$。

假设主动区与被动区之间的滑动带范围存在相对变形。该范围内土体应力情况复杂，变形大，所表现出的已不再是弹性力学性状了。设土钉墙滑裂面处边界元（简称交界元）i 与 j 相对位移为 u_s^*、u_n^*，如图 7-5 所示，存在如下关系：

$$\begin{cases} u_s^1(i) = -u_s^2(j) + u_s^* \\ u_n^1(i) = -u_n^2(j) + u_n^* \end{cases} \tag{7-12}$$

那么，交界元处位移分别为：（1）相对位移 u_s^*、u_n^* 为零；（2）存在相对位移两部分。

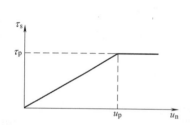

图 7-4　钉—土界面力学性状

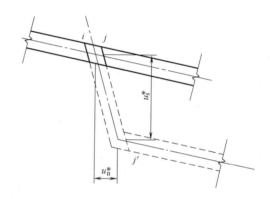

图 7-5　交界元之间发生的相对位移

存在 u_s^*、u_n^* 时，两交界元 i、j 附近的应力将重新分布，但 i 与 j 之间力还是能保持平衡，即：

$$\begin{cases} P_s^1(i) = P_s^2(j) \\ P_n^1(i) = P_n^2(j) \end{cases} \tag{7-13}$$

若无土钉通过 i 与 j，有 $P_s^1(i) = K_s^1 u_s^*$，$P_s^2(j) = K_s^2 u_s^*$；$P_n^1(i) = K_n^1 u_n^*$，$P_n^2(j) = K_n^2 u_n^*$。代入式（7-13）得：

$$\begin{cases} K_s^1 = K_s^2 \\ K_n^1 = K_n^2 \end{cases} \tag{7-14}$$

若土钉通过 i 与 j，显然有

$$\begin{cases} K_{ns}^1 = K_{ns}^2 \\ K_{nn}^1 = K_{nn}^2 \end{cases} \tag{7-15}$$

式（7-14）中，K_s^1、K_s^2 和 K_n^1、K_n^2 表示分别位于交界元 i 和 j 附近土体的切向、法向刚度。式（7-15）中 K_{ns}^1、K_{ns}^2 和 K_{nn}^1、K_{nn}^2 表示土钉位于 i 和 j 交界元处的切向、法向刚度。由式（7-14）可知，两交界元 i、j 附近土体刚度一致，其力学性状可由式（7-1）决定。由式（7-15）可知，两交界元土钉刚度一致，其刚度可由主动区或被动区任一侧土钉刚度确定。为计算方便，按被动区土钉刚度计算，其切向刚度由式（7-2）确定，表达式为：

$$K_{ns} = 2EI\beta^3 \tag{7-16}$$

土钉法向刚度由式（7-11）确定，通过简单运算，即可得到表达式：

$$K_{nn} = \frac{EA(e^{\sqrt{K}l} - e^{-\sqrt{K}l})\sqrt{K}}{e^{\sqrt{K}l} + e^{-\sqrt{K}l}}(u_{un}^* \leqslant u_p) \tag{7-17}$$

若 $u_{un}^* > u_p$ 时，土钉将被拔出，此时不计法向刚度。上式中 l 为被动区土钉长度，其余符号见式（7-11）。

由于土体几乎不能承受拉应力，随着开挖深度的增加，土体中一些部位会出现塑性区，最终形成滑裂带，但在远离滑裂面区域，应力变化较小或无变化，土体仍基本保持为弹性。因此，在计算过程中，可沿滑裂面将土钉墙分成主动区和被动区，滑裂面位置由极限平衡法确定[15]，该处土体作为弹塑性体，而两区域内土体作为弹性体考虑。由于域内假定为弹性体，交界元处土体相对位移而引起的塑性变形存在能量耗散，滑动面两侧的相对位移只影响到两侧的交界元，不影响其他边界单元影响系数的取值。因此，交界元 i、j 之间相对位移只产生"共点"影响系数。设 i、j 处虚拟力为 F_s^i、F_n^i 及 F_s^j、F_n^j，于是有：

$$\begin{bmatrix} {}^iB_s^* & & & 0 \\ & {}^iB_n^* & & \\ & & {}^jB_s^* & \\ 0 & & & {}^jB_n^* \end{bmatrix} \begin{Bmatrix} F_s^i \\ F_n^i \\ F_s^j \\ F_n^j \end{Bmatrix} = \begin{Bmatrix} {}^iu_s^* \\ {}^iu_n^* \\ {}^ju_s^* \\ {}^ju_n^* \end{Bmatrix} \tag{7-18}$$

式中：${}^iB_s^*$、${}^iB_n^*$、${}^jB_s^*$、${}^jB_n^*$ 为 i、j 共点影响系数；${}^iu_s^*$、${}^iu_n^*$、${}^ju_s^*$、${}^ju_n^*$ 为 i、j 相对位移。根据式（7-14）和式（7-15）可知：

$$\begin{cases} {}^iB_s^* = {}^jB_s^* = B_s^* \\ {}^iB_n^* = {}^jB_n^* = B_n^* \end{cases} \tag{7-19}$$

$$\begin{cases} {}^iu_s^* = {}^ju_s^* = u_s^* \\ {}^iu_n^* = {}^ju_n^* = u_n^* \end{cases} \tag{7-20}$$

而且存在下面的关系：

若交界元无土钉穿过
$$\begin{cases} B_s^* = \dfrac{1}{K_s} \\ B_n^* = \dfrac{1}{K_n} \end{cases} \tag{7-21}$$

若交界元中有土钉穿过
$$\begin{cases} B_s^* = \dfrac{1}{K_s + K_{ns}} \\ B_n^* = \dfrac{1}{K_n + K_{nn}} \end{cases} \tag{7-22}$$

上两式中，K_s、K_n 为土体抗力系数，由式（7-1）确定。K_{ns}、K_{nn} 为土钉刚度，由式（7-16）和式（7-17）确定。另一方面，由式（7-13）可知，i、j 之间力是平衡的，而且边界条件为位移，因此，相对位移的存在并不产生力的影响系数。对于有 2M 个交界元存在相对位移 ${}^iu_s^*$，${}^iu_n^*$（$i = 1, \cdots M$）的边界元问题，由式（7-18）～式（7-22）可知，可由下式确定：

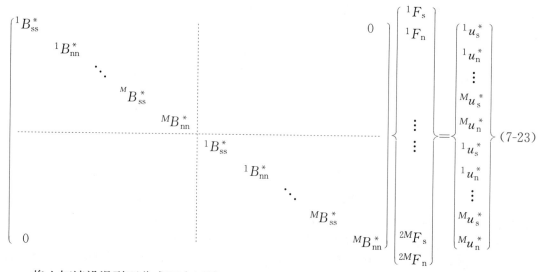

$$(7\text{-}23)$$

将土钉墙沿滑裂面分成两个区域 Ω_1、Ω_2。对应地，边界分为 C_1、C_2，边界 C_1 边界单元数为 N_1，C_2 单元数为 N_2，$N_1+N_2=N$。显然，C_1、C_2 交界元数包括在 N 中，假定两个交界面交界元数相等，都为 M 个。那么，N 个边界单元由 C_1 自由边界元 N_1-M 个，C_1 与 C_2 交界元 $2M$ 个、C_2 自由边界元 N_2-M 个组成。在边界元方程中，方程组的排序按 $i=1\sim N_1-M$、$N_1-M+1\sim N_1$、$N_1+1\sim N_1+M$、$N_1+M+1\sim N$（$=N_1+N_2$），组成带状稀疏矩阵，如式（7-24）所示。

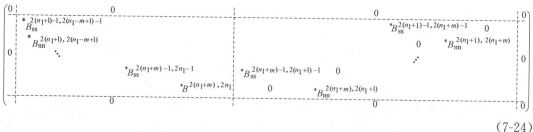

$$(7\text{-}24)$$

上式可表示为边界元方程形式 $[C^{\mathrm{p}}]\{F\}=\{P^{\mathrm{p}}\}$，其中 $[C^{\mathrm{p}}]$ 为系数矩阵，$\{F\}$ 为虚拟力列阵，$\{P^{\mathrm{p}}\}$ 为交界元相对位移列阵，叠加上式与交界元处相对位移为零的边界元方程得：

$$[C^{\mathrm{e}}]\{F\}+[C^{\mathrm{p}}]\{F\}=\{P^{\mathrm{e}}\}+\{P^{\mathrm{p}}\} \qquad (7\text{-}25)$$

式（7-25）中，交界元共点影响系数 B_{ss}^{i}、B_{nn}^{i} 由 $^{*}B_{\mathrm{ss}}^{i}$、$^{*}B_{\mathrm{nn}}^{i}$（$i=N_1+1\sim N_1+M$）替代，这样，土钉墙边界元方程就建立了。然后，考虑边界条件，联立方程组求解。

通过对线弹性静力边界元法进行耦合、弹塑性处理后，边界元法可以应用到土钉墙分析中[14]。以由极限平衡法得到的滑裂面位置为界，将土钉墙分成两个区域，区域内土体作为弹性体考虑，滑裂面附近薄层土体为弹塑性体，将影响系数矩阵进行"叠加"，形成弹塑性边界方程，可用于土钉墙稳定分析和变形计算[14]。该方法具有有限元法的主要优点，计算过程中所需参数少，变形与土钉墙稳定安全系数建立了联系。

7.2.2 土钉墙桩排组合支护

1. 挡土机理分析

土钉墙是通过土体中的加筋作用、土体和土钉提供的抗滑作用来维持土体稳定的柔性支护结构，桩排这类传统挡土结构则依靠被动土压力等维持基坑稳定，属于刚性或半刚性的支护结构，两者的挡土机理不同，但这似乎并不妨碍它们结合在一起形成新的支护方式[16-19]。这种结构中，土钉墙维持基坑浅部土层的稳定，减少了下部结构（如桩排等）承受的外载，内力变小，总体支护方案较经济。另外，组合结构能充分发挥下部桩排等可控制基坑变形的能力，可减少基坑开挖对环境的影响。

在基坑上部采用土钉墙、下部为内支撑桩排组合支护中，土钉、面层与桩排、锁口梁、内支撑组成了一个空间结构，作为整体来承受外载。锁口梁主要作用是将相邻桩排连接在一起，将内支撑推力传递到各个桩顶，它几乎不直接发挥挡土作用。下面的数值模拟分析中，只考虑一根桩、一排土钉、一个内支撑，并引入以下假设条件：

（1）平面应变问题；

（2）不考虑锁口梁作用，内支撑与桩顶直接相连；

（3）除了土体按弹塑性考虑外，所有结构单元假设为弹性体；

（4）地面不存在超载；

（5）不考虑地下水的影响。

土体采用以莫尔-库仑屈服条件为破坏准则的剪切塑性模型。屈服面（$f(\sigma_1, \sigma_3) = 0$，$\sigma_2$是中间应力）上从 A 到 B 由莫尔-库仑破坏准则 $f^s = 0$ 决定，其中：

$$f^s = \sigma_1 - \sigma_3 N_\varphi + 2c\sqrt{N_\varphi} \tag{7-26}$$

式中：$N_\varphi = \dfrac{1+\sin\varphi}{1-\sin\varphi}$，$c$、$\varphi$ 是土体剪切强度指标。

土钉组合结构中，土钉细长，柔性大，选择杆单元来模拟。土钉墙面层较薄，面积大，它与土体可能会分离，存在耦合作用，用衬垫单元模拟较合适。钢筋混凝土内支撑、桩排浇筑在一起，选用梁单元，桩排与土体间存在耦合作用。土体采用正方体的六面体单元，可提高计算精度。各单元基本情况：梁单元，两结点直线单元，可承受轴力、剪力、弯距；杆单元，两结点直线单元，只承受轴力，与周围土体通过摩阻力相互作用；桩单元，两结点直线单元，类似于梁单元，还可以与周围土体发生法向、切向耦合作用，与周围土体分离或闭合；衬垫单元，三结点平面单元，可与相邻土体发生切向、法向作用，与周围土体弹性连续，根据 Mohr-Coulomb 屈服准则，可与土体脱开或发生滑动。支护构件与所选择的对应单元类型见表 7-1。

支护结构与单元类型选择 表 7-1

支护结构	土钉	面层	桩	内撑	土体
单元类型	杆	衬垫	桩	梁	六面体实体

数值模拟中，充分考虑具体施工步骤与方法。如顶部土钉墙，边开挖、边插入土钉、边喷射混凝土形成面层；基坑上部开挖到位后，设置下部桩排内支撑。土层采用分层开挖模拟，第六步开挖前设置桩排，第七步开挖前设置内支撑。

采用土钉组合支护的基坑工程，如图 7-6 所示，均质土，分 10 层开挖，每次开挖 1m，最终开挖深度 10m。对上部 45°坡角、高 5m 的土钉墙，每步开挖完成后即设置该层土钉和喷射面层。模拟范围 50m×30m，厚度取 2.0m。

图 7-6 表示出了土体几何尺寸、部分计算参数值、土钉墙和内支撑桩排相对位置，尽可能与实际工程相符。计算过程中，所采用的其他参数值如下：

土钉墙。土钉长 5m，材料为 Φ22 钢筋，$E=2\times10^8\,\text{kPa}$，屈服强度 $f_y=1.86\times10^7$ kPa。土钉与水平方向成 15° 倾角。灌浆孔径 $D=0.12\text{m}$，灌注水泥砂浆，强度 C20，土钉与周围土体间极限摩阻力 $\tau=15\text{kPa}$。土钉墙面层由布置钢筋网和 C20 喷射混凝土组成，为弹性体，$E=2.55\times10^7\,\text{kPa}$，$\mu=0.25$，厚 100mm。面层与土体交界面上法向与切向刚度均为 100kPa/m，黏结强度为 2kPa。

桩排。计算厚度内存在单桩，直径 1000mm，桩中心距 2.0m，C30 混凝土，弹模和泊松比大小如图 7-6 所示。它的土体之间切向和法向刚度分别为 100kPa/m、10000kPa/m、粘结力为 10kPa、摩擦角为 20°。

内支撑。计算范围内一个支撑，假定给 20 根桩提供支撑力。内支撑矩形截面，尺寸 $500\times700\text{mm}^2$，C20 混凝土，弹模 $2.55\times10^7\,\text{kPa}$，泊松比 0.25。

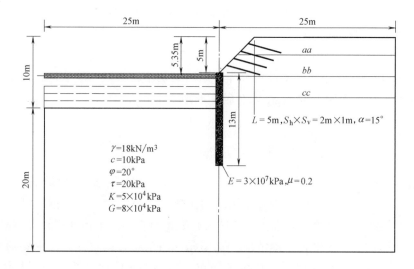

图 7-6　数值模拟范围和参数取值

（1）变形分析

影响这种组合支护的变形，除了土体强度外，还有土钉长度 l、孔径 D、土钉或土钉砂浆复合体的弹模 E、土钉与水平方向倾角 α、土钉空间布置 S_h 与 S_v、桩排抗弯刚度等。综合考虑这些因素的影响，引入刚度系数的概念，如式（7-27）所示。

$$C_{cs}=\frac{1}{P_aL^2}\left(\frac{E_nA\sum\limits_{i=1}^{n}l_i}{H}\cos\alpha+\frac{E_pI}{d_a^2}\right) \qquad (7\text{-}27)$$

式中：C_{cs} 表示组合支护刚度系数，表示土钉抗拔与桩排抗弯之和；$L=$ 所选择的厚度，$L=2\text{m}$；E_n 为土钉或土钉砂浆复合体弹模；A 为土钉孔面积；l_i 为第 i 根土钉长度；n 为同一截面上单列土钉总数；P_a 大气压值，$P_a=101\text{kPa}$；α 土钉与水平方向的倾角，$0\leqslant\alpha<90°$；S_h 土钉水平间距；H 为基坑开挖深度。式（7-27）中，$\cos\alpha$ 称为加筋效应系数：当 $\alpha=0$ 时，其值为 1，效果最好；当 $\alpha=90°$ 时，其值为 0，土钉作用最小；E_pI 是桩排抗弯刚度；d_a 为内支撑最大间距，单排内撑时，d_a 为内支撑到桩排嵌固段中点距离。

取参数值 $E_n=2.2\times10^7\,\text{kPa}$、$A=0.011\text{m}^2$、$l_i=5\text{m}$、$S_h=2\text{m}$，$\alpha=15°$、$E_pI=1.47\times10^6$，调整 H、d_a 大小，经计算可以得到这种组合支护最大位移 δ_{max} 与 C_{cs} 之间的关系，如

图 7-7 所示。

从图 7-7 可以看出，组合支护最大变形是与 C_{cs} 存在一定关系。在一定范围内，当 C_{cs} 减少时，δ_{max} 有增加趋势。

图 7-8 所示为开挖深度 $H=5m$、$10m$ 时，基坑地表沉降 δ_V，在开挖面处沿深度方向水平位移 δ_H 分布图。当 $H=5m$ 时，最大水平位移位于坑底以下，$\delta_{hmax}=25mm$，最大沉降 δ_{vmax} 位于边界上，$\delta_{vmax}=15mm$；当 $H=10m$ 时，δ_{hmax} 在坑

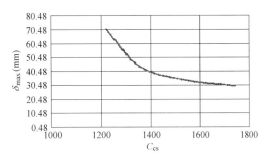

图 7-7　C_{cs} 与最大位移 δ_{max} 的关系

底附近，$\delta_{hmax}=70mm$，最大沉降 $\delta_{vmax}=35mm$，同样位于边界上。随着开挖深度的增加，土钉墙变形增加，但分布形状类似。最大水平位移并没有像预期的那样发生在地表，而是出现在基坑底附近，这是由于土体强度较低，出现了坑底隆起现象。不同开挖深度，桩排与土钉墙两者变形都存在协调性，桩排变形增加，土钉墙发生的位移也加大。

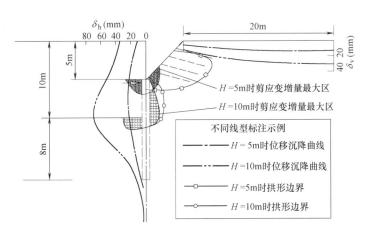

图 7-8　组合支护的变形特征

（2）土体内第一主应力 σ_1 方向和剪应变增量最大区域

在基坑开挖之前，土体中主应力 σ_1 的方向与自重应力一致，垂直向下，与垂直方向夹角 $\beta_1=0$。由于开挖面附近土体内水平应力逐渐减少或消失，使得一定范围内的 β_1 逐步向开挖面偏向，$\beta_1>0$。计算结果表明，不同开挖深度情况下，土体内不同位置处它的 β_1 是不相同的。

沿深度方向 2.5m、5.5m、8.5m 取三条直线 aa、bb、cc（图 7-6），根据计算结果可以确定主应力 σ_1 与垂直方向夹角 β_1 沿三条直线在不同开挖深度的变化情况，如图 7-9 所示。图 7-9 中，点划线、双点划线分别表示开挖深度 $H=5m$、$10m$ 时沿三条指定直线 β_1 的大小与变化。

aa 直线穿过土钉加筋范围。当 $H=5m$ 时，面层附近土体内 β_1 方向几乎平行于土钉墙面层，$\beta_1=45°$，β_1 沿 aa 全程都发生变化，跨度最大；$H=10$ 时，β_1 离开开挖面 3m 之后，迅速从 35° 变为零，衰减最快。

bb 线位于土钉墙与桩排交界处，$H=5m$ 时，由于基坑底发生隆起变形，bb 线左端处

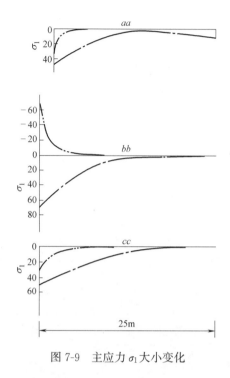

图 7-9　主应力 σ_1 大小变化

β_1 最大，$\beta_1 = 70°$，向右沿 bb 线 β_1 逐渐变为零；当 $H = 10\text{m}$，bb 直线左端位于内支撑附近，由于支撑力的作用，使 β_1 反向，偏向右（图 7-8），$\beta_1 = -65°$，随后沿 bb 直线迅速变为零。

cc 线位于地表以下 8.5m，当 $H = 5\text{m}$，β_1 沿离开挖面方向衰减较慢；$H = 10\text{m}$ 时，受桩排作用，β_1 衰减较快。

一般情况下，靠近开挖面越近土体，其 β_1 偏移也越大。β_1 值越大，说明该处土体受扰动越大，土体自稳能力发挥也越大。图 7-9 所示，β_1 大小沿水平方向变化，形状成凸形，实质是在支护结构的影响下，土体中应力自行调整形成了各个土拱，以维持自身的稳定。如图 7-8 所示，当 $H = 5\text{m}$，土拱边界位于土钉加筋范围外，拱脚一端位于坑底，另一端在土钉墙面层中间附近；当 $H = 10\text{m}$，上部土拱消失，它转移到桩排范围内，拱脚一端位于坑底，另一端靠近内支撑。

土体中剪应变在基坑开挖之前，分布是均匀的。随着开挖进行，土体中出现了剪应变变化递度最大区，出现了混沌域。图 7-8 中，剪应变增量最大区域位于坑底附近。该区域的形成，是由于土体中一系列土拱将拱中压应力传递到拱脚，引起拱脚剪应变梯度增加。在这里，土拱拱脚可发生较大位移，土拱在土体变形中产生的，而生成的土拱限制了土体变形进一步的发生，这与传统意义上的拱结构要求拱脚变形很小是不同。

Tergazhi 从土弹塑性理论的角度分析了拱效应问题[20]。以上分析中，从土体中第一主应力 σ_1 的方向偏转和剪应变增量最大区域的形成两个方面，也可证明土拱的存在，并可以确定它的位置、形状。事实上，沿水平方向上，相邻土钉之间、相邻桩之间也存在土拱。

（3）开挖过程中受力与变形

基坑分十步开挖，每步开挖 1m 深度。土钉墙随开挖随支护，开挖第五步后设置桩排，第六步后加内支撑。表 7-2 中，列出了支护构件内力和最大变形随开挖深度的变化。该表可以看出，土钉上最大轴向拉力随开挖深度增加而逐渐加大（大多位于土钉墙中部土钉上），而面层与土体耦合压应力变化不大，保持着很小值（大多均匀分布）。随着开挖深度的增加，桩排和内支撑内力逐步加大，支护结构上发生的最大位移从土钉墙面层转移到桩排上。桩排上最大弯矩位于坑底附近。

（4）土压力

图 7-10 表示的是开挖深度 $H = 5\text{m}$、10m 时，作用于土钉墙面层和桩排上的土压力系数分布图，K_0 为静止土压力系数，$K_0 = 0.7$；K_a 为主动土压力系数，$K_a = 0.49$；K_p 为被动土压力系数，$K_P = 2.04$；σ_{H5}、σ_{H10} 分别表示 $H = 5\text{m}$、10m 时开挖面水平方向的应力；σ_{v0}^B、σ_{v0}^F 分别表示支护结构后面和前面土体自重应力，其中 σ_{v0}^B 从基坑顶部地表算起，σ_{v0}^F 从坑底 $H = 10\text{m}$ 处算起。

开挖深度 H(m)	土钉墙			桩排		内支撑		最大位移	
	土钉最大轴力(kN)	面层耦合平均应力		最大弯矩(kN·m)	最大剪力(kN)	轴力(kN)	最大弯矩(kN·m)	δ(mm)	位置
		正应力(kPa)	剪应力(kPa)						
1	8.0	0.1	0.4	—	—	—	—	13.0	面层顶部
2	15.5	0.1	0.5	—	—	—	—	19.0	面层
3	18.9	0.15	0.6	—	—	—	—	25.2	面层中部
4	20.9	0.15	0.6	—	—	—	—	27.0	面层中部
5	22.3	0.15	0.0(顶) 1.8(底)	—	—	—	—	29.8	面层中部
6	25.7	0.17	0.5	36	54.9	—	—	30.5	开挖面附近
7	29.0	0.5	0.5	40	18.3	69.6	0.01	31.0	开挖面附近
8	30.5	0.5	0.5	37.8	27.1	127.1	0.3	35.3	开挖面附近
9	30.4	0.1	0.5	84.9	48.5	178.4	0.48	44.0	开挖面附近
10	33.0	0.1	0.1	240.7	94.8	213.0	0.6	70	开挖面附近

如图 7-10 所示，当 $H=5\text{m}$ 时，作用于土钉墙面层上的土压力远小于 Rankine 主动土压力和静止土压力。当 $H=10\text{m}$ 时，σ_{H10} 分布形状复杂，分别在内支撑和被动区土体中间附近两处出现了拐点，坑底下大部分范围内其值大于 Rankine 主动土压力，接近静止土压力，而接近桩底时，σ_{H10} 没有增加，基本保持不变。与此相应的是，被动区 σ_{H10} 在坑底 3m 范围内大于 Rankine 被动土压力，但在其余 5m 范围内，σ_{H10} 值也没有增加，基本保持不变。与单纯的桩排支护被动土压力分布[21]相比，被动区土压力增加约 20%。这是由于桩排顶部存在土钉墙，使得被动土压力增加。图 7-10 中土压力曲线也表明，土钉墙面层受到的土应力随着开挖深度增加而减少，最大土压力减少了近 50%。从土压力的大小和分布情况来看，桩排与顶部的土钉墙之间存在着相互影响。

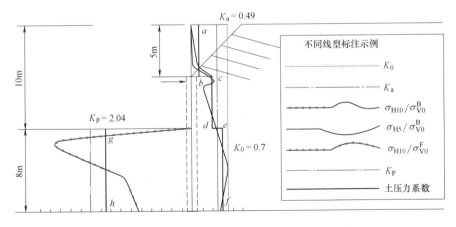

图 7-10　土应力的分布

对内支撑桩排支护，Terzaghi 和 Peck 提出了半经验公式计算内支撑上的荷载[20]。对组合支护，它的工作性状要比一般的内支撑复杂一些。由于桩顶处内支撑约束了支护体系向坑内的变形，附近土体可能没有进入塑性状态，这时 Rankine 土压力理论是不适用的；在靠近开挖面附近，受桩顶处内撑影响较小，桩排向坑内变形较大，该范围主动区土体则有可能进入塑性状态，适合 Rankine 土压力理论应用条件；靠近桩下端附近，由于土体的嵌固效应，限制了主动区土体变形，同样 Rankine 土压力不适用。数值模拟结果表明（图 7-10），$H=5$m 时，开挖面附近土钉墙面层上的土压力接近 Rankine 主动土压力，而上部则较小。随着开挖深度的增加，由于下部的内支撑桩排限制了主动区土体的位移，土钉墙面层受到的土压力反而有所减少，如图 7-10 所示。当 $H=10$m 时，开挖面附近土压力系数接近 Rankine 主动土压力系数，而支内撑桩、桩下端附近则较大。因此，对于图7-10所示的支护体系，可将主动区分成三段：ab、cd、ef，被动区以 gh 段表示，它们的土压力系数分别修改如下：

$$\begin{cases} K_{ab}=0.1K_a \\ K_{cd}=0.8K_a \\ K_{ef}=1.0K_a \\ K_{gh}=0.85K_p \end{cases} \tag{7-28}$$

式中：k_a、k_p 分别表示 Rankine 主动土压力系数和被动土压力系数。桩排内支撑支护中，过高地评估嵌固段桩排受到的被动土压力，基坑容易发生"踢脚"破坏。

表 7-2 中的计算结果表明，开挖深度大于 5m 以后，桩排支护影响着土钉轴力与土钉墙的变形大小，上部土钉墙也增加了桩排内力。

图 7-6 实例中，若将土钉墙坡角增大，并增加桩中心距，重复以上模拟过程，将模拟结果与本次模拟进行对比分析，有可能得到一些新的规律性的结论。

2. 实例分析

武汉江花办公住宅综合楼北临三阳路、东临中山大道、西临京汉大道一高层建筑，总用地面积 2.34 公顷，由 1 栋 13 层、1 栋 15 层、1 栋 2 层办公楼以及 3 栋 18 层住宅楼组成。6 栋拟建建筑物在平面布局上组成类似于"四合院"型，拟设置 2 层满铺地下室，基础埋置深度 10.60m。地下室形状呈长方形，基坑周长约 516m，面积约 $14400m^2$，开挖深度 9.4～10.6m。基坑北侧、东侧存在地下水管或光缆，距基坑边线一倍开挖深度以内，基坑周边不允许有较大变形。以位于三阳路侧 fa 段土层情况为例说明场址土层结构。与支护相关的土层从上到下是：（1）杂填土层，表层土；（1-2）素填土；（2-1）粉土夹粉质黏土；（2-2）粉质黏土；（3）粉土、粉砂、黏土互层；（4-1）粉砂夹粉土；（4-2）粉砂，厚度大于 5m。场址存在上层滞水，赋存于表层填土层，地下承压水存在于第四土层单元砂层中。施工中采用深井降水，将承压水降低至开挖坑底面以下 2m 处，上层滞水采用封堵法，用 6m 长粉喷桩沿基坑四周布置。基坑采用桩排加内支撑支护方案，为了降低桩内弯矩，将上面 4.1m 的高度土层卸载成平台，该范围土坡用土钉墙加固，与内支撑桩排支护结合在一起使用。由于基坑周边土层分布存在差异，支护方案有一定变化，沿周边分成六段，其中 fa 段支护剖面如图 7-11 所示。已竣工的基坑全景如图 7-12 所示。

江花基坑工程开挖深，地质条件复杂，基坑周边紧邻重要构筑物，开挖时恰逢雨季，是武汉地区特大型基坑工程。在开挖过程中，采用信息法施工。图 7-11 中表示出了在 2007 年 9 月 23 号终止开挖深度 10.6m 时 fa 剖面附近 E5 号桩排实测弯矩图以及该桩附近 C7 号测斜孔水平向位移图：最大弯矩 390kN·m，最大位移 26mm，两者都位于坑底附

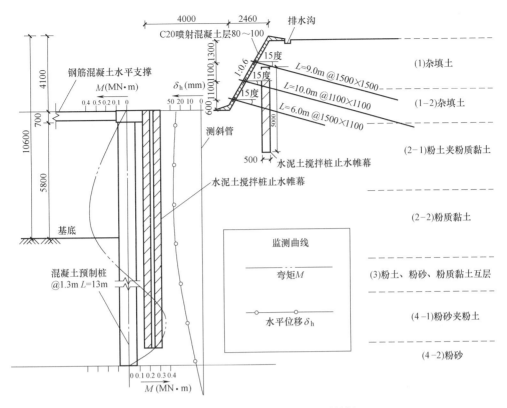

图 7-11　fa 段基坑设计剖面与监测数据

图 7-12　基坑全景图（从西北方向拍摄）

近，测得土钉墙顶部和墙趾水平位移分别为 39mm、26mm，基坑顶部沉降 18.1mm。在 fa 剖面附近，当 $H=4.1$m 时，2007 年 3 月 28 号土钉墙顶部水平位移实测 17.7mm。

将 fa 段基坑作为数值模拟分析对象。计算中采用的假设条件除了将均质土改变为多

113

层土以外，其余与第 5.3.5 节中介绍的五个假设条件一致。模拟中，不考虑用作挡水的沿基坑四周布置的粉喷桩的作用。基坑近似长方形，长 185.8m，宽 96.9m，fa 段位于长边靠中间位置上，分析中沿长边取 1.2m 厚作为平面应变问题考虑。模拟范围 100m×35m：坑内 50m，最终开挖面以下取 24.4m。分 11 层开挖，前 10 次每次开挖 1m 深度，最后一次开挖 0.6m。对上部土钉墙，每步开挖完成后即设置该层土钉和喷射混凝土面层，开挖第四步后设置桩排，第六步后加内支撑。图 7-11 中表示出了土层分布、基坑几何尺寸、土钉墙和内支撑桩排相对位置。

土层参数值如表 7-3 中所示。

基坑土层参数取值

表 7-3

地层编号及名称	K(kPa)	G(kPa)	c(kPa)	φ(°)	τ 值(kPa)
(1)杂填土	$5×10^4$	$2×10^4$	5	22	30
(1-2)素填土	$5×10^4$	$2×10^4$	5	6	20
(2-1)粉土夹粉质黏土	$6×10^4$	$3×10^4$	12	20	
(2-2)粉质黏土	$7×10^4$	$4×10^4$	16	9.5	
(3)粉土、粉砂、粉质黏土互层	$7×10^4$	$2×10^4$	9	16	
(4-1)粉砂夹粉土	$7×10^4$	$4×10^4$	0	20	
(4-2)粉砂	10^5	$6×10^4$	0	35	

数值模拟中，支护构件参数取值如下：

（1）土钉墙。土钉材料为 Φ22 钢筋，$E=2×10^8$kPa，屈服强度 $f_y=1.86×10^7$kPa。土钉与水平方向成 15°倾角。灌浆孔径 $D=0.12$m，灌注水泥砂浆，强度 C20。土钉墙面层由布置钢筋网和 C20 喷射混凝土组成，为弹性体，$E=2.55×10^7$kPa，$\mu=0.25$，厚 0.2m。面层与土体交界面上法向与切向刚度均为 100kPa/m，粘结强度为 2kPa。

（2）桩排。计算范围内单桩，直径 1000mm，C70 混凝土，弹模 $3.7×10^7$kPa，泊松比 0.2，它的土体之间切向和法向刚度分别为 100kPa/m、10000kPa/m、粘结力 10kPa、摩擦角 20°。

（3）内支撑。计算范围内一个支撑提供 20 根桩支撑力，内支撑矩形截面，尺寸 500×700mm²，C20 混凝土，弹性模量 $2.55×10^7$kPa，泊松比 0.25。

模拟部分结果如图 7-13 所示。当 $H=4.1$m 时，土钉墙水平方向最大位移 19.7mm。当 $H=10.6$m，土钉墙坡顶和墙趾水平方向位移分别是 32mm、22mm，基坑顶部沉降 22mm，沿桩身方向最大水平方向位移 32mm，位于坑底附近，形状如图 7-13 所示。可以看出，组合支护变形计算值与 2007 年 9 月 23 号监测结果比较接近。计算桩身最大弯矩 409.6kN·m，形状如图 7-13 所示，与实测数据接近。

计算结果表明，$H=4.1$m 时，土钉墙中形成了一个土拱，拱脚一端位于坑底附近，另一端位于面层中间位置。由于土钉墙与桩排之间存在一定的水平距离，在最终开挖深度时，土体中形成了两个土拱，而不是前面介绍的只出现一个土拱（图 7-8），这与均质土基坑是不同的。但是，土拱拱一端都是位于坑底附近，土钉墙内土拱跨度较大，这与均质土基坑情况一致。这里，土拱拱脚发生了较大位移，最大位移 25mm，这与传统的拱结构不同。

数值模拟表明，下部支护桩变形会影响上部土钉墙的稳定，土钉墙也影响到下部支护桩的内力[22]。设计中，除了将土钉墙和桩排分开来计算外，还须考虑两者协同作用下的性状。

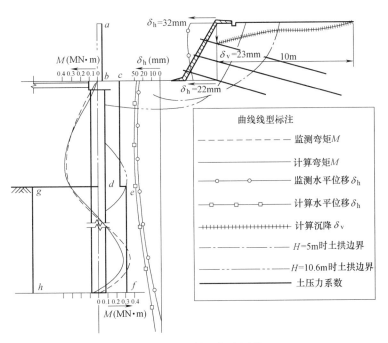

图 7-13　模拟结果与实测值

7.3　工作性状测试

　　原位测试和室内模型试验数据是土钉支护理论的基础，是从实际工程经验上升到理论的必要环节，而理论又能反过来指导土钉支护设计等实践。从 1975 年开始，德国进行了一项为期四年的 7 项大型模型试验，被认为是国际上最早进行的大型土钉支护试验。试验中，研究了土钉内力、面层土压力、支护变形和破坏机制以及土钉长度、间距等参数对支护稳定性的影响。试验材料为松砂、中密砂、粉砂和黏土，采用地面加载的方法使支护结构滑塌破坏[23]。1979 年德国在 stuttgart 修筑了一个 14m 高的永久性土钉工程并进行了长达 10 年的连续观测和监测。法国开展了土钉试验，包括八项大型足尺试验和上百个抗拔试验[24]。土体是按 20cm 厚分层夯实，然后从上到下建造土钉支护体系。试验时，从顶部加水使土体逐渐饱和引起支护破坏。2 号土钉墙通过超挖的方式引起支护失稳，3 号土钉墙研究土钉粘结长度的影响，通过减少土钉粘结长度的方法使支护发生破坏。加州大学 Davis 分校的沈智刚（Shen C K）进行了土钉支护的试验，量测了不同开挖深度的地表水平位移和土钉的拉力等[25]。太原煤矿设计院将土钉技术用于山西柳湾煤矿的边坡加固工程，王步云等曾对其进行过原位试验[26]。这些被认为是较早的土钉支护模型试验。到 20 世纪 90 年代，进入了土钉技术发展的第四阶段后，大规模实际工程应用的同时，针对工程中的问题，进行了大量的原位测试和室内模型试验[27-30]，土钉技术得到了快速的发展。本节介绍一些土钉支护测试，了解其工作状况下的力学性能。

7.3.1　土钉墙

　　1. 测试一[31]

　　深圳地铁一期工程水晶岛站位于深圳市中心区。基坑开挖南北长约 186m，东西长

60m，开挖深度17.1m。所处地区为台地地貌，地形较平坦，周围亦无建筑物。基坑开挖范围内上覆第四系全新统人工堆积层、中更新统残积层，下伏燕山期花岗岩。场地地质条件较好，基坑支护采用分两级放坡加土钉墙支护。上级坡高5～7m，坡度1：1，设2.5m长的土钉，直径16mm，间距为1.2m，坡面挂网喷混凝土；下级坡高9～11m，按1：0.25放坡，土钉长14m，直径ϕ28，间距1.2m。上下级坡之间留宽为1.5m的平台。为加强支护，在平台下第二排跳打一排预应力锚索，其长度约为20m。

如图7-14所示，在基坑1-1剖面上布置了一个测试断面，坡顶及平台处各埋设了一个测斜孔，以观测土体的侧向位移。

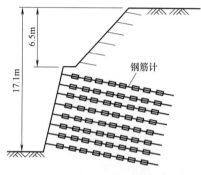

图7-14　土钉支护与测试布置

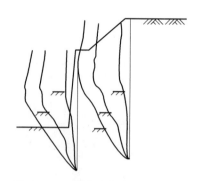

图7-15　土体内水平位移变化情况

图7-15表示的是不同开挖深度下土体内水平位移变化情况。当基坑开挖到平台下8m处时，位移曲线在开挖面处有一个明显的外凸，说明此时边坡基坑边坡位移从上到下逐渐减小，最大位移发生在基坑中上部位。此时土体受开挖的影响产生了较大的位移，需要及时支护。当支护完成后，该处的位移则逐渐趋于平缓。当基坑开挖至设计深度17.1m时，坡顶处的测斜最大水平位移为48.8mm，平台处的测斜最大水平位移为45mm，基坑最大水平位移与开挖深度的比值为2.8‰。

在平台下的8排土钉上各布置了14个钢弦式钢筋应力计测试土钉轴力，测试结果如图7-16所示。

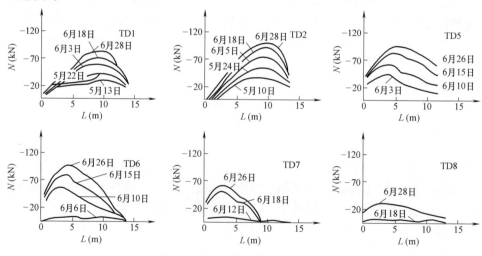

图7-16　土钉轴力沿长度的分布

116

测试结果表明，土钉轴力表现为土钉中间附近较大、两端较小的规律（图 7-16）。从土钉端头与面板连接处开始，土钉与土体间界面摩阻力趋向于把土钉从土层中拔出，土钉轴力逐渐增大，在某一位置达到最大值。此后摩阻力方向改变，倾向于阻止将土钉拔出，土钉轴力逐渐减少。随着开挖的进行，各层土钉的拉力逐渐加大，相应地土钉剪应力也随之增大。当开挖至基坑设计深度后，土钉拉力值逐渐稳定下来。对于下层几排土钉（TD6、TD7），当长度超过 10m 左右时，土钉的拉力为零。这说明底部的土钉尚未发挥其抗拔作用，此时土钉的长度可以略微减小而不影响土钉的受力。

沿开挖深度方向，将 7 根土钉拉力最大值位置相连，成一条曲线，这条曲线即为基坑边坡最小安全系数的滑动面，如图 7-17 所示。

不同深度的土钉，受到的最大拉力有很大差别。TD2～TD6 的拉力较大，峰值约 110kN。图 7-18 为实测各层土钉最大轴力与基坑深度的关系，土压力的分布呈直立的梯形。

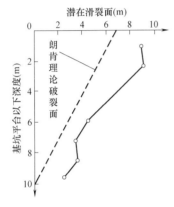

图 7-17　土钉最大拉力的位置

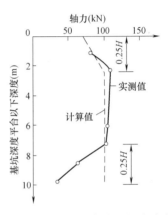

图 7-18　土钉最大拉力沿深度分布

图 7-19 是土钉抗拔力试验中 8m 长土钉受力情况。在未施加土钉拔力时，土钉所受轴力为土体对其的作用力，轴力分布中间大两头小，且端头处略大于底部。随着试验荷载的增加，土钉端部轴力迅速增加，而底部轴力增加甚小，变化速率由底部到顶部逐渐加大。在受力情况下，土钉全长均产生正的剪应力，即整个土钉都产生抵抗摩阻力。这与土钉在开挖状态下受力是不同的。基坑开挖时，只有峰值以外（稳定土体区）的土钉才产生抵抗拉力（正剪应力），而峰值以内（滑动土体区）的土钉由于其周围土体的滑动而产生向基坑面层方向的拉力（负剪应力）。

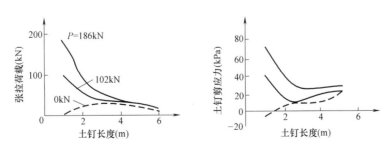

图 7-19　土钉轴力与剪应力沿长度的分布

2. 测试二[32]

渝怀铁路某段线路属于顺层陡坡地段，坡面覆盖 0～2m 厚砂黏土，局部岩石出露，其岩层为志留系下统页岩夹砂岩，褐黄色，青灰色，薄中厚层状，泥质结构，含钙质，夹薄层粘砂岩，节理发育，表层风化严重，风化带厚 3～6m，岩层走向与铁路线路夹角为 10°～20°。线路以挖方方式经过，路堑内侧边坡最大高度 21m。该段路堑右侧设置两级土钉墙，上墙最高 9m，下墙最高 12m，上、下墙间留 2m 宽、0.3m 厚浆砌平台，采用 M7.5 浆砌片石砌筑。土钉间距 1.2m，呈梅花形布置。下墙土钉长 9m，紧临平台上下各 3 排土钉加长至 11m，自堑顶以下各排加长至节理面以内不小于 2m。钻孔直径为 $\phi100mm$，孔内锚杆采用 $\phi25mm$ 11 级钢筋制作。用 M30 水泥砂浆灌注，注浆压力为 0.2MPa，土钉墙坡率为 1：0.15。面层喷射 14cm 厚 C20 混凝土及 1cm 厚水泥砂浆及一层 $20×20cm^2$、$\phi8mm$ 钢筋网组成。在第 2 排、第 6 排土钉上距面层 1、3、5、7、9m 处分别埋设一根钢筋计，在第 10、11 排土钉上距面层 1、2、4、6、9、11m 处分别埋设一根钢筋计，在第 14 排土钉上距面层 1、3、6、9、12m 处分别埋设一根钢筋计，在第 17 排土钉上距面层 1、3、6、6、12、15m 处分别埋设一根钢筋计。土钉支护剖面与测试方案如图 7-20 所示。

测试结果表明，土钉拉力沿土钉长度呈曲线形分布。面层附近，土钉受力较小，随着土钉埋入深度的增加，其受力逐渐增大，但拉力增加到某一数值后，又逐渐减小。由于顺层石质路堑岩层走向倾向线路且边坡台阶的存在，在顺层边坡平台处产生了应力集中，变形较大，岩土体较大应力向土钉转移，使得该处土钉拉力较大。

土钉墙潜在的破裂面位置可用各排土钉最大拉力的连线近似表示，如图 7-21 所示。图中理论上潜在滑裂面位置由图 4-5 确定。

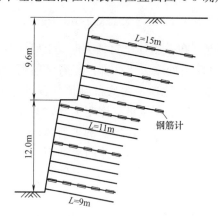

图 7-20　土钉墙支护与测试布置

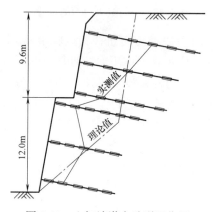

图 7-21　土钉墙潜在破裂面位置

图 7-22 表示了土钉最大拉力沿墙高的分布情况。靠近土钉墙上部的位置，土钉最大拉力出现在土钉中部或靠近中点的部位。在墙的中、下部位置，由于边坡变形受到基底岩层的约束，土钉最大拉力逐步向面层靠近。台阶附近上、下两排土钉的最大拉力与面层较近。土钉最大拉力沿深度的分布是上下小、中间大。在现场试验中，在距面层 1m 处安装了钢弦式钢筋计。在试验分析中，将测量得到的距面层 1m 处钢筋计的拉力值除以单根土钉的有效作用面积来转换成其对应高度的护面板侧向土压力，用于定性地分析侧向土压力

的分布规律。试验结果表明，实测土压力远小于极限平衡理论计算的墙背主动土压力（图 7-23），由量测的土钉最大拉力所确定的土钉墙总的受力也小于按《铁路路基支挡结构设计规范》TB 10025—2001 所确定的土压力。其原因是传统的土压力理论在计算土钉墙侧向土压力时并没有考虑土钉与周围岩土体的相互作用。土钉墙是由面层、土钉和岩土体组成的一个整体结构，由于土钉与岩土体间会存在相对位移，从而在钉—土之间产生摩擦力，依靠土钉摩阻力抵消了部分土压力，并约束了岩土体的侧向变形，使得土钉墙主动土压力减小。土钉间土拱也削弱了部分土压力。因此，由于土钉与周围岩土体的相互作用，使得土钉墙侧向土压力的形成机制与一般挡土墙墙背作用的主动土压力形成的机理之间存在很大的差异。

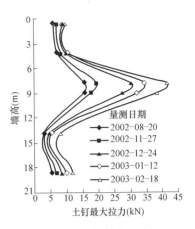

图 7-22　土钉最大拉力沿墙高的分布

由于土钉墙面层所受的土压力主要靠土钉拉力来平衡，土钉拉力的大小可以定性地说明土压力的大小。比较图 7-22 和图 7-23 可知，墙底附近土钉最大拉力较小，墙体所受土压力也较小。由于土钉与周围岩土体的相互作用，改变了土压力的分布，减小了土压力值，有利于土钉支护结构的稳定。

3. 测试三[33]

粉质黏土深基坑中的土钉墙室内模型试验，模拟基坑开挖、土钉墙施工及降水过程。试验模型坑的尺寸长×宽×深为 3.5m×1.8m×1.8m，坑壁按防水层施工，表面用水泥砂浆打磨光滑，刷上一层黄油并粘贴一层塑料薄膜，以满足试坑防渗并减少试验过程中坑壁对试墙的摩擦约束。试验用土是现场采集的原状土，土样先经筛分均匀，去除全部粒径大于 5mm 的粗颗粒，填筑时按 20cm 分层填筑，并均匀夯实。

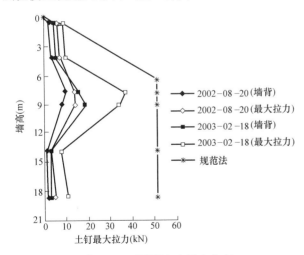

图 7-23　面层侧向土压力分布

由于金属材料较好地符合弹性理论的基本假定，因此当原型结构是金属结构或者测量精度要求高时，可使用金属材料进行相似模拟。工程中常用的土钉材料为 HPB235 或 HRB335，其弹性模量约为 2.0×10^5 MPa，泊松比约为 0.3，而铝合金作为模型材料具有良好的导热性和相对较低的弹性模量（约为 7.0×10^4 MPa），泊松比为 0.33，接近于模型试验的相似比要求，且采用铝合金在试验中既能获得较大的变形量，又能较好地消除应变传感器元件本身的刚度影响，本次试验使用边长为 5 mm 的矩形铝合金棒模拟工程中常用的钢筋土钉。土钉测试采用粘贴应变片量测土钉应变，通过静态应变仪采集数据。在土钉长度方向布置 4 个测点，为避免数据线过于集中而影响测试精确度，将测点分散在两根土钉上，4 排土钉共计 8 个传感器 16 个测点。

土压力采用埋设应变式土压力盒的方法，几何尺寸为：直径 30mm，厚 7mm，量程为 0～200kPa，土钉墙测点布置如图 7-24 所示。土钉墙的水平位移用大量程的百分表量测，在土钉墙的墙顶对称布设两个大量程百分表。

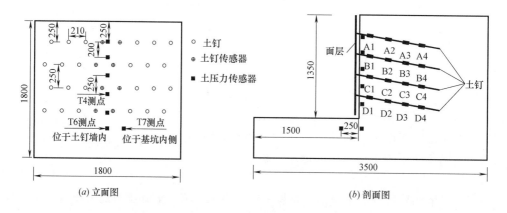

图 7-24　模型试验平面和剖面图（单位：mm）

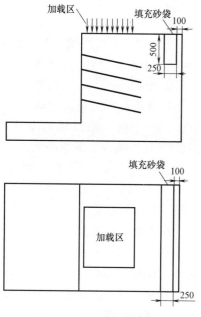

图 7-25　加载及降雨模型
示意图（单位：mm）

加载采用静力堆载的方法，加载在第五次开挖及面层施工结束约 48h 后开始，通过在墙顶堆积单块质量为 25kg 的混凝土配重块来实现，堆积之前在墙顶土层上放置一块 100cm×100cm，厚度为 1.5cm 的矩形钢板，钢板距墙顶边缘 10cm，距两侧坑壁 40cm，钢板可以保证对土体施加的荷载为均布荷载，如图 7-25 所示。每级堆载为 500kg，时间间隔为 30min，共加 10 级。

在加载完成 150h 后开始降雨过程模拟。在试坑顶部距离模型边缘 100mm 处，开挖一个宽度为 250mm，深度为 500mm 的注水坑，坑内满填粗砂砂袋。向注水坑内注水，注水量为 18L/h，12h 注水量为 216L/h，相当于 12h 内降雨量为 60mm，属于暴雨范畴（暴雨降水量标准为 12h 降水量大于等于 30mm，小于 70mm）。

本次模型试验开挖工况与实际工程施工基本保持一致。基坑开挖分 5 步进行，前 4 步每步开挖深度为 30cm，最后一步 15cm，具体程序为：开挖→人工挖孔→埋置土钉→灌浆→面层施工→导线连接。在分步开挖时，前 4 层每层开挖前即对土层进行取样，测量其物理力学参数，再进行开挖。由上至下各土层参数见表 7-4。

土层参数值

表 7-4

土层	含水量(%)	密度(g·cm⁻³)	黏聚力(kPa)	内摩擦角(°)
1	10.98	1.788	47.42	32.904
2	17.16	1.776	47.88	29.33
3	13.01	1.737	53.52	32.661
4	17.78	1.766	28.64	33.775
均值	14.73	1.767	44.37	32.170

试验结果：

（1）水平位移

本次试验采用布设大量程百分表的方式测量土钉墙顶在试验过程中的水平位移变化，测量结果如图 7-26 所示。从图中可以看出：1）每一次开挖后的 2d 内，位移都有一个较大的上升，第 3 天位移趋于平缓，说明开挖是土钉墙产生水平位移的重要原因，土钉作用发挥后又能使土钉墙位移趋于稳定。2）从整个过程来看，墙顶水平位移是逐渐增加的，基坑开挖完成后，墙顶最大水平位移为 3mm，为基坑深度的 2.3‰。3）开挖结束后，墙顶加载过程中位移基本呈线性增长（图 7-27），说明地面的超载加速了土钉墙体侧向变形。4）降雨对基坑位移产生巨大影响。随着注水量逐渐增加，土钉墙墙体变形急剧增大。在 150h 内，墙体位移迅速增加了 5mm，位移总量超过开挖与加载过程之和。随后增速放缓，逐渐趋于稳定，墙顶最大位移达到 12mm。可见北京地区粉质黏土遇水软化的性质非常明显，降雨是引起北京地区粉质黏土层基坑变形的重要因素。

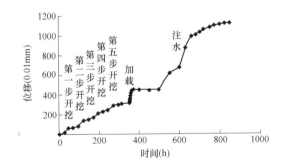

图 7-26　墙顶水平位移曲线

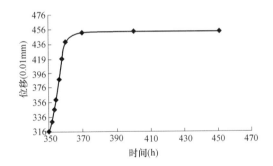

图 7-27　加载状况下墙顶水平位移曲线

（2）土压力

基坑开挖完成后的加载阶段如图 7-28 所示，每一级荷载都会引起土压力的增加，但是整体并不是呈线性增长的，第一级荷载的施加使土压力增量最大，约占总增加量的 40%～50%，然后随着每级荷载施加，土压力近似呈线性增加，每级增量约为总增加量的 10% 左右。

（3）土体自稳性

将表 7-4 中土层参数均值代入公式（2-7），计算得到土体临界自稳高度 $h_{cr}=18m$，远大于土钉墙设计高度 1.35m，说明试验所用的粉质黏土在自重作用下可以保持稳定，土钉墙产生的土压力主要来自超载和渗水。

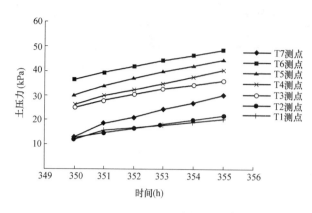

图 7-28 加载阶段土压力时程曲线

7.3.2 复合土钉墙和组合土钉墙

1. 测试一[34−35]

假日广场深基坑支护工程位于深圳南山区华侨城以西，北邻世界花园，南邻深南大道和深圳地铁，与世界之窗隔路相望。基坑东西向长 308.2m，南 北 向 宽 46.5～82.5m，开挖深度东、西、北三侧为 17.6～21.0m，南侧为 13.8～18.7m，开挖面积近 2 万 m²。场地地层分布：（1）人工填土层，厚度 0.3～5.1m，以黏性土为主；（2）第四系坡洪积层，厚度 0.9～6.2m，含砾黏土；（3）第四系残积层，厚度 1.0～21.2m，砾质粉质黏土；（4）燕山期基岩，粗粒花岗岩，未见底。

下面按预应力锚索复合土钉墙支护、土钉墙桩—锚组合支护测试结果分别介绍。

（1）预应力锚索复合土钉墙支护

基坑南侧主要为砾质粉质黏土，采用土钉＋预应力锚索复合土钉支护，如图 7-29 所示。基坑坡角 80°，开挖分 10 步：第一步开挖深 1.25m，往下每步开挖深度为 1.4m，最后一层一次开挖 1.9m 深，到达最终开挖深度 14.35m。

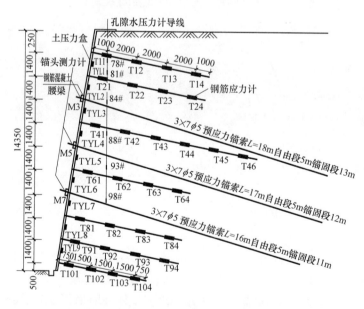

图 7-29 预应力锚杆复合土钉支护测试

地表水平位移观测点采用钢筋（或钉子），预埋设在基坑边坡顶部面层混凝土中。如图 7-30 所示，测点处基坑 2004 年 9 月 20 日开挖，2005 年 4 月 5 日到达坑底。位移监测从基坑开挖开始，至 2005 年 6 月 3 日结束，S22 测点水平位移时程曲线如图 7-30 所示。

由图 7-30 可以看到下面一些现象：

1）土钉支护为柔性支护，预应力锚索复合土钉支护结构也不例外，其水平位移具有渐进性，最大值在50mm附近；

2）2004年11月5日之前，是基坑上部开挖时段，曲线斜率比较大，随后逐步变小，这说明基坑上部锚索或土钉对基坑变形影响较大；

3）第1排锚索施工完毕后，位移曲线明显变缓，变形速率减小，说明该排锚索能有效地减小基坑变形。但是，随着基坑开挖深度的增加，施加下面两排锚索后，曲线斜率并没有减小，反而略有增加。

图7-31是测试剖面处土体内水平位移。从该图可以看见，当基坑开挖至第3层时，此时没有施加预应力锚索，越靠近地表，水平位移越大；当开挖至第5层时，最大水平位移的位置已经由地表处向下移动到中部，此时第1排预应力锚索开始发挥作用；当开挖至第7层时，施加了所有三排锚索，最大水平位移的位置继续向下移动，测斜管管底同时发生了水平位移，说明测斜管的埋设深度不够。当基坑开挖到最终深度时，水平位移表现为中间大、上下小的"臌肚"形状。

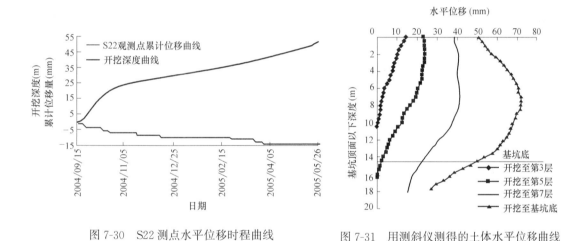

图7-30　S22测点水平位移时程曲线　　　图7-31　用测斜仪测得的土体水平位移曲线

自2004年9月至2005年7月对测试点的土钉拉力以及土压力的变化情况进行了长达十个月的测试。图7-32表示土钉最大轴力所在的位置。

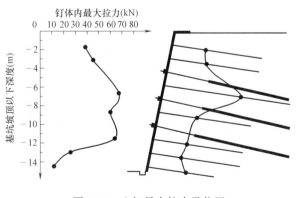

图7-32　土钉最大拉力及位置

从土钉拉力测试结果，可以发现如下现象：

1）土钉受力具有时间效应。每层土钉从刚刚置入开始便发挥作用，无论下一层开挖与否，在钉体内都将形成一定的拉力，并随时间的延续而逐渐趋于稳定。这说明开挖后边坡土体内应力的释放是一个缓慢的过程。土体是多相介质，基坑开挖引起的超孔隙水压力的消散与时间有关，同时土骨架又具有蠕变性，这些因素都使得基坑开挖后土体应力具有时间效应，因此土钉支护结构的钉体拉力变化同样也表现出时间效应。根据实际测试观测，在每层开挖完成立即置入土钉后并保证下一层不开挖和外界环境变化不大的条件下，钉体内的拉力通常需要一周左右的时间才能趋于稳定。

2）土钉受力具有明显的开挖空间效应。土钉置入土体后钉体内拉力的增长开始较大，以后逐渐趋于稳定，直到下一层土体开挖，钉体内拉力将形成一个突变。不同位置钉体内拉力的变化幅度受开挖影响是不一样的，越靠近开挖位置的土钉钉体内拉力增长幅度越大。通常从本层土钉以下开挖 5 层以后，钉体内拉力的增长受开挖的影响几乎不再有明显的反应，甚至钉体内拉力会出现一个明显的负增长，但这种负增长仅仅会出现在靠近地表的几层土钉内。这说明预应力锚索复合土钉结构中土钉钉体内的拉力并不是随着基坑开挖深度的增加而一成不变地增大。

3）靠近地表的上部土钉拉力在开挖后很快就能达到较稳定的状态，并随开挖深度的增加拉力峰值会出现一定的衰减；而下部土钉的拉力达到稳定状态则是一个相对漫长的过程，且拉力峰值一直在不断上升。这也从另一方面反映了土体与土钉所形成耦合体的应力变化趋势，以及随着优势滑移面的形成，应力由上到下的传递规律。但总体来说，由于预应力锚索的影响，最下面一层土钉承受的拉力仍然是各排土钉中最小的。

4）基坑开挖完成后，靠近地表的几排土钉拉力均表现出不断起伏波浪线式的变化特征，而此段时间正值深圳雨期，可见靠近地表的土钉拉力对降雨反应敏感。比较第一、二排土钉拉力因降雨所引起的变化幅度可知：越靠近地表的土钉受影响的程度越大。而降雨对深层土钉拉力的影响却远不如上层土钉那样明显。另外，降雨对土钉拉力变化的影响具有时间滞后效应。通常在降雨两天后，受影响的土钉拉力才达到峰值，然后逐渐衰减到降雨前的水平。

5）锚索施加预应力将对其附近土钉拉力有显著的影响，但对距其较远的土钉拉力影响较小。预应力锚索上预应力的施加分担了其周围土钉的部分拉力，但对改善土钉支护结构的受力情况所影响的范围不大。鉴于此，预应力锚索应用于土钉支护结构中更主要的作用不在于分担或改善结构的受力，而在于提高边坡的抗滑移稳定性和减小边坡位移。

6）预应力锚索张拉完成后都有一定的应力损失，但损失不大。最下面的锚索除了受开挖影响较大外，在开挖完成后拉力仍然在不断增大，可见靠近基坑中下部布置的锚索对基坑的稳定性发挥了较大的作用。

7）就单根土钉拉力沿钉体分布而言，预应力锚索复合土钉支护结构中各排土钉的拉力分布与传统土钉墙中土钉拉力分布无太大区别，仍然表现为两头小中间大的不对称曲线分布形式。土钉刚刚置入土体后，钉体内拉力的峰值点通常位于钉体前半部分，随着开挖深度的增加和时间的延续，钉体内拉力峰值点的位置逐渐向钉体中后部转移，这说明后面的土体被逐渐调动并参与到整个支护结构中形成复合的受力机制。

8）从各排土钉靠近喷射混凝土面层部分的受力情况来看，靠近面层区域的钉体拉力都比较小，其分布形式与钉体最大拉力随深度分布规律一样，也呈现出上下小、中间大的分布规律。从面层受力平衡的角度分析，可以推断出喷射混凝土面层所承受的侧向土压力较小。

9）土钉拉力峰值沿深度分布上呈现上下小、中间大的分布形式，且最大峰值点位于基坑边坡中偏下的位置。下部土钉拉力的峰值约为上层土钉拉力峰值的 1/3，上层土钉拉力峰值约为中部土钉拉力峰值的 1/2。各排土钉拉力峰值点的位置并没有呈现出类似于圆弧式的分布特点，尤其是在坡脚附近，土钉最大拉力峰值点的位置并非靠近坡脚。

为了测得有效土压力，在测试点基坑不同的深度上埋设了 6 个 KXR 型钢弦式孔隙水压力计和 9 个土压力盒，由实际测量的土压力值减去孔隙水压力的大小即为有效土压力。

图 7-33 反映了基坑开挖完成两个月后孔隙水压力和面层土压力随深度的分布情况。从图中可以看出：孔隙水压力总体趋势上表现为随基坑深度增大的分布形式，但并非严格递增。

（2）土钉墙桩—锚组合支护

基坑东、西、北侧，其下部采用人工挖孔桩＋预应力锚索，上部为土钉墙支护，是组合支护方式，如图 7-34 所示。

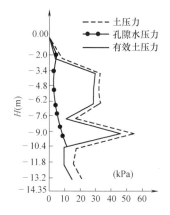

图 7-33　面层土压力、孔隙水压力沿深度分布

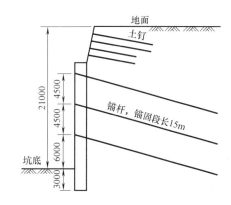

图 7-34　桩-锚组合支护剖面（单位：mm）

位于图 7-34 试验剖面的 S10 观测点自 2004 年 8 月 21 日开挖时开始，直至基坑开挖完成后的一个月，即 2005 年 6 月 3 日结束。该观测点采用钢筋，预埋设在基坑边坡顶部面层混凝土中，共进行 116 次变形观测，监测结果如图 7-35 所示。

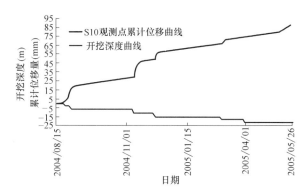

图 7-35　S10 监测点水平位移时程变化曲线

在该试验剖面处，在地表沿垂直于开挖边线方向上设置 4 个沉降观测点，即 S10、CB1、C36、C33。不同开挖深度地表沉降变化情况如图 7-36 所示。

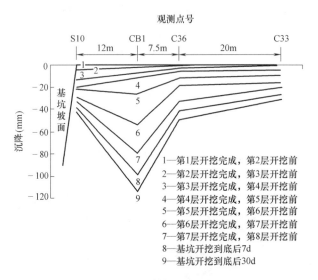

图 7-36　地表沉降监测

从图 7-36 可以看出，地表发生最大沉降值的位置不在基坑边坡顶部边缘，而是位于距离基坑边缘后约一倍的开挖深度处。土钉墙桩—锚组合土钉支护中，地表沉降影响范围是基坑开挖深度的三倍以上。

2. 测试二[36]

汉口城市花园小区基坑工程，面积近 2 万 m²，开挖深度 7.5～8.5m，场址土层物理力学指标见表 7-5。设计采用以加筋水泥土复合土钉支护为主，局部临近房屋坑段采用桩锚支护，设计 16 口中深降水井控制地下水。

主要土层物理力学性质 　　　　　　　　　　　　　　　　　　表 7-5

地层编号及名称	平均层厚 (m)	γ (kN/m³)	状态	剪切指标设计取值	
				c(kPa)	φ(°)
①-1 杂填土	3.0	18.5	稍密	4	20
②-1 黏土	2.0	18.8	可塑	22	10
③-2 粉质黏土	2.0	18.7	软塑	20	11
③-1 粉质黏土夹粉土	4.0	18.0	软塑～流塑	15	14
③-2 粉土、粉砂夹粉质黏土	8.0	18.6	松散～稍密	10	22
④ 粉细砂	10.0	19.0	稍密～中密	0	30

基坑支护典型设计断面如图 7-37 所示，上部 3m 采用 1∶1 自然放坡加短土钉挂网护面，下部 5m 采用复合土钉支护，共布置 3 排土钉，杆材为二级螺纹钢，土钉钻孔直径为 110mm，倾角为 15°，注浆材料为纯水泥浆，水灰比为 0.5，锚固体设计强度为 M10；2 排直径 500mm 的水泥搅拌桩通过相互搭接形成宽 800mm 的水泥土墙，靠基坑一侧每隔 1.05m 在搅拌桩内插入一根长 12m 的 14 号工字钢，靠坑壁一侧每隔 1.05m 插入一根 6m 长的 φ48mm 钢管。搅拌桩采用浆喷工艺，材料采用 P.O. 32.5 水泥，水灰比为 1∶1，掺

入比为 15%，水泥土 28d 极限抗压强度为 1MPa。

测斜孔布置于水泥土墙内，钻孔直径为 110mm，孔深 15m，测斜管采用内径为 43mm、外径为 53mm 的 PVC 硬塑料管，水平位移测试采用 CX-010 测斜仪。埋设测斜管时，用水泥砂浆填满钻孔和测斜管之间的空隙。测试时，将测头在测斜管内自下而上以 50cm 的间距于不同的深度处逐段滑动测量，换算每一深度处的倾斜量，然后自下而上逐段累加，便得到测斜仪在各深度上的位移量。测试土钉轴力和水泥土墙内力采用钢弦式钢筋计，测量导线从各测点引出，并沿着边坡面汇集到坡顶的集线箱内。土钉前 3 个测点间距为 1.5m，第 4 个测点间距为 2m，以便测到土钉轴力的分布。水泥土墙内力测试方法为：在墙顶中心和外侧施工 2 个直径为 110mm 钻孔，埋设 ϕ12mm 钢筋后注水泥浆封闭，在钢筋内设置钢筋计，通过测试钢筋应力来计算搅拌桩内力。基坑施工于 2002 年 5 月开始，9 月竣工。水泥土墙不同深度的水平位移随施工日期的变化曲线如图 7-38 所示。

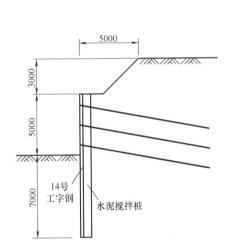

图 7-37　水泥搅拌桩复合土钉墙剖面（单位：mm）

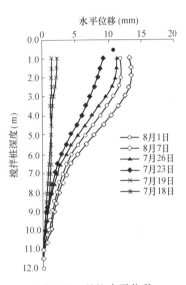

图 7-38　基坑水平位移

由图 7-38 可见：（1）随着开挖深度增大，水泥土墙沿深度各点的水平位移逐渐增大，总体上呈上部大下部小的特点，最大变形为 13mm，与深度的比值为 2.6‰；（2）每层土开挖阶段和土钉设置初期，位移速率最大，以后速率放慢并趋于稳定；（3）在基坑开挖初期，墙顶变形最大；随着土钉设置和开挖深度增加，墙顶明显产生反向弯曲，最大变形点由墙顶逐渐向下移至第二、三排土钉之间，可见随着变形的发展，土钉的锚固作用越来越明显；（4）坑底以下变形影响深度为 4~5m，表明通过挡墙将压力往下传递，发挥了深部土体抗力，提高了边坡的整体稳定性。

土钉轴力实测结果表明：（1）各层土钉受力大小不同，上部土钉受力比下一排大；（2）随着开挖深度增加，各层土钉应力均呈增长趋势；（3）随着变形的发展，土钉的最大轴力点位置也在不断变化。在基坑变形较小和土钉设置初期，土钉内力呈中间大两头小分布，内力最大值分别在 4m（第一排）、2.5m（第二排），基本接近（45°−φ/2）的主动滑裂面，说明受力机理类似于土钉支护。随着变形增大，土钉对搅拌桩的锚固作用力增大，中前段应力增长较快，最大轴力点逐渐向搅拌桩一端移动，土钉受力类似于无自由段的锚杆，说明支护体系受力机理类似于桩-锚结构。

搅拌桩钢筋应力分布情况如图 7-39 所示。图 7-39a 表明，墙体中线附近的实测应力较小且多为拉应力，表明截面中性轴向型钢一侧偏移，进而证实了在一定的应力水平下水泥土和型钢是可以共同工作的。随开挖深度增大整个墙体中线拉应力有增加趋势，7 月 24 日后土钉顶端受力增大，墙身上段中线拉应力逐渐减小，下段拉应力则变化不大。图 7-39b 表明，随着开挖深度增加，水泥土墙墙身应力逐渐增大，同时受力模式也随之变化。在开挖初期，水泥土墙外侧受拉，类似悬臂墙。设置土钉后，随着变形发展，在土钉作用部位局部出现反弯，上部受拉区逐渐转化为受压区，下部拉应力先迅速增长，后受反弯矩影响略有下降，受力模式类似于桩-锚支护。

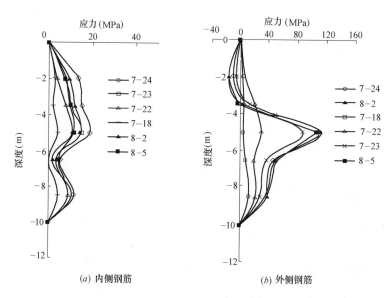

(a) 内侧钢筋　　　　　　　(b) 外侧钢筋

图 7-39　搅拌桩钢筋应力分布

3. 测试三[37]

国美商都基坑支护工程位于北京市丰台区，北临南四环，西接科技大道，总建筑面积 60 万 m²。基坑开挖深度为 22.38m，基坑支护周长约 780m，属深大基坑工程。

场地地貌单元属于永定河第四纪冲洪积扇的中部地段。基坑支护涉及地层从上到下依次为：杂填土，层厚 0.4～6.5m；砂质粉土、黏质粉土，层厚 0.0～4.6m；细中砂，层厚约 0.0～3.8m；卵石、圆砾，层厚为 3.3～7.5m；卵石，层厚为 25.7～26.8m。测试剖面土层分布及物理力学性质见表 7-6。施工场地四周较为空阔，具有放坡条件；地层主要以卵石层为主，密实度高，自稳能力强，适宜采用复合土钉支护。

主要土层物理力学性质　　　　　　　　　　　　　　　　　表 7-6

地层编号及名称	平均层厚 (m)	含水量(%)	孔隙比	剪切指标设计取值	
				c(kPa)	φ(°)
①杂填土	1.5	—	—	10	10
②粉质黏土	3.0	11.2	0.746	20	20
③细中砂	4.5	9.2	0.666	0	30
④卵石圆砾	21.0	—	—	0	40

图 7-40 是土钉支护典型剖面。在基坑 9.0m 深处（砂层与卵石分界处）设一 1.5m 宽的退台（即在基坑某一深度设置具有一定宽度的水平台阶）。退台上部采用 1：0.2 放坡土钉支护，为控制坡顶位移，第二排为预应力锚杆；退台下部 13.38m 采用 1：0.4 放坡花管式土钉支护。土钉支护设计钻孔直径为 130mm，呈梅花形布置，孔内注浆采用水灰比为 0.5 的水泥净浆。土钉墙面层为 $\phi6.5@200mm\times200mm$ 单层钢筋网，每层土钉设一道 $\phi14$ 横压钢筋，纵向每 3m 设一道 $\phi14$ 竖压钢筋，喷射 100mm 厚的 C20 细石混凝土，坡顶四周做 1.0m 宽散水与地面硬化相连。锚杆反力梁为 20 号槽钢，钢垫板尺寸为 150mm×150mm×150mm，预应力锁定值为 100kN。场地开挖深度范围无地下水，且地层透水性较好，在施工中没有采取降水措施。

退台之上有三根土钉布设测试土钉拉力的传感器，退台下部有四根测试土钉。水平位移采用 BTD-2 电子经纬仪观测。用视准线法在坡顶上沿基坑边坡布点，在基坑变形影响范围外的边坡上口延长线上设置工作基点，在槽边设置一条视准线，观测点布置在视准线上。用带有刻度的标尺放在观测点上，读取数值。基坑在 7 月 4 日开挖，在 7 月 14 日（开挖深度 3.5m）开始位移监测直到基坑开挖完成，基坑坡顶最大水平位移 14mm，远小于 3‰ 倍的基坑开挖深度。

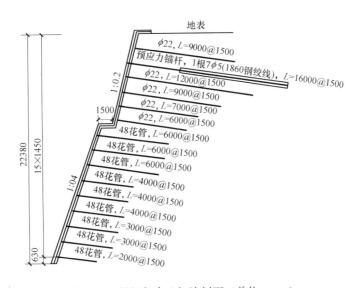

图 7-40　锚杆复合土钉墙剖面（单位：mm）

土钉拉力测试结果表明，土钉所受的拉力呈中间大、两端小的分布。随着开挖深度的增加，土钉受力逐渐增大，拉力沿土钉长度的分布规律基本不变。以退台为界，上部第 1、3 和 5 排土钉的最大拉力均在 40kN 左右，下部土钉的最大拉力均在 20kN 左右。显然，上部土钉拉力大于下部土钉拉力，且上部土钉拉力沿其长度分布曲线峰值明显，下部则峰值不明显。土钉最大拉力及其作用位置如图 7-41 所示。

退台下土钉最大拉力显著降低。在第 15 步开挖后，第 5 排土钉的最大拉力为 41.64kN，第 7 排土钉的最大拉力为 12.36kN。从整个受力分布图来看，退台上部土钉的最大拉力明显大于下部土钉的最大拉力。将土钉最大拉力作用位置连接起来，如图 7-42 所示。退台以上土层为填土、粉土和砂层，土质不均，土钉的最大拉力作用点连线呈不规则状。退台以下为砂卵石层，土质较为均匀，土体较稳定，土钉的最大拉力作用点连线比较规则，其向下延伸线将通过坡脚。从定性角度分析，土钉的最大拉力作用点连线向上向下延伸后，与边坡的最危险滑动面接近。

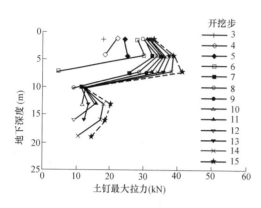

图 7-41　土钉最大拉力沿深度的分布

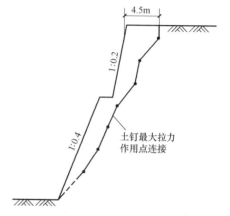

图 7-42　土钉最大拉力作用位置连线

7.3.3　测试结果分析

以上介绍的六个土钉支护测试案例中，包括三个土钉墙、两个锚杆（索）复合土钉墙、一个水泥搅拌桩复合土钉墙，也涉及一个土钉墙桩—锚组合支护。其中，仅一个是室内试验，其余均为原位试验。

（1）基坑变形

变形观测结果表明，基坑变形随着开挖深度的增加而加大，正常工作状态下最大水平位移大多小于 3‰基坑开挖深度。

预应力锚索复合土钉墙实测（第 7.3.2 节测试一）结果表明，基坑开挖到最终深度时，侧向水平位移为中间大、上下小的"臌肚"形状。测试一中最大位移也发生在基坑中上部位。第 7.3.2 节测试二中，水泥土墙沿深度水平位移逐渐增大，呈上部大、下部小的特点。锚索能有效地减小基坑变形，降雨对基坑位移影响大。总体上看，土钉支护坑底附近变形较小。

第 7.3.2 节实测二中地表沉降影响范围大于基坑开挖深度的 3 倍。

（2）土钉轴力

沿土钉轴向，土钉轴力在土钉中间附近较大、两端较小。

沿基坑开挖方向，土钉最大轴力是上下小、中间大（第 7.3.1 节测试一、二），最大峰值点位于基坑边坡中偏下的位置（第 7.3.2 节测试一）。第 7.3.2 节实测三中，基坑上部布置的土钉轴力大于下部土钉轴力。预应力锚索复合土钉结构中（第 7.3.2 节测试一），土钉轴力并不是随着基坑开挖深度的增加而一直增大。

第 7.3.2 节测试二中，随着变形增大，土钉对搅拌桩的锚固作用力增大，中前段轴力增长较快，最大轴力点逐渐向搅拌桩一端移动，土钉受力类似于无自由段的锚杆。

（3）土钉受力的时间效应

第 7.3.2 节测试一中结果表明，土钉从刚刚置入开始便发挥作用，无论下一层开挖与否，在钉体内都将形成一定的拉力，并随时间的延续而逐渐趋于稳定。钉体内的拉力通常

130

需要一周左右的时间才能趋于稳定。

（4）锚杆（索）

第7.3.2节测试一测试结果表明，预应力锚索可提高基坑稳定性，减小位移，尤其是基坑中部布置的锚索。锚索张拉完成后都有一定的应力损失，但损失不大。锚索施加预应力对其附近土钉轴力有显著的影响。

（5）水泥土挡墙

第7.3.2节测试二结果表明，基坑开挖初期，水泥土墙外侧受拉，类似悬臂墙；设置土钉后，随着变形发展，在土钉作用部位局部出现反弯，上部受拉区逐渐转化为受压区，下部拉应力先迅速增长，后受反弯矩影响略有下降，受力模式类似于桩-锚支护。挡墙使应力往下传递，发挥了深部土体抗力，提高了基坑整体稳定性。

（6）降水的影响

第7.3.1节测试三表明，降水渗入，土钉墙墙体变形急剧增大。北京地区粉质黏土遇水软化的性质非常明显，降雨是引起粉质黏土层基坑变形的重要因素。

测试实例四中，靠近地表的土钉轴力对降雨反应敏感，但具有滞后性：通常在降雨两天后，受影响的土钉轴力才达到峰值，然后逐渐衰减到降雨前的水平。

（7）平台的影响

第7.3.1节测试二、第7.3.2节测试三均采用土钉墙支护，边坡中部附近布置了1.5m宽的平台，将一级边坡变成二级坡，改变了边坡受力状态。

第7.3.1节测试二中，由于顺层石质路堑岩层走向倾向线路且边坡台阶的存在，在顺层边坡平台处产生了应力集中，变形较大，岩土体较大应力向土钉转移，使得该处土钉拉力较大。第7.3.2节测试三中，平台上部土钉的最大拉力明显大于下部土钉的最大拉力。

（8）土压力

传统土压力理论假设主动区土体达到了极限状态，如朗肯、库仑土压力理论被认为分别是下限定理、上限定理的塑性解。但是，本节测试案例均没有说明基坑测试过程中主动区土体所处的状态。

第7.3.1节测试一中面层土压力呈直立的梯形分布。第7.3.1节测试二结果表明，面层实测土压力远小于极限平衡理论计算的墙背主动土压力，墙底附近土压力较小。

综上所述，可以得到土钉支护工作状态下的一些结论：

（1）土钉支护的工作性状受主要土层性质影响较大。基坑最大水平位移大多小于3‰基坑开挖深度。

（2）若条件许可，应避免垂直开挖，尽可能地减缓基坑坡度（特别是在土层黏聚力较小的情况下）。所有测试实例中，坡脚均处于稳定状态。

（3）基坑开挖到最终深度时，侧向水平位移往往呈现中间大、上下小的"臌肚"形状。与此对应，基坑中部附近土钉轴力较大。因此，若基坑中、下部土层较好，设计中可适当增加中部附近土钉长度，遵循"控中间"原则。若开挖面附近设置了超前支护（如水泥土挡墙），最大侧向位移可能由中部向上转移。土钉长度与基坑深度之比大多在0.6至2.0之间变化，土钉间距为1.5m左右。

（4）位于基坑潜在滑动面附近的土钉轴力较大。土钉受力具有时间效应，其受力受基坑形状、锚杆、水泥土挡墙等布置、降雨的影响。

（5）其他

预应力锚索可提高基坑稳定性，减小位移。水泥土挡墙改变了土体中的应力状态，可提高基坑稳定。面层实测土压力远小于朗肯主动土压力，墙底附近土压力较小。边坡中部附近布置的平台，改变了边坡的受力状态。

7.4 滑塌分析

前一节介绍的实例中，土钉支护结构处于正常工作的状态。要掌握土钉支护抗滑机理，须对工作状态、极限平衡状态和滑塌破坏这一过程有所了解。基坑滑塌多为渐进式破坏。随着开挖深度的增加，基坑从稳定状态发展到滑动破坏，一般要经历①岩土体发挥自稳能力；②支护结构发挥作用，滑动面逐步形成；③极限平衡状态；④发生大变形或滑场破这样四个阶段。土钉墙从工作状态进入滑塌破坏，一般经历以下四个阶段：

（1）基坑开挖，减少了基坑侧壁附近土体侧向荷载，破坏了土体原有应力平衡，坑壁附近出现应力调整削弱区，土体依靠自稳能力保持平衡，发生拉裂倾倒为主的变形，属于土体的自稳阶段，自稳高度由公式（2-13）确定，自稳坡角由式（2-15）确定。

（2）随开挖深度的增加，基坑边缘附近拉裂面向深处发展，地面形成两条或多条竖向裂缝，裂缝深部滑动面开始发育，土体发挥抗剪作用。上部或浅层土钉主要抑制土体的拉裂倾倒变形，增强土体抗拉强度，土钉以承受拉力为主；下部或深层土钉主要控制裂纹下部土体的剪切变形，增强土体抗剪能力，以承受剪力为主。这时基坑上部仍发生以拉裂倾倒为主的变形，中下部则发生以剪切滑动为主的变形，土钉支护结构可以维持稳定状态，属于滑动发育阶段，可持续较长时间。

（3）若继续开挖，滑动面将全部贯通，土钉支护结构发挥全部的抗滑能力，基坑发生较大的滑动变形，土钉支护结构进入稳定极限状态，基坑处于极限平衡临界点。

（4）若开挖深度继续增加，土钉支护结构将无法保持稳定，基坑将很快发生滑塌破坏。这一阶段持续十几分钟至一二个小时，几乎没有补救抢险的时间。

下面介绍收集到的5个典型滑塌实例。这些实例中，较详细地介绍了土层厚度、物理力学参数值、土钉支护结构参数等，读者可在此基础上进行数值模拟、反分析等，做进一步的研究。

7.4.1 土钉墙

1. 案例一[38]

（1）地质条件

基坑工程位于青海省西宁市商业巷南市场的佳豪广场4号楼，开挖深度为12m。从地面到基坑底部依次为填土层、砂砾土层。填土层厚度约2.4m，其下为砂砾层，厚度大于10m，土层基本物理力学参数见表7-7。

土层的基本物理力学参数 表7-7

土层名称	平均厚度（m）	重度（kN/m³）	黏聚力（kPa）	内摩擦角（°）	钉—土界面粘结强度（kPa）
①回填土	2.4	16.0	10.0	22.0	40.0
②砂砾石	10m以上	20.0	0.0	35.0	180

（2）支护方案与滑塌

该基坑采用土钉墙作为支护方式，如图 7-43 所示。设置 8 排土钉，间距 $1.2 \times 1.5 \text{m}^2$，面层厚度 80mm，设置 Φ6@250×250 钢筋网。

2009 年 3 月 19 日，深基坑施工现场发生坍塌事故。20 多名工人在施工现场为基坑边坡喷浆时，基坑突然坍塌，8 人被埋入土中当场死亡。滑塌和救援现场如图 7-44 所示。

（3）滑塌原因

造成坍塌的原因是施工单位在基坑设计和施工过程中土钉长度不足、土钉注浆孔注浆不饱满、面层厚度不够等，而施工期处于冻融交替期导致土层强度下降，以及施工中的振动是造成坍塌的诱发因素。现场调查发现，事故现场砂砾层中的锚杆长度未达到设计要求，花钢管土钉设计长度为 3～5m，而在事故现场随机抽样 3 根钢管平均长度仅为 1.82m，最长的为 1.93m，最短的仅有 1.64m。同时，原设计方案中，基坑开挖前要先在边缘打下竖向超前微型柱，起到支撑与固定作用，但是经现场查看证实无微型桩。

基坑开挖深度为 12m，上部填土厚度约 2.4m，下面为②砂砾石土层。因此，②砂砾石是基坑主要土层。该层黏聚力 $c=0$，其自稳坡角 β_{cr} 等于其内摩擦角 $35°$。实际上，基坑坡角为 $85°$，远大于自稳临界坡角。由于潜在滑动的主动区土体的作用，面层将承受较大的土压力。土钉墙面层很薄，无法承受这一作用力被撕裂，进而引发基坑滑塌，这也是原因之一，详见第 3.5 节分析。

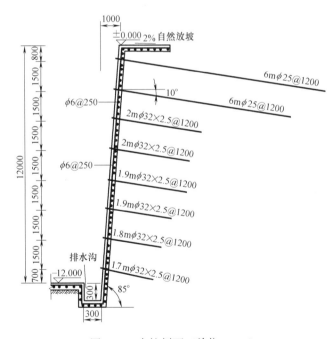

图 7-43　支护剖面（单位：mm）

图 7-44　滑塌现场

2. 案例二[39]

（1）地质条件

该工程两层地下室，基坑开挖深度 11.5～13m，基坑南北向长 240m，东西向长 70m，由于受场地空间限制，临时和主体结构钢筋加工区都位于基坑东西两侧，距离基坑坡顶最小间距为 2.0m（图 7-45）。

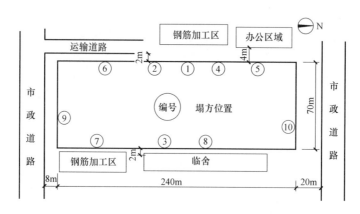

图 7-45　基坑及塌方部位平面图

根据场地的《岩土工程勘察报告》，场地内土层自上而下分别为：①杂填土：主要为建筑垃圾、灰渣等杂物，含有黏性土；②褐黄色黄土：可塑—硬塑，局部含有姜石及砾石薄层；③褐黄色粉质黏土：可塑—硬塑，局部混有碎石；④微棕红色黏土：硬可塑—硬塑，底部多见碎石；⑤黄绿色残积土：可塑，呈土状及砂土状；⑥灰绿色全风化闪长岩：以砂状为主，见少量碎块。

场地内地下水位埋深自天然地面往下 7.0～7.5m。各层土的物理力学指标见表 7-8。

土的物理力学性质指标

表 7-8

土层名称	层厚（m）	重度（kN/m³）	内摩擦角（°）	黏聚力（kPa）
①杂填土	0.8	18.5	10.0	5.0
②黄土	2.8	8.0	11.0	20.0
③粉质黏土	2.4	18.5	10.0	28.0
⑤黏土	6.1	19.5	11.7	40.0
⑥残积土	2.2	17.5	15.0	20.0
全风化岩	3.8	19.0	30.0	28.0

（2）支护方案与滑塌

该基坑采用土钉墙作为支护方式，四排土钉，长度从上到下分别为 6.0m、12.0m、9.0m、6.0m。该基坑自开挖至地下结构施工期间前后共发生 10 多次整体塌方或局部塌方，现对主要的 10 次塌方介绍如下。

1）第 1 次塌方

塌方出现在基坑西侧中间部位，该部位按照 1：0.3 放坡，当施工完第 1 道土钉（直径 120mm，主体为 Φ18@1800）后，土方施工单位在没有进行下一步支护的情况下直接开挖到 10m 深度位置，看到没有出现异常的情况下试图局部开挖到基坑设计标高（沿基坑边缘挖一段宽约 1m 的坑），开挖后约 3h 该部位第 1 道土钉底部土体出现塌方，同时在该部位坡顶距离基坑开挖边缘约 4m 处出现地面裂缝（图 7-46）。后期上部施工土钉部位土体也发生了坍塌。

2）第 2 次塌方

塌方出现在第 1 次塌方南侧，该部位按照 1：0.3 放坡，当施工完 2 道土钉（直径

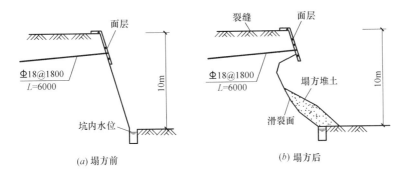

图 7-46 第 1 次塌方前后示意图

120mm，主体为 Φ18@1800）后，没有做进一步支护就开挖到 10m 深度位置，开挖后约 12h 即在该部位出现整体塌方（图 7-47），上部两道土钉被部分拔出，塌方上边缘距离原基坑边缘约 3m。

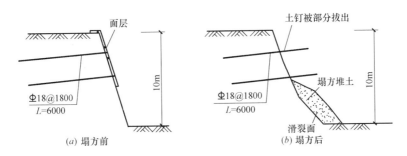

图 7-47 第 2 次塌方前后示意图

3）第 3 次塌方

塌方出现在基坑东侧中间部位，该部位按照 1∶0.3 放坡，该部位施工完 3 道土钉（长度分别为 6m、9m 和 6m）后开挖到 11m 深位置，开挖后 48h 出现整体塌方，三道土钉都被不同程度地部分拔出（图 7-48），塌方上边缘距离原基坑边缘约 2.5m，伸入该部位坡顶临时板房基础内约 0.5m，该临时板房被迫搬移。

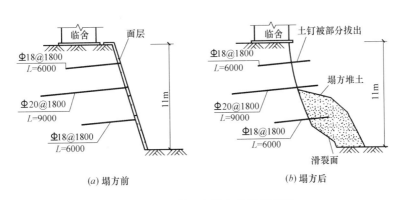

图 7-48 第 3 次塌方前后示意图

4）第 4 次和第 5 次塌方

这两次塌方都出现在基坑西侧北段靠近两层临时板房的部位，该部位按照 1∶0.25 放坡，该部位施工完 2 道土钉（长度分别为 6m、12m）后底部 4m 采用近乎直坡开挖到 12m 深位置，开挖后 12h 第 2 道土钉底部土体出现局部塌方。第 2 道土钉以上土体未坍塌，但在坡顶临舍基础边缘（也是第 1 道土钉端部）位置出现地面裂缝（图 7-49）。

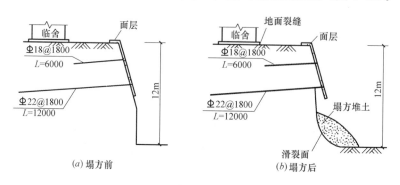

图 7-49　第 4 次和第 5 次塌方前后示意图

5）第 6 次和第 7 次塌方

这两次塌方都出现在基坑南段的西侧和东侧部位，该部位按照 1∶0.3 放坡，该部位施工完 4 道土钉（长度分别为 6m、9m、6m、6m）后开挖至 13m 深度，开挖 72h 后出现整体塌方，前 3 道土钉都不同程度地部分拔出（第 4 道土钉被坍塌土方掩埋），同时在坍塌部位及其两侧一定范围内的坡顶（第 1 道土钉端部）位置出现地面裂缝（图 7-50）。

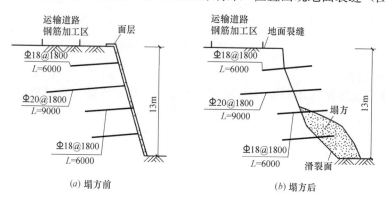

图 7-50　第 6 次和第 7 次塌方前后示意图

6）第 8 次塌方

本次塌方出现在基坑北段的东侧部位，该部位按照 1∶0.3 放坡，该部位施工完 4 道土钉（长度分别为 6m、12m、9m、6m）后开挖至 12m 深度，底部 2.8m 采用近乎直坡开挖，开挖 12h 后出现局部塌方，第 4 道土钉以下土体发生塌方（图 7-51）。

7）第 9 次塌方

本次塌方位于基坑南侧，该部位紧邻已有的某地下工程（其外壁距离开挖基坑边缘仅 2m），未设置土钉，仅在表面喷射钢筋混凝土面层，开挖至 12m 后 6h 该边坡即发生坍塌（图 7-52）。

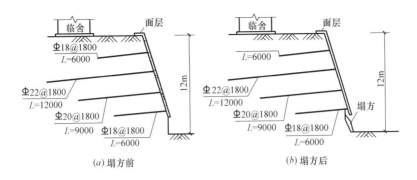

图 7-51　第 8 次塌方前后示意图

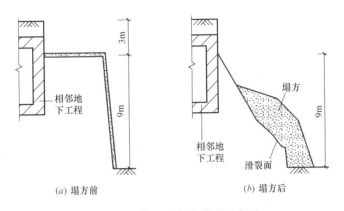

图 7-52　第 9 次塌方前后示意图

8）第 10 次塌方

本次塌方发生在基坑东北角，由于上部第 1 道土钉位置的土体发生坍塌，进而带动下部边坡坡面浅部土体塌方（图 7-53）。

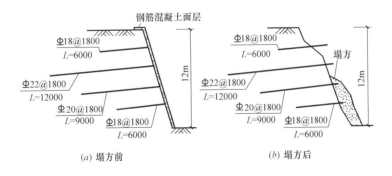

图 7-53　第 10 次塌方前后示意图

（3）滑塌原因

上述基坑滑塌可以分为以下三个类别：局部失稳：第 1 次、第 4 次、第 5 次和第 8 次塌方；土钉墙整体失稳：第 2 次、第 3 次、第 6 次和第 7 次塌方；土体失稳：第 9 次和第 10 次塌方。

1）局部失稳塌方原因分析

这几次土钉墙局部失稳的最大特点就是超挖，其中第1次失稳超挖最严重。第4次和第5次失稳还有下部边坡放坡坡度太小（接近直坡）且又没有超前支护措施（如微型桩等）的原因，这种上缓下陡的边坡比较容易失稳。第8次失稳主要由于坡顶土层主要为全风化石灰岩，自稳能力较差，基坑开挖后又没有及时喷护面层所致。

2）整体失稳塌方原因分析

根据目前的工程经验，除了软土地区，土钉墙的整体破坏并非圆弧破坏。土钉墙发生整体破坏时，土钉并没有完全拔出或者杆体拉断，而是局部拔出变形，土钉与面层连接部位破坏，进而土体和面层发生整体破坏。同时，楔形滑动体的顶部宽度约为基坑开挖深度的0.2～0.3倍。

这几个土钉墙的面层与土钉的节点都没有采用槽钢或者其他形式的腰梁，尽管土钉长度可能较长，但因为此时土钉的承载力是由土钉与面层的节点强度决定的，而不是由土钉的长度决定的，起不到抗拔的作用，因此发生了整体破坏。

3）土体失稳塌方原因分析

第9次塌方的主要原因是由于该边坡上部为填土，且该部位没有进行支护处理，仅做喷射面层处理，而素土自身的稳定性较差，所以出现塌方。第10次塌方主要是由于上部填土部位没有及时排除降水下渗的水，在面层位置产生很大的水压力，且该位置未做加强处理，所以导致局部破坏。另外，由于下部土钉与面层之间的连接强度较差，进而导致下部土体发生小范围的坍塌。

7.4.2 复合土钉墙

1. 案例一[40]

（1）地质条件

昆明一训练基地设一层地下室，基坑开挖深度6.3m，东西长67m，东侧宽18.1m，西侧宽22.3m，呈矩形分布（图7-54）。根据岩土工程勘察报告，与基坑开挖相关的场地土层从上到下依次分布着①杂填土、②粉质黏土、③粉土、④黏土、⑤粉质黏土、⑥圆砾。主要物理力学性质指标见表7-9（抗剪强度值由固结快剪试验确定）。场地地下水为潜水，水位埋深2.5m左右。

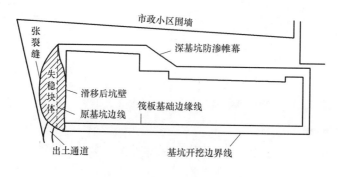

图7-54 基坑平面布置

<table>
<tr><td colspan="6">土层特性及物理力学指标</td><td>表 7-9</td></tr>
</table>

编号	土 名	特　　　性	重度 γ (kN/m³)	黏聚力 c (kPa)	内摩擦角 $\varphi(°)$
①	杂填土	褐黄色,主要成分为可硬～硬塑状态的黏性土,厚度 1.8～2.6m	—	—	—
②	粉质黏土	褐灰色,饱和,可塑状态,中压缩性。厚度 0.6～2.4m	18.9	30	15
③	粉土	褐灰色,含少量水草腐殖质,土层底部渐变为粉砂。饱和,稍密状态,中压缩性。厚度 0.4～1.4m	19.2	30	20
④	黏土	灰黑、深灰色,含有机质。饱和,可塑状态,中压缩性,厚度 0.2～1.2m	18.5	40	8
⑤	粉质黏土	蓝灰色,含少量水草腐殖质。饱和,软塑状态,中～高压缩性。厚度 0.5～1.2m	18.5	20	10
⑥	圆砾	深灰色,主要由粒径 2～20mm 的圆砾组成,饱和,稍密～中密状态。厚度 13.2～16m	—	—	—

（2）支护方案与滑塌

基坑选用土钉墙支护方式,设置深层水泥土搅拌桩作为防渗止水帷幕,形成复合土钉墙,其中基坑西侧设计剖面如图 7-55 所示。土钉为壁厚 3mm、Φ48 钢管,加工有射浆孔,焊接三角形角钢护孔倒刺,采用潜孔锤击入后注浆的工艺方法施工。面层喷射厚 100mm 细石混凝土,钢筋网为 Φ6.5@200×200,外分布有与土钉头焊接的横向及菱形格状的 Φ18 加劲钢筋。分层开挖分层支护。水泥搅拌桩桩长 6m,单排,桩顶距地面 1m,桩径 500mm,桩心距 350mm。

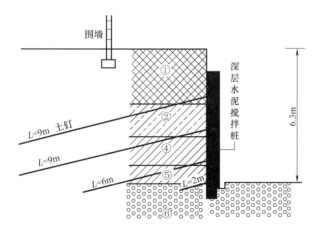

图 7-55　基坑西侧土钉支护剖面

开挖表层 2m 左右深范围内松散杂填土时,基坑四周不同程度地出现了张裂缝。裂缝距坑边 2～3m。当开挖接近设计深度时,裂缝发展,向外扩散,裂缝宽 30～50mm,距基坑边界 3.5～5m 范围内。2002 年 1 月 19 日凌晨 5 点,西侧基坑突然滑塌失稳,向坑内最大推移近 2m,地面裂缝最宽 1.3m,最大沉降 0.95m,整个失稳过程持续时间近 30 分钟。失稳后复合土钉墙剖面形状和影响范围分别如图 5-4 和图 7-54 所示。该处基坑滑塌有 3 个明显的特点：（1）土钉墙整体滑移，但面层完好无损；（2）土钉被拨出；（3）墙底部滑出位置位于坑底之上的⑤粉质黏土内，属复合土钉墙内部失稳（图5-4）。

（3）滑塌原因

1）土钉设计长度偏短。在土钉墙稳定计算中，土层参数采用的是固结快剪强度指标，其值偏大，这直接导致土钉设计长度偏短。另外，通常采用的预钻孔法施工，土钉灌浆孔径多在120mm以上，而本工程中土钉采用将土钉打入土中的施工方法，孔径48mm左右，孔径偏小。土钉长度偏短和孔径偏小这两方面的因素，决定了土钉所能提供的锚固力不足。

2）施工过程中存在的问题。基坑滑塌段附近西南角的运土通道处近4m深的土层一次性开挖，严重超挖，在一定程度上影响到塌滑段的稳定。另外，土钉φ48钢管充作注浆管，当采用较小的注浆压力将水泥砂浆注入饱和砂砾及黏土层中时，注浆质量很难保证。

2. 案例二[41]

（1）地质条件

该工程位于浙江省沿海地区宁绍平原西部曹娥江冲沉积区。场地上部分布着4～5m厚的粉土，下部则为滨海相沉积的大厚度淤泥质软土。场址分布有3个主要地质层与滑塌段基坑开挖相关：（1-2）粉质黏土层，灰黄色，可塑，厚度2.0m，顶部填埋有0.5m厚的建筑垃圾；（2-2）黏质粉土层，灰色，很湿，稍密，黏粒含量约12%，厚度2.2m左右，该土层渗透系数小，$k=2.6×10^{-5}$cm/s，属弱渗水性土层；（3-1）淤泥质黏土，灰色，饱和，流塑，厚层状，高压缩性，厚度13～22m。各土层的主要物理力学性质见表7-10。

各土层主要物理力学性质指标　　　　　　　　表7-10

土层名称	重度	固结直剪		不固结直剪		含水量	钉-土摩阻力
	(kN/m³)	(kPa)	(°)	(kPa)	(°)	(%)	(kPa)
(1-2)粉质黏土	19.0	17.0	13.5	16.0	9.6	29.0	30.0
(2-2)黏质粉土	18.3	8.0	20.0	7.0	15.2	31.3	25.0
(3-1)淤泥质黏土	17.3	10.0	9.3	6.3	4.1	46.6	12.0
(3-2)淤泥质粉质黏土	17.3	9.0	15.4			43.6	15.0

（2）支护方案与滑塌

基坑平面呈长方形，开挖深度6.0m，局部6.85m。采用两级放坡，从地面开始放第一级坡至下1.5m，坡度1：0.5，留沿口1.5m宽，其下按坡高4.5m、同样坡度放第二级坡。该基坑采用土钉墙支护方式，坑底附近设置微型桩。设置5排土钉，从上到下长度分别为6m、8m、12m、12m、8m，水平倾角10°，土钉孔径130mm，φ20钉体，挂网φ6.5@200×200，微型桩为φ200松木桩，长度6.0m，间距0.3m。

该工程于2002年4月3日竣工。一星期后，在坑内铺排块石垫层施工期间，于4月8日晚上11点钟左右突然发生坍滑。基坑内土体发生隆起，最大隆起量约90cm，隆起范围最大宽度约10m、长度60m，形状呈半圆弧形。南北最大宽度距开挖面约9.0m，东西长度约65m，滑体内有多条大小不一的张裂缝，后缘地面最大张裂缝宽度在2～8cm之间，中间最宽处为15～30cm，裂缝深度约为50～70cm。滑体范围内料池和混凝土搅拌机发生严重倾斜。基坑土钉墙混凝土面板和松木桩发生严重开裂和弯曲。发生滑动破坏后基坑的平面状况如图7-56所示。

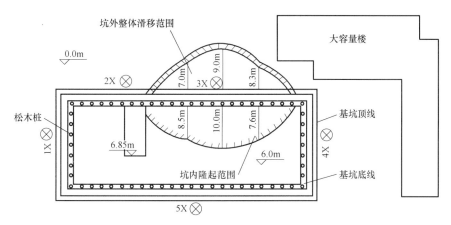

图 7-56　基坑破坏平面图

滑体后缘出露的滑动面倾角经罗盘测量约为 75°左右。抢险时卸土开挖后，发现土层内滑动面往下逐渐变缓且伴有明显的擦痕，并从测斜管 9.5m 位置的突变点和松木桩底部通过进入到基坑坑内。卸土时还发现滑体内外地层被明显地错动移位，最大移位量约 80cm。坑内土体隆起方量与坑外土体下沉方量基本相等。复合土钉墙支护结构破坏、土层错位情况如图 5-5 所示。

（3）滑塌原因

根据滑动面圆心坐标和圆弧半径经过坡脚的反分析计算可知，土钉墙内部稳定安全系数为 1.2。土钉墙支护结构失稳后，实地勘查测量的滑动面，验算基坑整体深层整体滑移的稳定安全系数为 0.986，明显偏小。

在软弱土层中，如（3-1）淤泥质黏土，软弱地层中基坑开挖深度超过 5m，基坑深层滑弧下切深度一般都较深，滑动面绝大部分都位于软弱土层中。对于饱和软黏土来说，土的抗剪强度指标值过小，土体提供的抗滑力有限，当土钉不能提供足够的抗拔力来抵抗土体传来的下滑力时，便可发生基坑沿一定下切深度的整体滑动。

3. 案例三[42]

（1）地质条件

该基坑位于深圳市竹子林地区，平面上呈近正方形，建筑用地 3075m²，总建筑面积 30899m²，建筑高度 101m，建筑物地上 25 层，地下 3 层，基坑开挖深度 11.8m。根据地质勘查报告，场地西侧沿深度方向土层分布如下：

1）人工填土层：为杂填土，由碎砖块黏性土组成，干，松散状，平均厚度 2.5m。

2）表土层：为粉质黏性土或砂土，含植物根屑及有机质，松散状，平均厚度 0.9m。

3）含砾粉质黏土层：稍湿—湿，可塑状，含砂砾 40% 左右，标贯 11 击，平均厚度 1.6m。

4）粗、砾砂层：湿，稍密状，主要成分为石英，标贯平均 14 击，平均厚度 4.1m。

5）第四系残积层：为砾质黏性土，稍湿—湿，可塑—硬塑状，由粗粒花岗岩风化而成，标贯平均 20 击，平均厚度 10.0m。

场地内主要含水层为冲洪积砾砂层，渗透系数 k 为 35m/d，地下水类型为孔隙潜水，除砾砂层外，黏土质砂、含砾粉质黏土的透水性及富水性均较弱。

（2）支护方案与滑塌

该基坑选用锚索复合土钉墙加止水帷幕支护方式。设计剖面如图 5-12 所示，参数介绍如下：

1）土钉共 8 排，垂直和水平间距均为 1.4m，倾角 10°，各排土钉长度从上至下为 8m、9m、12m、12m、12m、9m、6m、6m，1～5 排土钉采用 Φ48 钢管，管厚 3.25mm，6～8 排土钉采用 Φ25 钢筋。

2）在第三排土钉位置处设置了一排预应力锚索，与土钉间隔布置，与水平方向倾角 15°，锚固体直径 150mm，锚索长度 18m，锚固段长度 13m，设计抗拉 2.0×10^5 N，锁定 1.5×10^5 N，间距 2.8m。

3）止水帷幕采用单排 Φ550 深层水泥搅拌桩，间距 0.4m，平均桩长 8.0m，上部空桩 2.0m，桩底悬空于坑底 1.8m。

基坑工程于 2003 年 2 月 13 日开工，3 月 23 日完工。6 月初连续几天大雨后，6 月 5 日 21 时发现基坑西侧道路路牙明显下沉。6 月 6 日 6 时 10 分，在基坑西侧边长约 45m，上宽 3.5～4.0m 处突然滑塌，滑塌全过程不超过 10 秒，混凝土喷层成片剥落，土钉拔出，滑塌体约 1000m³，原小区道路路面下的雨水管（外径 1.7m）侧壁暴露。如图 5-13 所示，基坑破坏滑动面与地表的交点离开坑壁面层的距离约 3.5m，滑动面沿市政道路混凝土路面和地下雨水管边缘竖直向下延伸，在靠近坑底出露。

滑塌现场发现：

1）15 个锚索全部拉出，检查其锚头仍固定在腰梁上，未发现松动或脱落，也未见锚索拉断，可基本确定为锚索锚固体拔出破坏。

2）现场检查发现大部分钢管土钉拔出，土钉与孔之间极少有水泥浆，说明灌浆效果不好；检查拔出的钢管，未见设计图中钢管开孔和倒刺环等构造。

3）第二、三排钢管土钉长度不足。西侧坍塌后，露出位于原设计土壁 3.54m 以后的地下雨水管，其外径 1.7m，管中心距地表 3.5m 左右，按设计图此处应有第二排和第三排土钉穿过。现场观察水管外壁完好，雨水管上方未见钢管土钉所钻的孔，因此，可以判断西侧第二、三排土钉未到位，最长 3.5m。另外，经检查发现第一排土钉长度和数量也不足。

4）排水措施未落实，按原设计坡顶有排水沟，但由于沉降和位移的累积，排水沟底部裂缝渗水严重。

（3）破坏原因

1）直接诱因。2003 年 5 月以来为深圳的雨季，基坑滑塌前的几天大雨引起了地下水水位上升，地下水压力增大。同时止水帷幕设计成悬挂式，地下水压力随着地下水水位的上升而增大，地下水绕过帷幕在基坑底部出露，水的渗透引起帷幕底部和壁后土体力学性能的改变。

2）设计原因。该基坑工程设计中，设计前没有了解地下管线的分布，使得在实际施工过程中有近三排土钉没有达到设计长度，抗拔力不足使地面产生开裂，变形加大；止水帷幕设计成悬挂式，导致坑壁底部土质变软，形成滑动面；施工图中设计采用打入式钢管土钉，而计算书中实际采用了钻孔钢筋土钉，其抗拔安全系数均小于 1.0，导致抗拔能力严重不足。

3）施工原因。施工单位在基坑支护施工过程中土钉长度没有按设计图施工，当遇到地下障碍时没有通知设计单位进行设计变更。土钉制作时施工单位没有或没有完全按设计图的规定在钢管上制作开孔、倒刺环等结构，使钢管土钉的灌浆效果不好，降低了土钉的抗拔能力。从施工资料可以看出，由于没有进行土钉和锚索的拉拔试验，也没有进行基坑子分部工程的竣工验收等工作，这些建设程序的不规范，最后导致了事故的发生。

4）监测原因。根据 PD2 号监测点的监测资料，全程监测水平、沉降位移平均为 0.68mm/d，在基坑施工期间为 0.69mm/d，在打桩施工期间为 0.47mm/d，地下室地板施工准备期间为 0.95mm/d。这说明打桩期间基坑变形较稳定，但地下室在施工期间变形加大，呈不稳定状态。在 6 月 3 日前 11d 内的水平变形为 1.77mm/d，而 6 月 3 日前 3d 的沉降变形为 7.77mm/d。这些监测资料完全可以预测基坑滑塌的可能时间，也有充足的时间采取补救措施，完全可以避免事故的发生。

7.4.3 滑塌现象分析

本节介绍的五个滑塌案例中，包含两个土钉墙、一个水泥土搅拌桩复合土钉墙、一个微型桩复合土钉墙、一个锚索复合土钉墙＋止水帷幕。基坑均发生了滑塌事故，支护结构完全失效。基坑滑塌多受主要土层力学性质控制，具体原因详见第 8 章统计分析，这里不作分析。

基坑滑塌多见于开挖过程中。但是，受降雨、地下水入渗等外部因素的影响，竣工后也可能发生滑塌事故，如第 7.4.2 节案例三。

第 7.4.1 节案例一表明，对砂砾石等非黏性土为主要土层的基坑，土体黏聚力小，若基坑坡角太大，远大于自稳临界坡角，则面层上将承受很大的土压力，可发生面层被撕裂的滑塌。详见第 3 章分析。

这五个滑塌案例中，多为土钉支护内部失稳，伴随着局部失稳的发生，如土钉被拔出（第 7.4.1 节案例二、第 7.4.2 节案例一和案例三）、面层被撕裂等（第 7.4.1 节案例一），没有出现土钉被拉断的情形。第 7.4.1 节案例二中部分滑塌属于整体滑动。

土钉支护结构是柔性支护，滑动发育阶段要经历一个持续过程，有充足的时间采取补救措施（第 7.4.2 节案例三）。但是，若出现开挖面附近土体变形突然增大、裂缝突然加宽、增多等滑塌前兆，则将很快发生滑塌事故（第 7.4.2 节案例一、案例三），几乎没有抢险时间。滑塌发生时，超前支护（如水泥土挡墙）多被推歪，发生整体偏移，不会被剪断。

基坑滑塌机理由主要土层性质控制。例如，对于非黏性土基坑，如第 7.4.1 节案例一、第 7.4.2 节案例三中，滑动面呈非圆弧形状，如折线、楔体等，而黏性土基坑，如第 7.4.1 节案例二、第 7.4.2 节案例一和案例二，多发生圆弧滑动或类似的滑动，滑塌范围较大。这进一步证明了土钉支护是柔性支护，面层薄，无法承受较大的土压力，主要依靠主动区土体自身抗滑能力维持基坑稳定，土钉结构只发挥了"辅助"的抗滑作用。

下面介绍一下"主要土层"的概念。

岩土工程勘察中，依据颗粒级配和塑性指数，将土层定名为碎石土、砂土、粉土、黏性土等土类[43]。岩石则按照地质名称、风化程度、坚硬程度和完整程度划分。软土属于特殊土，指天然孔隙比大于或等于 1.0 且天然含水量大于液限的细粒土。这种分类方法，较多地考虑了岩土物理性质，力学性质接近的土层有可能被划分成不同的土层。

基坑大多涉及多层土，其中主要土层是指控制着基坑变形和稳定的关键土层，坑底附近厚度较大、强度低的土层就是主要土层。例如，第 7.4.1 节案例一主要土层为②砂砾石层，案例四中（3-1）淤泥质黏土是主要土层。位于坑底附近的软土层一般可作为主要土层看待。

对同一土类，力学性质接近的土层可视为同一土层。依据这一标准，可对土层重新划分。

下面以第 7.4.2 节案例一为例说明：

第 6 章介绍过土层单位抗剪强度的概念，定义如下：

$$\tau_u = c + \sigma\tan\varphi = c + \gamma\tan\varphi \tag{7-29}$$

案例中，开挖范围内编号②、④、⑤的土层同为黏性土，利用式（7-29）计算得到：②粉质黏土层 $\tau_u = 35.1kPa$，④黏土层 $\tau_u = 42.6kPa$，⑤粉质黏土层 $\tau_u = 23.3kPa$，均值 33.6kPa。它们与均值相差分别为 4.3%、27.8%、30.8%，都小于 35%。这三层土下卧⑥圆砾，位于坑底以下，土层强度高，不会发生坑底隆起破坏。基坑滑塌机理分析中，可以将②、④、⑤土层看作为同一土层，是主要土层。因此，对同一土类，如果它们的单位抗剪强度值与均值相差小于 40%，一般可以作为同一土层看待。

设计中，如果有必要，首先须对勘察报告中的部分土层进行合并，确定"主要土层"。对同一土类，如果它们的单位抗剪强度值相差较小，可视为同一土层。然后确定主要土层，分析它的埋深和厚度对基坑工作形状的影响，布设支护结构。

参 考 文 献

[1] Shen C K, Herrmann L R, Romstad K M, et al. An in site earth reinforcement lateral support system [R]. Department of Civil Engineering, University of California, Davis, 1981.

[2] 宋二祥，陈肇元. 土钉支护及其有限元分析 [J]. 工程勘察，1996，（2）：1-5.

[3] Smith I M, Su N. Three-dimensional FE analysis of a nailed soil wall curved in plan [J]. International Journal for Numerical and Analytical Methods in Geomechhanics，1997，21：583-597.

[4] 杨林德，李象范，钟正雄. 复合型土钉墙的非线性有限元分析 [J]. 岩土工程学报，2001，23（2）：149-152.

[5] 朱益. 软土基坑土钉支护计算分析 [D]. 杭州：浙江大学，2005.

[6] 曹庭校. 北京地铁十号线某深基坑复合土钉支护与机理研究 [D]. 北京：中国地质大学（北京），2008.

[7] 张永雷. 复合土钉支护稳定性及内应力有限元分析 [D]. 北京：中国地质大学（北京），2008.

[8] 李彦初，陈轮. 深基坑复合土钉支护的三维有限元数值分析 [J]. 工程勘察，2012，40（2）：11-15.

[9] 王建军. 基坑支护现场试验研究与数值分析 [D]. 北京：中国建筑科学研究院，2006.

[10] 张功实，张强勇，徐云飞，等. 基于 FLAC 的复合土钉墙支护深基坑数值模拟 [J]. 人民长江，2012，43（13）：80-83.

[11] 于丹，郭举兴，庄岩，等. 某停车场深基坑支护方式的 FLAC3D 模拟分析 [J]. 沈阳建筑大学学报自然科学版，2015，（1）：38-44.

[12] 朱晓云，孙国卿，高全臣. 土钉墙与桩锚组合支护结构在深基坑工程中的应用 [J]. 路基工程，2016，(4)：201-205.

[13] Kim J S, Kim J Y, Lee S R. Analysis of soil nailed earth slope by discrete element method [J]. Computers and Geotechnics, 1997, 20 (1)：1-14.

[14] 杨育文，袁建新. 土钉墙的力学性状及其边界元分析 [J]. 城市勘测，2000，(1)：8-13.

[15] 杨育文，袁建新. 深基坑开挖中土钉支护极限平衡分析 [J]. 工程勘察，1998，(6)：9-15.

[16] 王盼，陈健. 上部土钉与下部排桩组合支护结构的力学性状分析 [J]. 水运工程，2010，(10)：141-144.

[17] 杨育文，肖建华. 土钉墙桩排组合支护基坑土压力和变形分析 [J]. 地下空间与工程学报，2011，7 (4)：711-716.

[18] 赵建立，吴彦俊，张凤勇. 人工挖孔桩与土钉墙组合支护技术在泥岩地区旋流池工程中的应用 [J]. 施工技术，2012，41 (19)：31-33.

[19] 朱晓云，孙国卿，高全臣. 土钉墙与桩锚组合支护结构在深基坑工程中的应用 [J]. 路基工程，2016，(4)：201-205.

[20] Craig R F. Soil mechanics (6th edition) [M]. Spon press，2002.

[21] Hashash Y M A，Whittle A J，Mechanisms of Load Transfer and Arching for Braced Excavations in Clay [J]. Journal of Geotechnical and Geoenvironmental Engineering，2002，128 (3)：187-197.

[22] 马平，孙强，秦四清. 桩锚与土钉墙联合支护土钉轴力监测 [J]. 工程勘察，2008，(1)：20-22.

[23] Byrne R J，Walking shaw J L，Chassie R G，etc. Soil nailing Summary report [R]. FHWA International Scanning. Tour for Geotechnology，Sept-Oct. 1992.

[24] Plumelle C，Schlosser F，Delage P. French national project on soil nailing：clouterre [A]. Design and Performance of Earth Retaining Structures [C]. New York：Geotechnical Special Publication No. 25，ASCE，1990. 660-675.

[25] Shen C K，Bang S，Romstad K M. Field measurement of an earth support system [J]. J. Geotech. Eng.，ASCE，1981，107 (12)：1625-1642.

[26] 王步云. 土钉墙设计 [J]. 岩土工程技术，1997，(4)：30-41.

[27] 陈树铭，包承纲. 土钉墙技术的离心机实验研究 [J]. 长江科学院院报，1997，14 (2)：41-43.

[28] 曹国安，张鸿儒，张清. 南昆线膨胀土土钉挡墙试验研究 [J]. 北京交通大学学报，1997，21 (4)：395-398.

[29] 俞季民，邹勇. 土钉支护结构模型试验研究 [J]. 土工基础，1998，12 (1)：14-19.

[30] 莫暖娇，何之民，陈利洲. 土钉墙模型试验分析 [J]. 上海地质，1999，(3)：47-49.

[31] 张建龙，何家柱. 基坑土钉支护结构受力及变形分析 [J]. 工程勘察，2003，(2)：39-41.

[32] 杨广庆，王锡朝，邢焕兰，等. 高陡顺层石质路堑土钉防护试验研究 [J]. 岩土工程学报，2004，26 (4)：486-489.

[33] 单仁亮，郑赟，魏龙飞. 粉质黏土深基坑土钉墙支护作用机理模型试验研究 [J]. 岩土工程学报，2016，38 (7)：1175-1180.

[34] 姚刚，刘晓纲，韩森. 超深基坑复合土钉支护结构原位试验研究 [J]. 土木工程学报，2006，39 (10)：92-101.

[35] 汤连生，宋明健，廖化荣，等. 预应力锚索复合土钉支护内力及变形分析 [J]. 岩石力学与工程学报，2008，27 (2)：410-417.

[36] 司马军，刘祖德，徐书平. 加筋水泥土墙复合土钉支护的现场测试研究 [J]. 岩土力学，2007，28 (2)：371-375.

[37] 王贵和，贾苍琴，季荣生，等. 深大基坑两级复合土钉支护现场测试研究 [J]. 岩土力学，2008，

29（10）：2823-2828.

［38］ 朱彦鹏，叶帅华，莫庸. 青海省西宁市某深基坑事故分析［J］. 岩土工程学报，2010，32（增刊1）：404-409.

［39］ 魏焕卫，王寒冰，付艳青，等. 土钉墙破坏方式的实践和原因分析［J］. 工程勘察，2014，（4）：1-6.

［40］ 徐国民，吴道明，杨金和. 昆明某训练基地基坑变形失稳原因分析［J］. 岩土工程界，6（2）：2003，31-33.

［41］ 孔剑华. 某工程基坑支护坍滑事故的整体稳定性分析［J］. 城市勘测，2005，3：48-52.

［42］ 黄圭峰. 深圳市某建筑深基坑支护滑塌事故剖析［J］. 地质科技情报，2005，24（增刊）：65-68.

［43］ GB 50021—2001 岩土工程勘察规范（2009 年版）［S］. 北京：中国建筑工业出版社，2004.

第 8 章　实例与设计

8.1　概述

20 世纪 90 年代初，当土钉技术传入我国时，正好遇上了我国大规模基础建设时期，房地产市场异常火热。例如，1992 年，我国国民经济增长 14.2%，同期房地产开发投资增长高达 117.6%，是经济增长速度的 8.3 倍[1]。初期修建的住房一般为低层砖混结构，没有地下室，随后小高层、高层、超高层建筑拔地而起，地下室由一层、二层，逐步增加到三层、四层等。基坑开挖深度也由最初的几米，增加到二十多米甚至更深。由于土钉技术具有经济、施工设备简单、工期短、对周边环境影响小等优点，深受工程界欢迎，广泛应用于深基坑等多个领域。2005 年前后，是土钉支护技术在基坑工程中应用的鼎盛时期，经济和社会效益显著。然而，在这一时期，出现的工程问题也最多，甚至发生过多起大型的基坑滑塌事故，损失惨重，教训深刻。本章收集了在这一阶段发生过滑塌或大变形的 30 个基坑工程，分析失事原因，试图总结一些规律，避免类似事故的发生。本章也选取了 2003 年至 2015 年之间竣工的一些典型土钉支护案例，介绍设计思路和方法。另外，场址地质条件对土钉支护设计影响较大，本章探讨了这方面的内容。本章最后以一基坑工程设计为案例，介绍了设计报告中文字、设计图等的组织。

8.2　失事实例统计分析

8.2.1　实例库

关于土钉支护基坑滑塌或发生过大变形的文献不少，但绝大多数只涉及单个工程，反映的问题存在一定的局限性，有必要收集尽可能多的失事土钉支护实例，从总体上进行分析，发现一般性规律。失败乃成功之母。若能从根本上弄清失事的原因，既可避免事故的发生，减少损失，也可发挥土钉支护经济性的优势，使这一技术更好地服务于人类，这是一个非常重要的课题。

作者从事深基坑工程工作多年，已收集到一些竣工资料[2]。从发表在我国各类学术期刊上，选择发生过过大变形或滑塌事故的土钉支护基坑实例。大部分实例信息包含：（1）工程地质和水文地质条件；（2）周边环境与设计方案；（3）失事原因分析；（4）补救措施等内容。首先认真阅读原文献，然后对有效信息进行提取，使收录的内容客观、全面。筛选后，有 30 个实例满足要求，将它们建立一个数据库，作为分析的基础。分析整理后的信息见表 8-1、表 8-2，表中，n 表示土钉排数；S_h、S_v 分别表示土钉水平间距和垂直间距；L 为该剖面土钉总长；h_0、h_c 分别表示最终开挖深度和发生事故时的开挖深度。在表 8-1 "土质特性" 栏中，从地表到地下的顺序，只列出了与土钉墙稳定关系较大的土层名

表 8-1

土钉支护失事事例

实例编号	基坑工程						支护方式	土钉布置						主要超前支护	地下水和控制
	工程地点	工程名称	开挖深度			边坡坡度	土质特性		层数 n	长度范围 (m)	S_h (m)	S_y (m)	总长 L (m)		
			h_0 (m)	h_c (m)	h_u (m)										
1[3]	昆明	训练基地	6.3	6.3	—	垂直	粉质黏土、粉土	复合土钉墙	4	2～9	1.2	1.5	26	长 6m 水泥搅拌桩，桩径 500mm，桩心距 350mm	潜水、水位埋深 2.5m 左右。水泥搅拌桩作为止水帷幕，桩顶距地表 1m
2[4]	浙江	—	6	6	—	1：0.5	淤泥质黏土	复合土钉墙	5	6～12	1	1.0	46	坡脚 φ200 松木桩，长度 6m，间距 0.3m	—
3[5]	沿海城市	—	6	6	1.8	—	淤泥	复合土钉墙	4	12～15	1.2	1.0	54	水泥搅拌桩 φ450，长 12m	水泥搅拌桩为止水帷幕
4[6]	宁波	镇海炼化基坑	6	6	2.0	1：0.5	淤泥质黏土	复合土钉墙	4	10～12	1.0	1.0	44	坡脚超前锚杆长度为 6.0m，间距为 800mm	水位埋深 0.2～0.6m 潜水、承压水
5[7]	越南河内	金色西湖	7.6	7.6	—	1：0.5	淤泥质粉质黏土	复合土钉墙	7	9～15	1.2	1.3	84	坡脚锚杆间距为 1m，两排，长度分别为 8m，7m	用水泵及时抽走积水
6[8]	—	百富舍	8.3	8.3	—	垂直	粉质黏土、残积土	土钉墙	8	7.5～9	1.2	1.0	65.5		地下水为孔隙水、裂隙水。不考虑地下水的影响
7[9]	北京市朝阳区	—	8.6	8.6	—	1：0.3	黏质粉土、砂质粉土	土钉墙	6	4.5～7.5	1.5	1.4	35.5	—	上层滞水和潜水。采用自渗井和抽水井降水方案
8[10]	—	电厂镇循环泵房	9.5	5.0	—	1：1	淤泥质粉质黏土、粉质黏土	土钉墙	5	9	1	1.0	45	—	—

实例编号	基坑工程								土钉布置					主要超前支护	地下水和控制
	工程地点	工程名称	开挖深度			边坡坡度	土质特性	支护方式	层数 n	长度范围(m)	S_h(m)	S_y(m)	总长 L(m)		
			h_0(m)	h_c(m)	h_u(m)										
9[11]	嘉兴市	—	6.5	3	—	1:0.5 1:1	粉质黏土、淤泥质黏土	复合土钉墙	—	12~15	1	1.0	—	长13.0m水泥搅拌桩;桩径0.6m,中心距0.4m	潜水,地表下1m左右。采用水泥搅拌桩作为止水帷幕
10[12]	—	—	11.7	8.2	—	1:0.5	杂填土、粉质黏土	复合土钉墙	7	6~15	1.5	1.5	84	桩径1m,长8m旋喷桩。位于边坡中间的平台上	采用旋喷桩作为止水帷幕
11[13]	—	厂区泵房	9.5	5	1.5	1:0.3	淤泥质粉质黏土、粉质黏土	土钉墙	6	9~11	1	1.0	59	—	地下水十分丰富
12[14]	—	商业大厦	10	10	—	垂直	填土、黏性土	土钉墙	6	4~6	1.5	1.4	33	—	上层滞水和基岩裂隙水
13[15]	郑州	办公楼	5.7	5.7	—	垂直	粉土、粉质黏土	复合土钉墙	3	6~8	1.2	1.4	23	水泥土搅拌桩止水帷幕500mm,桩中心距350mm,长11.6m	上层滞水;承压水。水泥土搅拌桩止水帷幕;坑内6眼管井和7组轻型井点降水
14[16]	长沙市湘江东岸	晓波大厦二期	8.5	9.5(超挖)	—	垂直	人工填土、冲积软弱土	土钉墙	6	9~14	—	—	72	—	上层滞水和孔隙承压水。水位埋深1.80m,孔隙承压水赋存于圆砾层中
15[17]	—	—	约10	—	3.0	垂直	淤泥质黏土、粉土及粉砂	复合土钉墙	8	12~15	1	1.1	106	长13.5m水泥搅拌桩,桩径700mm,中心距1m	水泥土搅拌桩止水帷幕

实例编号	基坑工程		开挖深度		h_u(m)	边坡坡度	土质特性	支护方式	土钉布置					主要超前支护	地下水控制
	工程地点	工程名称	h_0(m)	h_c(m)					层数 n	长度范围(m)	S_h(m)	S_y(m)	总长 L(m)		
16[18]	浙江	—	5.06	5.06	—	1:0.9	黏土、淤泥	复合土钉墙	4	6~12	1	1.2	39	仅在南面边坡打长度为6m木桩	地表下0.5m，孔隙潜水，底部孔隙承压水
17[19]	深圳市	—	11.8	11.8	—	垂直	含砾粉质黏土、粗砾砂	复合土钉墙	8	6~12	1.4	1.4	74	(1)长18m一排预应力锚索；(2)水泥搅拌桩，同距0.4m，平均桩长8m，上部空桩2.0m	孔隙潜水。水泥搅拌桩作为止水帷幕
18[20]	陕西省靖边县	建业大厦基坑	7.5	约4	—	垂直	粉质黏土、淤泥质粉质黏土	土钉墙	4	8.5~10	1.5	1.5	35.5	—	
19[21]	无锡	祝大精放居会所	7.1	4、7.1	—	1:0.27	杂填土层、粉质黏土层	土钉墙	4	4.5~9	1.5	1.5	26.5	—	
20[22]	成都	万国商城	9	3	—	1:0.15	杂填土、粉质黏土、粉砂	土钉墙	6	3~8	1.2	1.2	35.5	—	
21[23]	深圳市田	城市名居基坑	8.2	4~7	—	—	杂填土、粉质黏土、中细砂	复合土钉墙	5	5~10	1	1	45	(1)搅拌桩，一排预应力锚索，长20m。(2)水泥搅拌桩，长10m	搅拌桩止水帷幕
22[23]	深圳市	梅林一村会所	10.3	10.3	—	—	未固结杂填土层，厚9.5m，淤泥质土，粉细砂及中粗砂夹卵石	复合土钉墙	8	12	1.5	1.5	96	(1)单排摆喷桩，长约10m。(2)1排Φ32钢筋预应力锚索，长15m，@2.4m	地下水埋深1.6m。摆喷桩止水帷幕，坑内设降水井
23[24]	北京朝阳区	—	20	20	—	1:0.2~1:0.35	黏土、粉土粉砂、碎石	复合土钉墙	12	4~15	1.5	1.4	92	两道预应力锚索长分别为15m、18m	潜水

续表

基坑工程								支护方式	土钉布置					主要超前支护	地下水和控制
实例编号	工程地点	工程名称	开挖深度		h_u (m)	边坡坡度	土质特性		层数 n	长度范围 (m)	S_h (m)	S_y (m)	总长 L (m)		
			h_0 (m)	h_c (m)											
24[25]	武汉市新华路	住宅小区	6.1	4	1.5	垂直	一级阶地、黏土	复合土钉墙	3	9~12	1.5	1.5	30	双排粉喷桩，长7m，桩顶埋深2m	上层滞水。双排粉喷桩止水
25[26]	甘肃省	办公楼改扩建	7.8	7.8	—	1:0.32	黄土状粉土	土钉墙	5	6~8	1.5	1.5	36	—	四个降水井
26[27]	—	商住楼	6.4	5	—	1:0.1	人工填土、砂质粉土、粉质黏土、砂质黏土	土钉墙	5	7~12	1.2	1.2	49	—	排水沟、降水井
27[28]	汉口新华路	住宅综合楼	7	6	—	垂直	一级阶地、黏土、粉质黏土	复合土钉墙	5	8~10	1.2	1.2	47	单排摆喷桩帷幕，长11m	上层滞水、承压水。摆喷桩止水帷幕。深井降水
28**	汉口	办公楼	6	4.5	—	垂直	一级阶地、淤泥层厚9m	复合土钉墙	4	7~10	1.4	1.5	40	单排摆喷桩帷幕，长10m	上层滞水、承压水。止水帷幕。深井降水
29**	汉口	办公楼	4.5	4.5	—	垂直	一级阶地、黏土、淤泥	复合土钉墙	3	9~12	1.3	1.4	33	3排插钢管浆桩，长12m，坑底粉喷桩	上层滞水、承压水。浆喷桩止水帷幕。深井降水
30[30]	汉口	办公楼	4.2	4.2	—	1:0.2	黏土、粉砂	土钉墙	4	6~8	1.4	1.1	30	—	上层滞水、承压水。深井降水

**：武汉地区深基坑工程设计优化技术研究报告，2007年9月。

151

表 8-2

基坑失事主要原因与补救措施

实例编号	过大变形或失事概况				主要事故原因	主要处理措施
	日期	设定预警值	破坏类型	位置或范围		
1[3]	2002年1月29日	—	内部失稳	基坑西侧	(1)土层参数取值偏大;(2)土钉注浆质量差;(3)超挖	按1:0.8坡度放坡,施工土钉墙
2[4]	2004年4月8日	—	外部失稳	长约40m	(1)墙顶超载;(2)缺少外部深层整体滑移稳定验算	—
3[5]			外部失稳	长约20m	(1)不适合土钉墙支护;(2)未做土钉抗拉试验;(3)土钉注浆、水泥搅拌桩施工质量差;(4)开挖超过设计值	(1)沿土钉墙的坡脚用8m长的槽钢加固,钢桩上端补打φ48钢管锚杆,长15m,水平间距800mm;(2)加设顶载
4[6]		—	外部失稳	基坑南侧	(1)土钉锚固体的强度尚未达到设计强度就进行下一层开挖;(2)基坑产生隆起现象时未能及时打设松木桩以稳定坑土主体;(3)地表水渗入墙体	(1)卸载平台由2.0m增大到6.0m;(2)加设木桩
5[7]	—	最大水平位移35mm	最大水平位移86mm,最大沉降135mm	基坑北侧54.7m	(1)软土中土钉第1,2层成孔困难,注浆不能一次注满;(2)软土基坑开挖中局部产生流土	(1)采取间隔10m跳挖法;(2)减少顶部的振动荷载和静载,不扰动深层部分的土体;(3)第4,5排土钉墙设双层网,同时在坑底施工钢管竹桩,排间距20cm,嵌入深度大于4m
6[8]	2005年5月	—	内部失稳	—	土钉墙竣工后,在坡脚开挖了深2m的水沟,使墙体出现了吊脚现象	—
7[9]	—	水平位移速率1mm/d	内部失稳	长约60m	(1)地下车库东部土质松散,勘察阶段被遗漏;(2)开挖中漠视位移监测结果;(3)出于经济上的考虑,不调整设计方案;(4)基坑内积严重;(5)缺乏处理事故的经验	(1)拔顶卸载;(2)沿裂缝面修坡,施工新的土钉墙方案;(3)坑底排水
8[10]	—	最大水平位移40mm	最大水平位移50.9mm	基坑东侧	(1)勘察中误将2m厚涂当作淤泥质粘土;(2)坡顶卸荷因场地限制未能实现;(3)开挖过快,土钉施工未能及时限上	(1)土钉长度增至12m;(2)在边坡中部增设松木桩,形成桩锚支护;(3)沿基坑外围设6口降水井

实例编号	过大变形或失事概况				主要事故原因	主要处理措施
	日期	设定预警值	破坏类型	位置或范围		
9[11]	2005年8月16日	—	外部失稳	基坑北侧长约30m	(1)没有重视早年在一个月前就已出现的由于开挖引起附近地面的下沉；(2)自来水管断裂渗入墙体	第二级边坡改用φ600，长18.0m，间距1.0m的钻孔灌注桩支护
10[12]	—	—	内部失稳	东侧CD段长约15m	(1)开挖时未达到设计放坡要求；(2)墙顶超载；(3)坑壁出现流砂；(4)土钉注浆、水泥搅拌桩施工质量差	(1)部分土钉改成一次性锚杆；(2)钻进进行止水帷幕施工，并捅入工字钢
11[13]	7月30日	—	内部失稳	基坑南侧长约为20m	(1)勘察中误将2m厚淤泥看作淤泥质粉质黏土；(2)35t车辆在基坑附近进出；(3)土钉局部塌孔、注浆效果差；(4)地下水渗透此未引起重视	(1)φ200mm松木桩和锚杆，形成松木桩＋锚杆＋装注土反压值的联合支护；(2)在基坑的外边缘设5只直径为300mm，深10m深井、降低地下水位
12[14]	2006年5月7月	—	相邻住宅楼墙体开裂裂缝宽超过8mm	—	(1)雨水渗入；(2)墙顶超载；(3)土钉孔底灌注压力不够；(4)住宅楼开裂前，基坑南侧有裂缝，坑底有隆起现象，但施工、监理方对此未引起重视	(1)周边地面设水沟；(2)在土钉墙内侧增设排桩。桩径1.0m，桩距2.0m，桩长15m
13[15]	2005年11月6日	—	53mm	基坑南侧	(1)水泥土搅拌桩止水帷幕漏水、涌砂；(2)墙顶超载	
14[16]	—	—	大道上出现了多条3～20m宽裂缝	西侧基坑中部发生过大位移，局部出现崩塌	(1)施工期间，基坑附近地面上频繁的车来车往；(2)由于勘察未能详查表明，土层局部过渡淤泥未能正常施工；(3)设计中未考虑到施工期间正值长沙雨季和坑壁自稳能力差；(4)超挖	采用桩锚支护。桩径1200mm，桩型：人工挖孔灌注桩，桩长15.1m，设置2道预应力锚杆
15[17]	—	最大水平位移为0.3%开挖深度	外部失稳	基坑两侧中部支护结构坍塌，直接经济损失约500万元	(1)施工中破坏支护结构；(2)一次超挖土钉和放置土6m深，又未及时用混凝土墙顶超载；(3)墙顶超载；(4)在事故发生前一周，坍塌处水平位移已超过安全标准	(1)对已经掏空的部位采取打木桩、填沙袋等措施来填实土体，在基坑底部打入一排长5m木桩；(2)高压注浆注密实加固土体

实例编号	过大变形或失事概况				主要事故原因	主要处理措施
	日期	设定预警值	破坏类型	位置或范围		
16[18]	9月29日	最大水平位移 50mm 或 3mm/d	地表出现水平裂缝	基坑四周	(1)为了赶抢进度,一次性开挖面过大,超挖;施工中土钉未及时跟上;(2)土钉打入后,注浆不及时,注浆质量差	(1)在木桩及北面与相邻房屋(已施工到三层)之间打入钢板桩;(2)坡脚采用压力注浆加固
17[19]	2003年6月6日	—		基坑西侧长约45m	(1)滑塌前大雨引起了地下水位上升,地下水在基坑底部渗出;(2)有近三排土钉因地下降碍无法达到设计长度,但施工单位没有告知单位;(3)没有进行土钉和锚索的拉拔试验;(4)土钉孔灌浆效果不好;(5)监测单位没有及时反馈给有关单位,更没有提出安全预警值	—
18[20]	2001年8月9日	—	外部失稳	长23m	(1)设计未考虑到可能的水患导致湿陷性黄土产生湿陷的情况;(2)出现多次湿陷严重超挖现象;(3)污水管中大量渗漏滞留在土体和坑内	(1)回填土方,截断水源,流排积水和渗漏水;(2)在原2,3排土钉之间增加1排长18m预应力锚杆
19[21]	2008年7月	—	过大变形	基坑东侧长约30米	(1)地下水管中水流渗入杂填土中;(2)用挖机砸碎路面荷载较大,导致边坡土体松动,下水管漏水(基坑深7.1m)	(1)第一次事故,在坍塌处打入槽钢,长度6m;(2)第二次坍塌,进行台阶式放坡,共分2个台阶;在上部台阶中垂直加设 φ48mm 钢管(因土钉无法打入),下部台阶中垂直加设槽钢,土钉锚杆和喷锚按原设计施工
20[22]	2002年1月15日	—	临街路面裂缝,宽1~2mm	长约15m	(1)地下水管中水流渗入杂填土中;(2)墙顶超载;(3)超挖;(3)土钉注浆不及时	3m以上维持原方案;3m以下改为悬臂桩,桩长7.5m,间距3m
21[23]	2000年3月下旬	—	外部失稳	北侧	(1)整体稳定安全系数不足;(3)雨水渗入;(3)为降低工程造价,将原设计预应力锚索的3根钢绞线改为1根	(1)在搅拌桩外侧设一排树根桩采用插I18工字钢注水泥砂浆施工工艺;(2)在第3排土钉位置增加1排预应力锚索

实例编号	过大变形或失事概况				主要事故原因	主要处理措施
	日期	设定预警值	破坏类型	位置或范围		
22[23]	—	—	下沉开裂	围墙及基坑外道路	不适合用止水帷幕+预应力锚杆形成的复合土钉墙支护结构	(1)树根桩;(2)预应力锚索加固(由于大量土钉的存在,无法在基坑外侧设置排桩等)
23[24]	2004年11月5日	—	内部失稳	基坑北侧	(1)土层极水浸泡变软;(2)土钉偏短	(1)削坡,新土钉方案;(2)坡脚加设桩排
24[25]	2005年7月27日	最大水平位移30mm	外部失稳	基坑南侧长约50m	(1)雨水和排水管中的污水下渗;(2)坍滑地段的软弱土厚度约4.6m,而原勘察报告显示的厚度约3.5m;(3)卸荷平台宽度仅0.8m,不满足设计要求	在粉喷桩外侧设置2排长11.0mϕ219@500,排距为1.0m的钢管桩,钢管桩内投瓜米石注纯水泥浆,钢管桩顶设置一道冠梁,加设两排预应力锚杆
25[26]	—	—	外部失稳	东侧基坑整体塌陷	(1)施工中没有按原设计放坡;(2)降水过程中没有连续降水	—
26[27]	—	—	少量明塌	—	土体的裂隙很发育,雨水的浸泡、软化土体	增加2排9m的土钉
27[28]	1999年7月28日	最大水平位移30mm	外部失稳	基坑东侧长约35m	(1)原地质报告没有将粉质黏土部分地段为淤泥或淤泥质软弱土划分出来;(2)测斜管太浅,监测数据不准确	坡脚加设内支撑桩排
28**	1996年6月	最大水平位移30mm	外部失稳	基坑北侧长18m	不适合采用土钉墙支护	加设桩排
29**	2002年10月28日	最大水平位移30mm	外部失稳	基坑周边,直接经济损失200多万元	(1)未经设计单位许可修改了原设计方案;(2)土方开挖速度过快,承台未分批分段开挖	(1)坡顶卸载;(2)基坑外侧垂直花管注浆;(3)基坑内注浆加固
30[29]	2001年8月3日	最大水平位移30mm	最大水平位移95.28mm	东侧基坑	相邻地下排水管渗漏,土体抗剪强度降低	基坑内回填反压,增加土钉

**: 武汉地区深基坑工程设计优化技术研究报告,2007年9月。

155

称，根据场址土层概况、厚度、土钉穿过的土层、坑底附近土层、是否存在软土层等控制因素来确定，没有列出文献中介绍的土层全部信息。表8-2中"主要事故原因"和"主要处理措施"栏中，大多只列举了文献中介绍的主要原因和补救方法。文献中没有的信息则以"—"填写。需说明的是，这些支护方案中，面层厚度大多为100mm，采用C20细料混凝土，分两次喷射，钢筋网φ6.5@200×200，加强筋φ18～25，呈菱形布置，加强筋与土钉头焊接。面层的设计和施工大同小异，发生滑塌时大多都没有出现明显的破坏，与基坑失事没有直接的关系，因此没有录入表中。大多土钉采用φ48钢管或φ25螺纹钢筋材料，与水平方向倾角10°～15°设置，土钉孔径50～130mm，采用钻孔或直接击入土层中，钻孔中灌入水泥砂浆。所有失事工程中，没有出现土钉被拉断的现象，说明土钉材料的选择是安全的。另外，大多复合土钉墙中超前支护是水泥土搅拌桩，也有采用木桩、预应力锚杆等，它们设计施工方法类似，也没有收录这方面的资料。

8.2.2 实例概况

在表8-1、表8-2中所列出的30个基坑工程中，20个发生了滑塌破坏，10个发生了过大变形，发生的时间从1996年至2008年的13年内。复合土钉墙18例，占多数，其余12例是土钉墙。复合土钉墙中，12个采用土钉墙＋水泥土搅拌桩形成的复合墙支护方式，有8个由预应力锚杆（锚索）或抗滑木桩形成复合支护方式。

失事工程遍布全国大部分地区，其中以华中最多，达7个，华北最少，仅2个，7例没有注明位置。尽管一例位于越南，但是该工程是由我国相关单位承建的[7]。统计结果如图8-1所示。图8-1表明，失事基坑多的地方，采用土钉支护的基坑工程总数也多，在一定程度上反映了不同地区的这种比例关系。

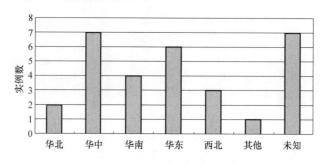

图8-1　失事工程位置分布

从发生事故的时间来看，不同时段发生的次数不同，统计结果如图8-2所示。统计结果表明，2001年到2005年这段时期内，失事工程最多，2005年以后最少。土钉支护在基坑工程中大规模的应用始于20世纪90年代末。以武汉为例，从2000年以来，每年完工的基坑工程200多个，其中有80%是土钉墙或由它形成复合支护或组合支护方式。先后在北京、广州、武汉等地发生了多起基坑滑塌事故。由于频发工程事故，2005年以后，我国多个地方出台了一些规定，在中心城区禁止使用土钉支护。

基坑工程发生事故时，有的是已开挖到最终设计开挖深度h_0，有的是开挖过程中发生的（$h_c < h_0$），统计结果如图8-3所示，这两种状况几乎各占一半。

图8-3表明，在发生过大变形或滑塌事故的基坑工程中，有近一半的基坑发生事故时正处开挖过程，其中有6例发生在凌晨[11,22-23,25,28]，1例发生在夜晚[13]。为了方便运

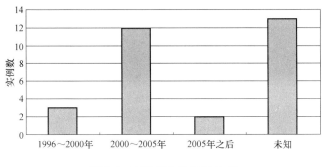

图 8-2　事故发生的时间分布

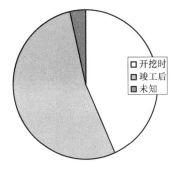

图 8-3　失事时基坑工程
所处的状况统计

土，基坑开挖大多选择在晚间至第二天 7 点以前这一阶段进行。这段时间光线暗，监测人员可能不在现场值班，很容易错过观察到基坑滑塌的前兆，如地面出现的裂缝等。另外，由于这段时间不是上班时间，及时组织抢险较困难，往往耽误了宝贵的时间，导致事故发生。开挖过程中，现场值班人员要有很强的责任心，加强基坑周边的监测和巡视，发现问题，及时组织人员抢险，绝不能抱侥幸心理。一般情况下，当地质条件相似时，复合土钉墙比土钉墙稳定性能要好一些。表 8-1 中，仅 5 例坡顶部挖土卸载的工程发生了事故，说明坡顶卸载是有效防止基坑失事的工程措施之一。

8.2.3　地质条件的影响

表 8-1 中"土质特性"栏列出了主要土层名称，没有将文献中介绍的所有土层名列出。这些列出的土层相对较厚，反映了场地主要地质特征，可将这 30 个实例分成两种地质情况：（1）软土区（存在淤泥、淤泥质土、淤泥质黏土等）；（2）非软土区（以黏土、粉土、残积土等为主）。软土区基坑工程开挖深度 4.5～10.3m，共 14 个实例中，其中 7 个基坑在开挖过程中发生了事故，占 50%（图 8-4），大于图 8-3 中出现的频率（43%），说明软土区基坑在开挖过程中容易发生事故。从总的情况来看，软土区土钉墙失事的频率并不一定大于非软土区，软土并不一定增加失事概率。

对存在深厚淤泥、淤泥质土或未固结松散深厚杂填土地区（土层承载力标准值 f_{ak} 小于 80kPa，内摩擦角 $\varphi \approx 0$），由于软土具有低强度、高压缩性、高灵敏度、高流变性的性质，很容易诱发基坑发生大变形。据 Rankine 土压力理论，当 $\varphi \approx 0$ 时，主动土压力与被动土压力相接近。另外，软土中土钉施工成孔困难或灌浆效果差，软土所能提供的摩擦阻力有限。因此，基坑一旦开挖形成一定的高差，土钉墙支护结构就很难达到稳定平衡状态，容易产生深层滑移，引发土钉墙支护外部失稳。在这种情况下，采用复合土钉墙是不合适的[5,23]，更不能采用单纯的土钉墙支护方式。

在表 8-1 中的 30 个实例中，事实上都存在地下水，但有 6 个实例没有描述出来。地下水以三种形式存在：上层滞水、潜水、承压水。对一个具体工程来看，多存在一至二种地下水。地下水处理方式：大多采用水泥土搅拌桩作止水帷幕（图 8-5），阻隔上层滞水或潜水，也有几乎一半的工程采用降水井降低地下水位等方式控制地下水。关于地下水控制这方面的内容，将在第 9 章做详细介绍。一个工程中，大多采用一至二种地下水控制方式。表 8-2 中 30 个实例，有 18 个工程的失事与地下水控制有关，占 60%，地下水是影响基坑稳定的首要因素。

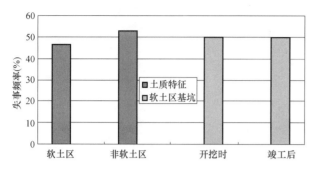

图 8-4 不同土质和竣工前后基坑滑塌状况

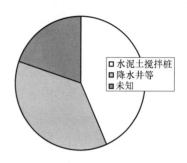

图 8-5 地下水控制方式

8.2.4 设计方案的影响

土钉的长度、间距等布置由土压力、土钉支护稳定条分法计算确定。复合土钉墙中的水泥土搅拌桩、微型抗滑桩，计算中可不考虑它们的抗滑作用，作为安全储备。由于存在计算方法本身有待完善或应用不合理[30]、土层参数值不易确定、稳定安全系数取值的不确定性等多方面的原因，有时计算得到的结果不能反映土钉支护实际的稳定状态，文献[3]、[5]进行过阐述。支护结构设计是否合理？下面分别进行分析。

（1）土钉墙

土钉墙适用于土层强度较高、无地下水地质条件，这是 1972 年世界上第一个土钉墙场址地质条件[31]。在 12 例采用土钉墙的基坑中，仅 4 例属于软土区，大多数土质条件较好。因为土质较好，可以充分发挥土钉加筋、锚固等作用，开挖中不易发生局部塌土等问题，说明大多失事基坑支护选型是合理的。根据表 8-1 中"土钉布置"栏中数据和对应最终开挖深度 h_0，可以得到土钉长度平均值 l_0，然后确定两者之比 R，列于表 8-3 中。表 8-3 中，h_0 为最终开挖深度；S_h、S_v 分别为土钉水平间距和垂直间距，A 为两者的乘积。

土钉布置分析   表 8-3

实例编号	l_0(m)	$R=l_0/h_0$	$A=S_h\times S_v$ (m²)
6	8.2	1.0	1.2
7	6	0.7	2.1
8	9	0.95	1.0
11	9.8	1.0	1.0
12	5.5	0.55	2.1
14	12	1.2	—
18	8.9	1.19	2.25
19	6.6	0.85	2.25
20	6.0	0.67	1.44
25	7.2	0.92	2.25
26	9.8	1.53	1.44
30	7.5	1.78	1.54

将表 8-3 中数据用分布图表示，如图 8-6 所示。

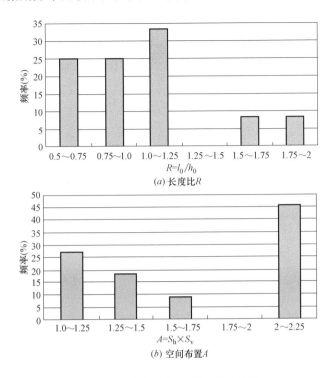

图 8-6 土钉布置与失事频率的关系

由表 8-3 "$R=l_0/h_0$" 栏可知，土钉平均长度 l_0 与开挖设计深度 h_0 之比值在 0.55～1.78 范围内变化。图 8-6a 中表示出了比值 l_0/h_0 在间距为 0.25 连续区间从 0.5～0.75 到 1.75～2.0 中出现的频率，其中 l_0/h_0 在 1～1.25 范围内的土钉墙最多。83％工程中 l_0/h_0 小于 1.25。从设计上来看，土钉长度偏短，土钉不能提供足够的锚固力是土钉墙失事的一个重要原因。从表 8-2 中失事原因分析，编号为 6、8、11、14 这四个工程主要是由于土钉设计偏短发生的事故，其中后三个工程位于软土区，它们的 L/h_0 值在 0.7～1.2 内变化。图 8-6a 中 $l_0/h_0 \geqslant 1.5$ 的实例失事频率低，不到 20％。据此可以看出，存在软土的土钉墙，土钉长度比 $l_0/h_0 \geqslant 1.5$ 时，设计是较合理的。

表 8-1 中，S_h 和 S_v 在 1.0～1.5m 范围内变化，可推得表 8-4 中土钉水平空间布置 $S_h \times S_v$ 值，它们在 1.0～2.25m² 范围内变化，它反映了土钉提高主动区土体强度和抗滑的性能。按照目前的经验，S_h 或 S_v 最小值为 1.0m，因为群锚效应，当间距小于 1.0m 时，由于土钉相互影响加强，土钉发挥的锚固作用并不能相应地提高。S_h 或 S_v 合理取值，它是一个与土层性质、边坡几何尺寸、土钉长度、坡顶超载等众多因素密切相关的一个优化问题，还有待进一步研究。图 8-6b 中，45％工程中土钉空间布置 $S_h \times S_v$ 值在 2.0～2.25m² 范围内，它们大多位于非软土区，依据表 8-2 可知，它们主要失事原因不是由于土钉空间布置。对非软土区工程，土钉空间布置在 2.5m² 附近较合理。

（2）复合土钉墙

18 个复合土钉墙中，有 10 个开挖范围内存在淤泥或淤泥质土，8 个以粉土或粉质黏土为主的土层；有 13 个采用了水泥土搅拌桩作为复合构件，其余在坡脚附近插入木桩，或采用预应力锚杆。土钉等构件布置见表 8-4。表 8-4 中，l_0、h_0、S_h、S_v 定义与表 8-3 相同；R_p 表示水泥土搅拌桩或木桩的长度和该长度与最终开挖深度之比；R_a 表示预应力锚杆长度和该长度与最终开挖深度之比。表 8-4 中"R_p""R_a"栏中，实例编号 2 和 16 数据带有 *，表示设置的为木桩，在坡脚附近。将表 8-4 中数据用分布图表示，如图 8-7 所示。

支护构件布置　　　　　　　　　　　　　　　　表 8-4

实例编号	l_0 (m)	$R=l_0/h_0$	$A=S_h \times S_v$ (m²)	l_p (m)	$A_p=l_p/h_0$	l_a (m)	$R_a=l_a/h_0$
1	6.5	1.0	1.8	6	0.9	—	—
2	9.2	1.53	1	6*	1*	—	—
3	13.5	2.25	1.2	12	2	—	—
4	11.0	1.83	1.0	—	—	6	1.0
5	12.0	1.57	1.56	—	—	8	1
9	—	—	1.0	13	2	—	—
10	12.4	1.06	2.25	8	0.68	—	—
13	7.67	1.34	1.68	11.6	2.0	—	—
15	13.25	1.32	1.1	13.5	1.35	—	—
16	9.75	1.92	1.2	6*	1.18*	—	—
17	9.25	0.78	1.96	8	0.67	18	1.52
21	9	1.1	1	10	1.22	20	2.4
22	12	1.16	2.25	10	1.0	15	1.5
23	7.67	0.38	2.1	—	—	18	0.9
24	10	1.64	2.25	7	1.15	—	—
27	9.4	1.34	1.44	11	1.57	—	—
28	10	1.67	2.1	10	1.67	—	—
29	11	2.44	1.82	12	2.67	—	—

由表 8-4"$R=l_0/h_0$"栏可知，R 在 0.38～2.44 范围内变化。图 8-7a 中表示出了比值 l_0/h_0 在间距为 0.25 连续区间从 0.25～0.5 到 2.25～2.5 中出现的频率，其中在 1～1.75 范围内的实例最多，占 65%。表 8-1 中，5 个实例土钉设计偏短[3,5,17,23,25]。软土中，土钉设计较长，取 $A \geqslant 2.0$ 较合适。

表 8-4 中 $A=S_h \times S_v$ 值在 1.0～2.25m² 范围内变化。图 8-7b 中统计数据表明，61% 工程中土钉空间布置值大于 1.25，取 $A=2.0$m² 较合理。

表 8-4 中水泥土搅拌桩或木桩的长度与最终开挖深度之比 R_p 在 0.67～2.67 范围内变化，图 8-7c 中分布较离散，$A_p \geqslant 1.0$ 的实例占 78%。取 $A_p \geqslant 1.75$ 较合理。桩顶大多位于地表以下一定深度，桩端则穿过软土层，嵌入强度相对较高土层中。

表 8-4 中预应力锚杆长度与最终开挖深度之比 R_a 在 0.9～2.4 范围内变化。取 $R_a \geqslant 2.0$ 较合理，锚杆须进入被动区稳定土（岩）层中。

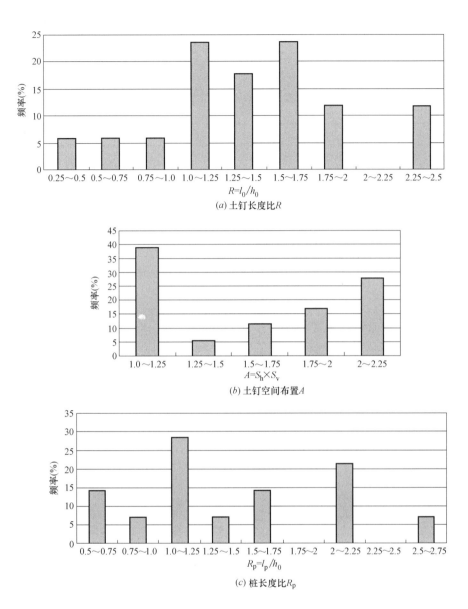

图 8-7 支护构件布置与失事频率的关系

8.2.5 失事原因统计分析

30 个实例中，失事土钉支护基坑存在 3 种类型：（1）内部失稳；（2）外部失稳；（3）过大变形，引起相邻地下管网或地上建筑物损坏等，但基坑本身并没有发生破坏。内部失稳，即滑裂面从土钉中间穿过，失稳时土钉被拔出。外部失稳指滑裂面位于大部分土钉长度以外，土钉几乎没有提供抗滑力。表 8-2 中，7 例发生了内部失稳，13 例发生了外部失稳，10 例发生了过大变形。统计分析表明，内部失稳一般是由于土钉不能提供足够大的锚固力这一直接原因所引起的，具体表现在勘察中忽略了软弱土夹层的存在[13,28]、土钉设计偏短或注浆效果差或不及时等[3,12,19,24]、土体发生了渗透破坏[13,24]等这三个主要方面；外部失稳大多是由于土钉设计偏短[4]、场址存在深厚软弱土层或土体被浸泡变软[5,6,11,20,23,25]、墙顶超载估计不充分[17]等主要原因造成。

表 8-2 中所列失事原因表明，一个基坑工程发生工程事故，往往不是单个原因造成的。对表 8-2 中"主要原因"栏进行统计，结果如表 8-5 中所列，它们涉及勘察、设计、施工、地下水、监测五个方面。显然，表 8-5 中列举的施工阶段存在的问题中包括了施工组织管理、监理方面存在的问题，如土钉注浆不及时、土层超挖、不按设计方案施工等。

主要原因分析 表 8-5

阶段		主要存在的问题	出现次数
勘察		忽略了软弱土夹层的存在	8
设计	(1)	土层参数取值偏大	1
	(2)	墙顶超载估计不充分	9
	(3)	整体稳定验算缺乏等	2
	(4)	不适合采用土钉支护方式	3
	(5)	其他。如土层自稳能力差、黄土湿陷等	2
施工	(1)	土钉注浆效果差或不及时	9
	(2)	土层超挖	7
	(3)	未做土钉抗拔试验	2
	(4)	水泥搅拌桩质量差	3
	(5)	超挖，挡土结构效果差	3
	(6)	开挖深度超设计值	2
	(7)	不按设计方案施工	7
	(8)	其他。如调整支护方案不及时、施工中破坏支护结构	2
地下水	(1)	水渗入墙体	9
	(2)	土体发生渗透破坏	3
	(3)	土体长期浸泡变软	4
	(4)	地下水水位没有降到设计深度	1
监测	(1)	漠视监测结果或滑塌先兆	4
	(2)	监测数据不准确	1

表 8-5 表明：（1）勘察阶段主要存在一个问题，出现 8 次；（2）设计阶段存在 5 个问题，17 次出现；（3）施工中存在 8 个问题，35 次出现；（4）地下水处理方面存在 4 个问题，17 次出现；（5）监测中存在两个问题，5 次出现。共 20 个问题，82 次出现，平均一个基坑事故由近三个主要原因引起的，统计结果如图 8-8 所示。其中，施工阶段出现的问题最多，占 42%，设计阶段次之，占 21%，地下水不利影响 20%。统计数据表明：（1）勘察阶段由于疏忽，容易忽略了软弱土夹层的存在，出现频率近 10%；（2）设计阶段墙顶超载估计不充分，导致抗滑稳定不够是主因，也存在支护方式选择不当、缺少整体稳定验算等；（3）施工阶段存在土钉注浆效果差或不及时、超挖、不按设计方案施工等主要问题，分别占施工阶段出现问题的 25.7%、20%、20%；（4）水渗入墙体、土体长期浸泡变软是地下水主要的不利影响；（5）监测过程中漠视监测结果或滑塌先兆是主因。

表 8-2 涉及的 28 个文献中，除了 9 个以外[4,7,8,10,15,21,24,25,30]，其余 19 个文献中都提到责任心或施工组织管理方面的问题。事实上，引起土钉墙失事的出现频率高的大多数原

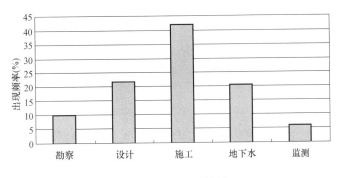

图 8-8 主要原因统计

因，例如，设计中存在的问题（2）、（5）；施工中（1）至（8）；地下水中的（1）、（3）、（4）；监测中的（1）（表8-5）等，大多是由于从业人员责任心缺失、施工组织管理不到位引起的。技术方面的问题，如设计中（1）、（3）、（4）；地下水中的（2）；监测中的（2）等（表8-5），居次要地位。

8.2.6 补救措施

对表 8-2 中"主要处理措施"栏进行统计，得到表 8-6 中的结果。处理措施的选择与场址是否存在软土相关，根据表 8-1 中"土质特性"栏，将 30 个实例分成存在软土区域和非软土或一般土层区域，然后分别进行讨论。

补救措施分析　　　　　　　　　　　　　　表 8-6

土层特性		主要处理措施	采用的次数
存在软土区域	（1）	坡脚附近等处设置桩排加固	12
	（2）	坡顶挖土卸载	4
	（3）	跳挖法	1
	（4）	增加土钉长度	1
	（5）	增设降水井	2
	（6）	注浆加固土体	3
	（7）	增设锚杆	2
	（8）	排水防渗	1
一般土层区域	（1）	沿滑裂面放坡、削坡	4
	（2）	地表或坑底设排水设施	2
	（3）	土钉改成一次性锚杆	1
	（4）	水泥土搅拌桩中插入型钢	1
	（5）	增设桩排加固	6
	（6）	增加预应力锚索或土钉	3

表 8-6 统计数据表明，基坑工程发生事故后，存在软土的区域有八种常用措施，采用 26 次；一般土层区域有六种，采用 17 次，平均一个失事基坑采用 2 个处理措施。软土的区域除了采用增加挡土结构的抗滑能力外，还采用注浆加固软土、增设降水井等独特方法，而一般土层区域多采用增强土钉支护主动区稳定的一些方法。

163

开挖过程中发生过大变形等异常情况时，大多首先对坑底附近范围内进行土体回填，待稳定后，再采取处理措施。从以上分析可以看出，土钉墙发生过大变形或滑塌事故后，可首先进行坡顶挖土卸载处理，减少滑动力，然后施工抗滑桩等加固措施，这是最常用的方法。软土区基坑有时需增设降水井。

8.2.7 教训与反思

土钉墙作为支护方式之一，在基坑工程应用的初始阶段，只在土层强度高、无地下水、周边环境开阔条件下选用，鲜有事故发生。随着工程经验的积累，应用范围不断扩大，土钉支护结构由单一的土钉＋面层结构发展成了复合支护等，开挖深度也由应用初始阶段的5m，增加到十几米，甚至20多米的基坑工程，面临的风险不断增大，在岩土工程勘察、设计、施工、监测、检测这五个阶段出现了不同的问题，诱发了工程事故。基坑滑塌，是天灾？人祸？归根到底，是人祸。教训深刻，值得反思。

（1）地下水控制

地下水以上层滞水、潜水、承压水三种形式存在。表8-2中，大部分失事基坑与地下水相关。对土钉支护基坑来说，地下水是最危险的因素，处理不慎很容易引起工程事故。土钉墙是主动支护的柔性结构，必须允许基坑发生一定的变形，但若变形过大，容易引起邻近地下水管管线渗漏，地下水从坑底附近涌出，发生渗透破坏，坡脚附近土体被掏空，导致基坑失稳。若承压水头较大，也可发生坑底突涌事故。除此之外，从表8-5知，地下水浸泡土体，降低土体抗剪强度，增加滑动力等，都是不利因素。

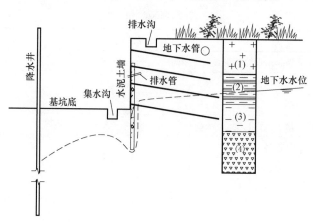

图 8-9　土钉支护的地下水控制

对土钉支护基坑，地下水控制方式包括：

1) 在基坑坡顶附近设置排水沟（图8-9），汇集雨水、生活水等地表水，排往它处。特别注意雨天和雨后排水。若基坑周围二倍的开挖深度范围内出现裂缝，应尽快用水泥浆封堵。沿基坑坑底四周设置积水沟，汇集渗入基坑水体，用水泵抽出，排往它处，确保基坑底无积水。

2) 若开挖深度范围内出现软土或粉土、粉砂且位于地下水水位以下时，开挖后它们容易发生局部塌滑或渗透破坏，这时可设置水泥土搅拌桩作超前支护，兼作为防渗止水帷幕（图8-9）。桩底应嵌入强度较高土层，可延长渗径，降低水头差。

3) 若发现地下水管有大量水体渗出，须尽快找到水源处，关闭出水口，或将水体引出，排往它处。若存在水量有限的上层滞水，可在坡面设置排水管，如图 8-9 所示，由水管排出，由坑底积水沟汇集，用水泵抽出排往它处。

4）当基坑底相对隔水层被揭穿或隔水层太薄有可能发生突涌时，则须设置降水井（图 8-9），降低承压水水头，并使坑底处地下水位位于坑底以下至少 0.5m。

5）施工期间，注意保护地下水控制设施。技术人员须增强责任感，加强巡视，异常情况要及时处理，例如，水泥土搅拌桩帷幕漏水[3,13,15]，可从三个方面进行控制：①先进行预防：施工中桩位、桩长、垂直度符合设计要求，对机头提升速度及水泥浆用量严格控制，使搅拌均匀、搭接充分，避免出现渗漏通道。②水泥土搅拌桩完工一个月之后，才能开始挖土。挖土期间，避免遭受破坏。③出现漏水险情时，先确定漏点范围，然后采用双液注浆化学堵漏法：先在坑内筑土围堰蓄水，减少坑内水外水头差，减少渗流速度，后在漏点范围内布设直径 $\phi108$ 钻孔，钻孔穿过所有可能出现渗漏通道的区域，再往孔中填充瓜米石，填堵渗漏缝隙，当坑内外水头差小于 2m 时，开始化学注浆。若漏水量很大，应直接寻找漏洞，用土袋和 C20 混凝土填充漏洞。

（2）土层

软弱土夹层若存在于坑底附近，易发生隆起破坏。建设方为了节省投资，不进行基坑工程的勘察，直接将桩基础等的勘察成果拿来使用，基坑工程设计人员对浅层和开挖边界以外土层无法准确掌握。《岩土工程勘察规范》GB 50021—2001 第 4.8.3 条是针对基坑设计的勘察条文，如勘察深度为 2～3 倍开挖深度（若遇硬土等可减少勘察深度），勘察范围宜超出开挖边界外开挖深度的 2～3 倍；第 4.8.4 条明确规定了基坑工程的勘察须查明岩土分布，提供支护设计所需的土层抗剪强度指标。若勘察阶段严格按这一规范条文执行，这一问题将不会存在或出现次数将大大降低。

为了满足土钉成孔要求，勘察阶段须对开挖边界以外开挖深度的 2～3 倍范围内浅部土层中是否存在地下管线、块石等障碍物、土层是否属于欠固结土情况进行评估。表 8-5 中统计数据表明，土钉注浆效果差或不及时占施工阶段出现问题的四分之一，主要原因是因为勘察阶段对土层中障碍物或土层松散情况没有做出合理的评判。遗憾的是，相关规范对这方面没有作详细规定。若地下障碍物严重影响到土钉成孔或土钉拟穿过土层过于松散不能确保土钉的灌浆质量时，则不宜选择土钉支护。若开挖边界以外一倍开挖深度范围内存在对变形敏感的地下管网或地上建筑物时，也不宜选择土钉支护方式。

软土包括淤泥（$e>1.5$）和淤泥质土（$1.5>e>1.0$）两种土。内陆软土属第四纪沉积层中的湖泊沉积层和河滩沉积层，是由地表水将大量风化碎屑物带到湖泊洼地，在静水中沉积并伴有生物化学作用而成。软土对土钉墙支护稳定的影响，涉及它的厚度、埋深、力学性质指标等，可用软土层影响系数 C_w 综合考虑这些因素，定义如式（6-2）所示。根据 C_w 的大小，可确定软土对土钉墙稳定的影响。大量的工程实践证明：(1) 当 $C_w \leq 1.5$ 时，软土对土钉墙支护稳定的影响不大；(2) 当 $1.5 < C_w \leq 3.5$ 时，软土的影响较大，须采用复合土钉墙支护方式；(3) 当 $C_w > 3.5$ 时，软土对基坑的安全影响很大，基坑有可能发生深层滑动破坏、坑底隆起。

当 $C_w \leq 1.5$ 和开挖深度内软土层出露时，土方开挖时须注意：(1) 分层高度不要超过 1.2m，严禁超挖。软土临界自稳高度约 1.5m，因为受到软土层层顶不同上覆土压力的作用，实际临界高度将降低很多。(2) 由于软土具有高触变性工程特征，一旦开挖形成临空面，须尽可能快地进行初喷混凝土等施工，减少对软土的扰动。（3）软土具有高流变性，每一分层完成支护施工的时间不宜过长，分段长度不要超过10m。（4）采用跳挖法施工，利用同一高度预留的一定范围内（如8m）土体挡土，辅助加强开挖段基坑的稳定。

由于软土具有低强度、高触变性、高流变性等不良工程特性，尽可能不在深厚软土基坑中采用土钉支护。设计中，调整土钉布置，应尽可能不要放置于软土中。土方开挖施工时，尽可能减少对软土的扰动。

（3）支护结构设计

设计人员多积累工程经验，对现场踏勘，合理估计墙顶超载。与桩排等传统支护方式相比，土钉支护可节省50%左右的投资。但是，基坑工程中，土钉支护方式有自己的适用条件，总结如下：

1）当场址存在以下三种情况之一：①基坑边界以外一倍开挖深度范围内存在对变形敏感的地下管网（如煤气管）、重要建筑物、地铁等；②沿基坑周边一倍开挖深度范围存在深厚软土或未固结松散深厚杂填土；③土层中存在障碍物，使土钉成孔困难，则不宜选择土钉支护。

2）单一的土钉＋面层的土钉墙，非常适用于土质条件较好、开挖深度小于6m的基坑支护。当存在地下水时，必须采取有针对性的控制措施，尽可能减少地下水对基坑稳定的影响。

3）特殊情况下，土钉支护技术也可应用于存在软土和地下水的地质条件，但支护结构须根据软土层的情况确定：①当$C_w \leqslant 1.5$时，可采用单一的土钉＋面层的支护结构，辅以预应力锚杆、木桩等，且开挖深度不大于6m较好；②当$1.5 < C_w \leqslant 3.5$时，软土的影响较大，须采用复合土钉墙支护方式，例如，设置水泥土搅拌桩等超前支护，且开挖深度要求不大于6m；③当$C_w > 3.5$时，软土对基坑的稳定影响很大，基坑有可能发生深层滑动，出现坑底隆起现象，此时可采用复合土钉墙，水泥土搅拌桩中须插筋增加抗弯刚度。除此之外，有时还须采用土钉桩排组合支护方式，如上部较好土层采用土钉加固，而下部则采用内支撑桩排支护等。同时，必须采取有针对性的有效的地下水控制措施。

土钉支护抗滑稳定分析中，注意计算方法的适用性和假设前提条件。大部分的极限平衡法中，都有一些假定的前提条件或是针对某类特定的工作状况而提出的。因此，这就要求技术人员在应用这些方法时，除了适当地选用土性设计参数值外，对选用的计算方法也须充分了解[30]。另外，单一的稳定验算越来越不能满足要求，须增加变形验算，检验基坑开挖是否对周边环境带来影响。

根据工程经验，土钉设计长度在1.5～2.0倍基坑开挖深度范围内较合适，空间布置$S_h \times S_v$值在2.5m²附近较合理。复合土钉墙中，微型桩桩长、锚杆长度与最终开挖深度之比一般不小于2.0。

（4）施工

如表8-5、图8-8所示，施工中诱发基坑失事的原因最多，出现的次数也最多。土钉支护施工最大的特点是一边开挖一边支护，工序明晰，一气呵成。由于土钉施工采用的是现场支护加固方法，施工过程中会出现很多不确定性的因素，存在着较大的风险。凡事预则立，不预则废。施工前，应组织科学缜密、易于操作的施工组织设计，施工中建立以施工工艺流程为轴线、有针对性的以风险控制为目标的质量管理体系。须特别注意增强从业人员责任心，提高施工组织管理水平。

1）土钉施工质量控制

① 当软土或粉土、粉砂中出现成孔困难、局部塌孔或注浆效果差时，可将传统的螺纹钢筋土钉改为φ48厚3mm花管，花管上预留出浆孔，将花管直接打入土中，从花管中注浆。注浆时，首先进行低压注浆，压力控制在0.2MPa以内，待水泥浆液初凝后进行二次注浆，注浆压力可提高到0.5MPa[6]。

② 当土层中存在块石等障碍物影响成孔时，可改成击入式土钉，或选择其他支护方式。如果局部地段障碍多，土钉设计方案无法实施，施工单位须及时告知设计单位，修改原设计方案。

③ 土钉置入土中后，须及时组织注浆，注浆要连续、饱满，达到设计注浆压力和注浆量。

④ 土钉锚固体的强度达到设计强度后才能进行下一层土方开挖，至少间隔24小时以上。

⑤ 地层复杂时，须对土钉进行抗拔试验，检验实际的抗拔力是否满足设计要求。

2）土方开挖

在土方开挖过程中，由于赶施工进度或（和）为了施工方便或（和）疏于管理等，常出现超挖或（和）挖土过快现象。土方开挖作业五原则分段、分层、适时、平衡、对称中，前三个必须严格遵守。软土中分段长度不要超过10m，采用跳挖法，预留同一高度的长8m土体挡土，黏土层分段长度不要超过20m；分层厚度须满足土钉施工要求，软土中不要超过1.5m。另外，土建施工单位、监理、设计各单位加强管理，坚持统一指挥，分级负责原则，同时进行有效的监测，根据监测结果指导施工，避免挖土过快或超挖等。另外，注意保护地下水控制设施等。

3）按设计方案施工

有的施工方盲目迷信经验，心存侥幸，或为了追求经济利益，置工程安全性不顾，私自修改设计，不按设计方案施工，也不上报设计等相关单位。施工中施工方、监理、设计单位联合起来，加强监督管理，杜绝这类现象的发生。应选择技术力量强、管理严格、质量意识高、有一定的土钉墙施工经验的施工单位施工。

4）周边环境保护

施工前要调查基坑周围地下管网、地铁的布置、走向和相邻建筑物基础形式，评价对变形的承受能力。施工中应避开或对它们进行保护，以免影响使用和正常施工进展，甚至酿成安全事故。

5）超载预估

基坑周边尽量不要堆放重物。若要堆放，应堆放在基坑边沿3m以外，堆载不能超过设计取值。周边尽量不作为大型施工机械通道，以防振动使土质松动坍塌。

6）地下水控制

采用有针对性和有效性的地下水的控制方法，加强巡视，若施工中水渗入墙体、土体发生渗透破坏等现象，尽快进行处理，保持坑底无积水，使土方开挖顺利进行。

7）抢险措施

如前所述，基坑在开挖过程中容易发生事故。施工组织设计中，须有有效的抢险预案。有的土方开挖单位只顾晚上挖土，没有安排现场值班人员，也没有管理人员加以协调，基坑发生险情时无法组织有效的抢险，从而贻误了抢险的最佳时机。

8）信息化施工

土钉支护基坑失稳，大多属于渐近式模式，不会发生崩塌破坏，破坏前一段时间内会出现滑塌先兆，这是监测工作开展的基础。监测工作是信息化施工的保障，是确保土钉支护安全的最后一道屏障，须加大监测工作力度。在表 8-2 中所列出的 30 个失事基坑工程中，有 10 个工程由于及早发现了滑塌先兆，采取了补救措施，避免了滑塌事故的发生，减少了损失。

①"目测"最方便

土方开挖过程中，随时观察地面和相邻建筑物上的裂缝或（和）下降情况。当发现裂缝不断出现或变宽或有大量地下水突然渗出等异常情况时，须停止施工，找出原因，尽快采取工程措施。

②仪器监测是保障

按监测设计方案组织监测，应特别加强雨天和雨后监测，及时分析监测数据，将监测结果和预警值比较，找出变形趋势。若发现异常变形或滑塌先兆时，应立即停止正常施工，找出原因，或修改设计，尽快进行处理。

8.3 设计思路与设计方案

8.3.1 基本设计方法

土木工程设计采用极限状态方法，包括承载能力极限状态和正常使用极限状态两种[32]。对应地，土钉支护极限状态也包括两种（http：//en.wikipedia.org/wiki/Soil_nailing）：（1）承载能力极限状态（strength limit states），指土钉支护在荷载作用下产生的应力大于系统或单个构件的强度而诱发的滑塌或破坏；（2）正常使用极限状态（service limit states），指由于过大变形而失去正常使用功能等状态。基坑开挖诱发相邻区域过大变形，使地下水管拉裂等也属于正常使用极限状态。大体上，对永久土钉墙结构，设计中须考虑的极限状态如图 8-10 所示。

基坑工程属于临时性工程，设计中不需要考虑图 8-10 中所有的极限状态，但其中的整体稳定、坑底隆起、土钉被拔出等涉及基坑的安全，设计中必须考虑。

土钉支护适宜性问题已在第 1.3 节中探讨过。

维基百科中（http：//en.wikipedia.org/wiki/Soil_nailing），阐述了土钉墙设计的三个步骤。其中，最重要的是根据下面四个因素确定是否适宜采用土钉墙：

（1）场址地质条件；

（2）具体地质和周边环境条件下土钉墙的优点和缺点；

（3）与其他支护方式的比较；

（4）土钉墙的工程造价。

若 1～2m 高土体能在直立或几乎直立的情况下至少能保持两天的自稳，则这种土类基本适宜于采用土钉墙。土钉必须设置在地下水位以上。坚硬至硬塑细粒土（stiff to hard fine-grained soils），如黏土（clays）、黏质粉土（clayey silts）、粉质黏土（silty clays）、砂质黏土（sandy clays）是适宜的土类，砂质粉土（sandy silts）也适合。带有黏聚力的密实砂和砂砾（sand and gravels）也适宜，均匀风化（weathered rock）的岩石也可以接受。

不适宜的土类，如不良级配（poorly graded）干燥的少黏聚力（cohesion-less）、有高水位地下水的土体、含有鹅卵石和巨砾（cobbles and boulders）土体、软至很软细粒土（soft to very soft fine-grained soils）、高腐蚀性土（highly corrosive soils）、带有不利软弱面（unfavorable weakness planes）风化岩石、黄土（loess）、松散的粒状土（granular soils）。持续长时间暴露在严寒中、遭受重复的冻结和解冻循环（repeated freeze-and-thaw cycle）的土体也不适宜。

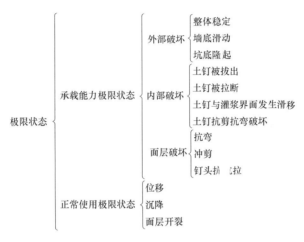

图 8-10　土钉墙设计中的极限状态

选择极限状态和设计方法，进行土钉墙的初始设计。极限状态包括承载能力极限状态和正常使用极限状态，承载能力极限状态反映土钉墙潜在破坏机理或滑塌状态，正常使用极限状态指由于墙体过大位移导致的使用功能丧失，常由正常使用条件下产生的应力、位移、面层开裂宽度限定。与之对应，两种最常用的设计方法是承载能力极限状态设计和正常使用极限状态设计。设计中，须确定土钉墙高度和长度、土钉间距及在面层上的布置方式、土钉的倾角、长度和材料以及土层性质。随后，利用简化图初步计算土钉长度和最大土钉力。土钉长度、直径和空间布置决定着土钉墙的稳定，调整这些参数，直到满足稳定要求。

初始设计后，进入施工设计阶段。须验证土钉墙内部和外部是否稳定，确定排水、冰冻深度（frost penetration）、风和静水荷载等外部荷载对土钉墙的影响。高塑性、低不排水抗剪强度黏土承载后会发生蠕变，对处于这种位置的土钉墙不利。

以上是土钉墙设计的大体流程（procedure），特别适用于自然边坡的永久性加固。国外土钉墙一般作为永久性工程，而国内大多用于基坑支护，属临时性工程。

基坑工程中，土钉支护设计与以上阐述的流程类似，但考虑的问题则更为复杂。设计中，除了考虑以上描述的土类等外，还必须考虑至少三个方面的因素：（1）基坑工程大多位于中心城区，周边存在建（构）筑物、地下管线等，不能承受过大变形。土钉墙是柔性支护，随着开挖深度的增加，必然会发生一定的侧向变形和沉降，影响周边环境，甚至对它们构成威胁。支护选型中，必须评估基坑开挖对周边环境的不利影响，这是最重要的一点。（2）根据场址的具体条件，土钉墙可能与水泥土挡墙、预应力锚杆等挡土结构相结合，形成复合土钉墙或组合土钉墙。（3）有些基坑工程涉及地下水。地下水是诱发基坑工程滑塌事故的主要因素之一，地下水控制往往起着决定性的作用。

国家和地方规范规程是基坑设计的依据。根据用地红线图、建设文件、主体建筑基础设计、场地环境评估、勘察报告等，确定地质环境条件、开挖边界线、开挖深度、基坑规模和安全等级等。考虑与主体工程、周边环境等的协调及类似基坑工程经验，由方案比选确定支护总体平面布置和地下水控制平面布置（若须考虑地下水），然后设计剖面图，计算分析，评估不利影响等，直到满足规范要求。设计中，须提出施工组织、监测检测要求、应急措施等。设计方案须满足第1.4节中的总体原则。

8.3.2 地质条件的影响

场址工程地质、水文地质条件无疑是影响土钉支护最重要的因素之一。如何使土钉支护设计与被维护的土层的地质条件相匹配，在侧压力消失或减少的情况下能有效地控制土体的过大变形？这类问题很复杂，考虑稍有不慎，就会引发工程事故[28,33]。据统计，2005年前后武汉地区基坑大多位于老黏土、一级阶地的一般黏性土和淤泥及淤泥质土分布区。本节选取这三种地质条件下的土钉支护实例，探讨地质条件不同对支护方式的影响，供设计参考。

1. 老黏土等强度较高土层中的土钉墙

老黏土广泛分布于武昌、汉阳，地表平坦，局部地段地势低洼，其表层一般为较薄的人工填土或一般老黏土，中部为硬塑性的老黏土，局部夹碎石，其下为砂岩或泥岩。上部填土和老黏土强度不高。中部老黏土强度较高，$3.0\text{MPa} \leqslant P_s \leqslant 7.0\text{MPa}$，但遇水易软化，易产生崩塌，夹碎石局部区强度更高（$5.0\text{MPa} \leqslant P_s \leqslant 10.0\text{MPa}$），但碎石有时存在承压水，易引起土体塌滑，底部基岩强度较好。在这种地质条件下，基坑开挖可能引起的主要工程事故总结如下：

（1）若支护不及时，或超挖，会引起开挖面一定范围土层浅层剥落、坍塌；

（2）若雨水渗入中部老黏土，强度迅速降低，将产生大规模楔形滑裂破坏；

（3）中部老黏土与浅层填土和老黏土之间、中部老黏土与下部碎石夹层之间、中部老黏土与基岩之间等可能产生界面滑动破坏[33]。

根据收集到的85项老黏土基坑实例来看，绝大部分基坑开挖深度小于10m，主要涉及上部杂填土与中间老黏土层。土层较均一、强度较高，一般情况下也不存在地下水问题。因此，85项实例中有35项支护方案选用土钉墙方式。这35个基坑中，支护结构的性状主要由中部的老黏土层控制，几乎所有的支护都采用了单纯的混凝土喷射面层加土钉这样最简单的结构，个别采用了桩排支护方式（阻止层间滑动或周边环境要求严格控制变形等情况下）。由于土钉墙是在原状土层中插入筋体，采用主动加固土体的技术，特别适合于强度较高土层。在基坑壁侧压力消失或减小的情况下，通过土钉的锚固和加筋的双重作用，"帮助"土层保持稳定状态，是这项技术的主要特点。以下举一典型实例说明老黏土区土钉墙的特点。

位于武昌区靠近石牌岭路的基坑工程，开挖深度5.5m左右。周边为已建市政道路，相距一倍左右开挖深度。上部土层为杂填土，厚度1.0～3.0m，$c=5\text{kPa}$，$\varphi=10°$，中部为老黏土，$c=40\text{kPa}$，$\varphi=16°$，土钉与周围土体极限摩阻力 $\tau=60\text{kPa}$，厚度5m以上；下部为风化泥岩，$f_{ak}=400$MPa。其中的一典型段面地层结构，表层杂填土层厚 2.0m，其下老黏土 6.0m 厚，土层均匀，强度较高，且不存在地下水。选用的支护方式为土钉墙，如图 8-11 所示，土钉 $S_h \times S_v = 1.5 \times 1.5$m²，长度 8 至 9m，面层为钢筋网喷射混凝土。这是土钉墙典型的、最简单的结构。开挖施工过程中，监测结果表明，该支护方案是安全的，最大位移发生在坡顶，在 10mm 至 25mm 之间变化。

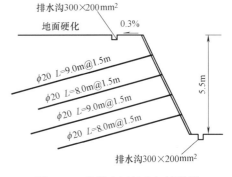

图 8-11 老黏土区的土钉墙设计

在这种土层较均一、强度较高的地质情况下，土钉+面层结构可以很好地改良土层中应力分布状况，避免局部应力集中，"帮助"被保护土体在应力变化时维持其稳定性，同时与其他支护方式相比，它也是最经济的。该实例中，关键是要注意施工过程中雨水不能渗入边坡中具有微胀到中等膨胀性能的土体，坑内、坑外都要做好排水措施。

若周边环境条件较严峻，如建筑物天然地基或地下管道等设施靠近基坑边线，对变形控制要求较严格时，采用这种支护方式就要冒一定的风险。主要原因是，对土钉墙方式，被维护土体一定量的变形是不可能避免的，但过量的变形可能会引起周边设施的破坏，如地下排水管道的损坏而出现废水出漏，若浸入到老黏土，土层强度将会迅速降低，反过来使得土钉墙失稳，这方面的教训深刻。另外，若坑底附近存在老黏土与风化岩的接合面，当接合面处存在地下水时，则有可能产生接合面处滑动，则不宜采用单纯的土钉墙方式。

2. 一般黏性土中的土钉墙

这种土层结构主要存在于沿长江、汉江两侧的一级阶地，属第四系全新统冲洪地层，呈典型二元结构，武汉三镇都广泛分布，大都位于武汉商业闹市区。表层为厚度较小的人工填土；其下为 10.0m 至 20.0m 厚的软塑到可塑状的黏性土（$10 \leqslant I_p \leqslant 35$、$0.7MPa\leqslant P_s \leqslant 1.5$MPa），其底部一般存在黏性土夹粉砂等过渡层；第三土层单元组为稍密至中密粉砂（7.0MPa$\leqslant E_s \leqslant 18.5$MPa、$6MPa\leqslant P_s \leqslant 10$MPa）或细中粗砂层（$15MPa\leqslant E_s \leqslant 26$MPa、$8MPa\leqslant P_s \leqslant 15$MPa），底部一般混夹有卵砾石等组成。下伏基岩，以砂岩、泥岩为主。一般情况，二元结构地层存在两种地下水，人工填土层中的上层滞水和赋存于粉砂、细中粗砂层中的承压水，后者与长江、汉江水系相连。这种地质条件下，据工程经验，大多数基坑工程发生滑塌是由于水处理不当造成的。基坑开挖过程中可能引起的主要工程事故总结如下：

（1）若坑壁出露粉土、粉砂层等抗渗弱土层，会发生由上层滞水等引起的坑壁渗透破坏，使基坑失稳；

（2）若坑底揭穿承压水含水层，或相对隔水层厚度不够，可能发生"突涌"破坏，后果将非常严重；

（3）深井降水引起的环境问题。

与老黏性土区相比，该区地层结构要复杂得多，存在地下水丰富、埋藏浅、土层强度不均匀、强度不高等不利地质条件。因此，在这一区域，一般采用复合土钉墙方式，单纯土钉墙方式不多。在所收集到的 131 项基坑工程中，有 69 项涉及土钉墙方式，它与其他

171

支护方式组成复合土钉墙。当坑底揭穿承压水含水层，或有可能发生渗透破坏时，承压水水头一般降低至开挖面以下 1m 至 2m。以下举三个实例说明这一区域土钉墙方式的特点。

实例一：

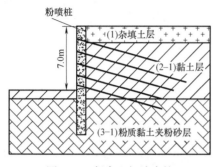

图 8-12　复合土钉墙支护

1999 年竣工的汉口协和医院住宅综合楼基坑工程，位于汉口解放大道与新华路交叉口附近，呈南北向长方形布置。位于南侧基坑，开挖深度 7m，处于一典型的二元结构地层：表层（1）人工填土层，厚度 1m 左右；下部（2-1）黏土层，厚 6.5m，$c=20$kPa，$\varphi=10°$；第三层为黏土与粉砂层的过渡层：（3-1）粉质黏土夹粉砂层，厚度大于 5m，$c=5$kPa，$\varphi=25°$。场址土层整体强度较好，周边设施离基坑边线 1 倍左右开挖深度，对变形要求不严格，因此采用了土钉墙这种方式，如图 8-12 所示。

图中，沿坑壁设置一排粉喷桩，主要是防止（1）人工填土层中的上层滞水引起渗透破坏。设计方案中，土钉长度 8m 至 12m，$S_h×S_v=1.3×1.1m^2$，喷粉桩桩长 11m。粉喷桩除了有防渗作用外，还有挡土作用。施工过程中，将（3-1）层以下砂层中的承压水水头降低，确保不发生渗透破坏。

图 8-12 是 1998 年提出的将土钉墙与粉喷桩结合组成的复合设计方案，后被广泛采用。这种复合土钉墙方式，与单纯的土钉墙相比，增强了面层的抗渗功能，利用上部浅层土层强度较好的特性，同时防止了上层滞水有可能带来的渗透破坏问题。从实际工程应用情况来看，还是很成功的。本实例中，开挖过程中基坑最大位移发生在顶部，15mm 至 45mm 不等，没有发生过大位移。

因周边环境条件较宽松，实例一中允许基坑有较大变形。有时周边设施紧邻基坑边线，或对变形要求特别严格，在这种情况下，如何应用这一技术呢？以下举两个实例作进一步的说明。

实例二：

该基坑与实例一中介绍的基坑相距不远，土层结构类似，土体整体强度较好，唯一的差别是开挖过程中（1）人工填土层中不存在上层滞水。基坑采用单纯的土钉墙方式。只是在基坑北侧一小段基坑边线上存在一五层楼，房屋整体刚度较差，天然地基，条形基础，不允许有过大变形。对地基采用了锚杆静压桩托换，将建筑物荷载传递到基坑底面以下稳定的、强度较高的砂土层，然后再用喷锚技术护

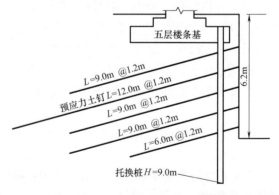

图 8-13　土钉墙与地基托换相结合

壁。该段基坑开挖深度 6.2m，土钉长度 6m 至 12m，$S_h×S_v=1.2×1.2m^2$，如图 8-13 所示。该方案很好地解决了周边环境条件较严峻带来的问题，扩大了土钉技术的应用范围。

以上介绍的实例开挖深度较小、支护方案都较简单。若遇到开挖深度大于 10m，在周

边环境条件不允许发生过大变形的情况下，应用土钉技术时考虑的因素就要复杂得多。下面用实例三来说明这样的情况。

实例三：

2007年上半年竣工的位于汉口三阳路附近的江花综合楼基坑，开挖深9.4m至10.6m，基坑北侧、东侧存在地下水管或光缆，距基坑边线一倍开挖深度以内，基坑周边不允许有较大变形。以位于三阳路侧 fa 段土层情况为例说明场址土层结构。与支护相关的土层从上到下是：（1）杂填土层，表层土，厚3.2m；（1-2）素填土，厚 $d=1.6m$，$c=5kPa$，$\varphi=6°$；（2-1）粉土夹粉质黏土，$d=4.3m$，$c=12kPa$，$\varphi=20°$；（2-2）粉质黏土，$d=4m$，$c=16kPa$，$\varphi=9.5°$；（3）粉土互层，$d=2m$，$c=4kPa$，$\varphi=6°$；（4-1）粉砂夹粉土，$d=3m$，$c=0$，$\varphi=20°$；（4-2）粉砂，$d>5m$，$c=0$，$\varphi=35°$。场址存在上层滞水，赋存于表层填土层，地下承压水存在于第四土层单元砂层中。采用深井降水，将承压水降低至开挖坑底面以下，上层滞水采用封堵法，用6m长粉喷桩沿基坑四周布置，如图8-14所示。

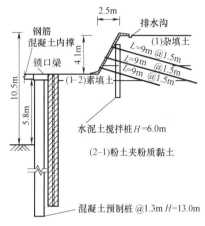

图8-14　与内支撑桩排组成的组合土钉墙

由于周边环境条件严峻，采用单一的土钉墙将不能满足要求。有效的办法是采用桩排加内支撑支护方案。为了降低桩内弯矩大小，将上面4.1m的高度土层进行卸载成平台，该范围土层用土钉墙加固，与内支撑桩排支护结合在一起使用。设计方案中，土钉长度8m至9m，$S_h \times S_v = 1.5 \times 1.1m^2$。

该实例中，土钉墙用于支挡浅层土体，处于从属地位，受内支撑桩排支护的控制和制约，由于桩排顶部附近卸载，桩长缩短，减少了桩中最大弯矩。

3. 淤泥及淤泥质等软土中的土钉墙

与前面介绍的一般黏性土一样，同样位于长江、汉江一级阶地。淤泥及淤泥质土区以前是湖区，后被填平，形成了不连接的、局部的、零星分布的一系列小区域。表层一般覆盖有厚度不大的人工填土，其下是厚度不等的软塑～流塑状淤泥、淤泥质黏土或软黏土（$0.5MPa \leqslant P_s \leqslant 0.9MPa$）；淤泥层下与一般黏土区类似，是由稍密～密实粉砂、细砂等组成。淤泥及淤泥质土的主要特点是高触变性、强度极低。上层滞水一般赋存于填土中，承压水存在于粉砂、细粗砂层中。

这种地质条件是最复杂的。由于该区大多分布于商业闹市地带，基坑开挖较深，开挖过程中引发的工程问题也最多。除了前面介绍的存在于一般黏性土区基坑的问题之外，还存在：

（1）若淤泥、淤泥质黏土等软土出现在坑壁，会产生大变形，软土与其他土层交界面产生滑动破坏；

（2）若软土出现在坑底附近，由于承载力不足向坑内发生大变形，或产生坑底隆起破坏。更为严重的后果是，大变形将挤歪基坑附近的工程桩，使它们倾斜，甚至断裂，或使得相邻地面设施破坏等。

地方规范[34]规定，淤泥、淤泥质黏土等软土地区基坑不允许采用土钉支护。在实际

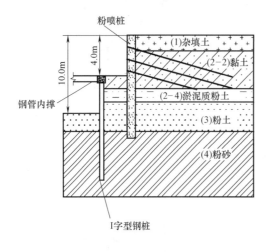

图 8-15　复合土钉支护

工程中，有些是成功的。这种地质条件下的土钉技术，特别要在勘察阶段将淤泥的埋藏位置、厚度、分布情况以及地下水埋藏彻底查明，否则会引发工程事故。以下举个实例说明。

该基坑呈长方形，南北向，长约100m，宽约30m，大致沿基坑中间可将基坑分成南北两个区域。南侧属于一般黏土区，而北侧的情况则有很大区别。北侧存在约2m厚的（2-4）淤泥质黏土，$E_s = 2MPa$，$c = 12kPa$，$\varphi = 7°$，强度较低，正好位于坡角附近，如图 8-15 所示。原勘察资料中没有对这层软土做特别划分，支护方案中忽略了该夹层的存在，导致基坑开挖过程中产生大变形，局部产生塌滑。后经重新补勘，证实了该软土层的存在，设计方案改为内支撑桩排，与原方案组成复合支护（图 8-15），开挖才顺利进行。土钉墙起挡土作用，内支撑桩排保持坑底稳定。

这一分段基坑开挖深 4.0m，距基坑边线 3.0m 存在一电梯井，总开挖深度达 10.0m。若不在坑底附近增设内支撑桩排支护，由于（2-4）层软土的高触变性、低强度，将产生大范围滑动破坏。在这样的情况下，即使存在一排粉喷桩，挡土作用也不明显，因为它的抗剪、抗弯能力很弱。

土钉技术在实际工程中的应用常常超过了相关规范的要求。如行业标准[35]第 3.3.1 条中规定土钉墙适用条件为二、三级非软土场地，而地方规范[34]规定土钉墙的支护深度不宜超过 6m，不适用于深厚淤泥、淤泥质土层等，但遗憾的是，它们对复合土钉墙都没有作任何要求，给这一技术的应用留下安全隐患。有的建设方片面追求经济效益，导致一些事故的发生。从实际工程应用发现，超出规范规定的条件有时也是可行的，但必须对地质条件，如土层结构、是否存在软土、软土位置和厚度等关键因素充分掌握，提出与地质条件、周边环境等相适应的方案来。

土钉技术从单纯的土钉＋面层的形式发展成了复合方式和组合方式，单纯的面层＋土钉支护已应用不多。土钉技术应用范围也从地质条件较好的地区扩大到软土等地质条件复杂地区，从不考虑地下水的情况发展到可考虑地下水，开挖深度从几米增加到二十多米。需说明的是，采用土钉支护，承压水一般降低至开挖面以下。因此，本节中没有详细分析水文地质条件对设计的影响。复杂的地质条件，对基坑工程安全性来说是一个挑战，但同时也为设计方案的创新提供了有利条件[36]。

8.3.3　典型设计方案

本节介绍六个典型土钉支护设计方案：

实例一：基坑开挖深度 9.0m，将土钉墙薄面层设计为厚 60cm 的混凝土墙，采用逆作工法施工，并用钢筋混凝土水平支撑将墙体底和已施工的工程预制桩连接。墙体坚固，既起部分重力挡土墙作用，又能止水，也能防止基坑中部附近发生过大位移。

实例二：采用微型桩＋预应力锚杆复合土钉墙支护方案，充分体现了"稳坡脚，控中间"的设计基本原则。

实例三：考虑基坑浅部土层自稳能力较差，设置水泥土搅拌桩作为超前支护，采用水泥土搅拌桩＋预应力锚杆复合土钉墙支护方式维持基坑稳定，可有效控制基坑附近位移。

实例四：基坑开挖深 7.55m，采用水泥土搅拌桩复合土钉墙，是汉口黏性土地区典型设计方案。采用水泥搅拌桩形成水泥土墙，可解决基坑软土侧壁开挖面自稳问题，也有隔水作用。为了增强水泥土搅拌桩刚度，在搅拌桩内插入钢管微型桩。该设计方案遵循"稳坡脚，控中间"的结构布置基本原则。

实例五：基坑开挖深 9m，对地质条件差、对变形要求较严格的地段采用刚性支挡，对基坑上部土质好的部分采用土钉墙支护，配合井点降水。这一支护方案比传统的桩排钢筋混凝土支挡结构节约工程造价 30％～50％以上。该方案体现了"稳坡脚，控中间"结构布置设计原则。

实例六：开挖深 10.2m，采用了土钉墙内支撑桩排组合支护，也降低了工程造价，增强了基坑坡脚附近土体的稳定性。

对这六个实例，下面较详细地介绍了它们的土层厚度、土层物理力学参数值、土钉支护方案、监测数据等，对确定设计方案有一定的参考作用。利用这些信息，读者也可进行数值模拟、反分析等，进一步优化支护方案。

实例一：土钉墙支护[37]

1. 工程概况

徐州锦绣花园 8 号楼为框架结构，楼高 23 层，设计 2 层地下室，地下室底板埋深－10.2m，自然地面相对标高－1.2m，即地下室基坑将挖深 9.0m。在拟建大楼的西北角，有一座新建的 2 层时尚售房部，其东部连接高达 10.0m 的人工瀑布墙。拟建大楼的地下室外边界距售房部及人工瀑布墙墙基仅 0.8m（图 8-16），业主要求在确保售房部及人工瀑布墙绝对安全的前提下，选用经济可行的支护方案进行施工。

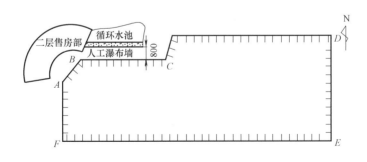

图 8-16　周边环境图

2. 地质条件

与基坑相关的场区土层分布自上而下为：（1）杂填土，厚 1.5m；（2）淤泥质黏土，软塑，高压缩性，厚 2.2m；（3）粉土加粉砂，饱和，稍密，中等压缩性，厚 2.8m；（4）粉质黏土，可塑，中等压缩性，厚 2.6m；（5）黏土，含钙质结核，硬塑，厚 5.8m。钻孔揭示场区地下水位埋深－2.0m。土层参数见表 8-7。

土层	厚度(m)	重度(kN/m³)	黏聚力(kPa)	内摩擦角(°)	钉-土摩阻力(kPa)
(1)杂填土	1.5	18.0	10.0	15.0	20.0
(2)淤泥质黏土	2.2	18.1	12.0	24.0	30.0
(3)粉土加粉砂	2.8	18.4	5.0	27.0	60.0
(4)粉质黏土	2.6	18.9	53.0	13.0	65.0
(5)黏土	5.8	19.1	80.0	8.0	70.0

计算参数表　　　　　　　　　　　　　　表 8-7

3. 支护设计方案

根据基坑周边环境条件，依据安全、经济、可行的原则，基坑支护结构设计分区采用两种形式：ABC 区段因界外空间狭窄选择由现浇垂直钢筋混凝土墙加土钉管构成的特殊土钉墙，CDEFA 区段外侧空间宽阔，选用传统经济的土钉墙支护方案。下面介绍 ABC 区段的土钉墙支护方案。

ABC 区段基坑支护要解决两个问题：一是挡土，阻止基坑侧壁土体滑移、变形；二是截水、止水。若在周边环境宽阔的情况下，可选择的设计方案就多了。但受水平距离只有 0.8m 的狭窄空间限制，无疑基坑侧壁只有设计为垂直或近于直立。在此情况下，若设计采用强度为 C20、厚度为 10cm 的喷射混凝土土钉墙，推测难于承受坑外巨大的侧壁土压力，会产生变形、破坏，而且止水效果不好，要在如此狭窄的地段选择降水措施是不现实的。能否设计一种刚度大、又能止水的"面层"呢？受逆作拱墙理论的启发，设计者决定采用壁厚 60cm、强度为 C25 的钢筋混凝土墙壁来代替"面层"，正好能弥补喷射混凝土的不足，而且可以按施工逆作拱墙的方法来作业。这种壁厚 60cm 的垂直混凝土墙壁自重较大，具有微重力墙特征，加上土钉的锚固，其稳定性较高，抗倾覆能力强。鉴于场区土层质量较差，用钻孔法施工土钉难以保证质量，且易塌孔，造成坑外地面下陷，代之选用打入式土钉管同样可以达到目的。根据这一思路，确定的支护结构方案如图 8-17 所示。

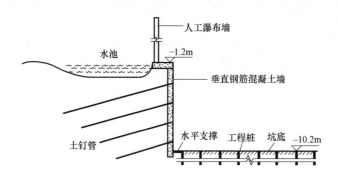

图 8-17　支护剖面

(1) 设置 4 层土钉，水平间距 1.5m，垂直层距 2.0m，采用 φ48 钢管，壁厚 3.5mm，管壁造孔。各层土钉长度：第一层 12m，第二层 10m，第三层 8m，第四层 6m。采用二次注浆技术。

(2) 现浇钢筋混凝土墙厚 60cm，强度 C25，高度 9.5m，其中墙体底部插入坑底土中

0.5m。主筋采用Φ16钢筋双面配筋，箍筋Φ8@250。

（3）冠梁宽80cm，厚50cm，混凝土强度C25。配筋为：主筋10Φ20，箍筋Φ8@100。冠梁外侧紧贴已有建筑物墙基。

（4）土钉管锚头通过"井"字夹与墙体主筋牢固焊接在一起。

（5）为防底部墙体向坑内滑移，坑底设置400×400钢筋混凝土水平支撑，强度为C25。配筋为：主筋8Φ18，箍筋Φ8@100，支撑于墙体底部和已施工的工程预制桩之间。

采用基坑支护设计软件进行土钉抗拉承载力计算和整体稳定性验算。

4. 施工要求

（1）施工工序

首先施工冠梁，包括人工挖土、支模、绑扎钢筋、浇筑C25混凝土（层间停3d）→机械挖第一层土，人工修壁→打入第一层土钉管→二次注浆→分段人工挖墙槽→喷射C20混凝土衬底→焊接墙体钢筋笼并连接土钉管→支钢模板→浇筑C25混凝土并振捣密实（段间停3d）→拆钢模→人工补挖剩下的墙槽（即原支墩，这时已基本凝固的混凝土转为新支墩）→喷射C20混凝土衬底→焊接墙体钢筋笼并连接土钉管→清理混凝土墙体接头泥土→支钢模板→浇筑C25混凝土并振捣密实（完成第一层支护，层间停3d)→机械挖第二层土→人工修壁→打入第二层土钉……（重复第一道工序）→完成第二层支护，层间停3d→机械挖第三层土→人工修壁→打入第三层土钉管……（重复第二道工序）→完成第三层支护，层间停3d→机械挖第四层土→人工修壁→打入第四层土钉管……（重复第三道工序）→完成第四层支护，层间停3d→做坑底水平支撑梁。

（2）注意事项

1）基坑开挖从上而下分层进行，每层挖深2.2m。混凝土墙水平方向上分段施工，每段长3.0m，保留间隔土体作为上部的支墩；在垂直方向上分层施工，每层施工高度为2.2m。当左右侧墙体混凝土强度达到设计强度的70%后（一般浇筑3d后即可），再施工同层剩余的部分。同样，在上道墙体混凝土强度达到设计强度的70%后，再施工下道墙体。上下、左右墙体接头应用清水冲洗干净，且上下两层混凝土面层接缝应相互错开。

2）土钉管采用潜孔锤打入，孔内采用高压二次注浆工艺，浆液的水灰比为0.55，二次注浆压力为2.2～4.5MPa，锚头用井字夹锁定，焊接于钢筋笼上。

3）上下两道混凝土墙体的竖向施工缝应错开，错开距离1.5m。

4）施工下道墙体时，外壁模板的上部应留楔形混凝土浇筑口；3d拆模后，将形成的楔形混凝土及时凿掉，以保持墙体平直。

5）槽壁喷射C20混凝土的目的是防止焊接钢筋笼期间内壁土体坍落。钢筋笼焊接完毕应及时迅速浇筑混凝土。

6）每层钢筋笼主筋的长度应大于实浇混凝土2.2m高度10.0cm，保留下部有10.0cm的搭接长度，供下道施工焊接。

7）由于本场地内（3）粉土加粉砂含水量不大，施工此段面层时没有遇到多大困难。如果此层土含水量较大，建议减小在此段的开挖深度，通过多次小开挖，浇混凝土面层来穿过此层土。

5. 监测

为了保证基坑施工过程中售房部及人工瀑布墙的安全，施工冠梁后，在其上做了6个监测点，监测其水平位移和垂直下沉情况。检测结果如下。

（1）施工完成 2 道支护时，冠梁顶部向坑内方向位移 8～12mm；垂向下沉 6～12mm。

（2）墙体施工至坑底、做水平支撑梁之前，冠梁顶部向坑内方向位移增至 12～18mm；垂向下沉量增至 8～12mm。

（3）施工结束后 10d 测量，冠梁位移增至 13～20mm；垂向下沉量增至 9～13mm。以后测量显示，冠梁位移和下沉保持稳定。经观察，售房部毫无损坏，人工瀑布墙较施工前发生 2°的微弱倾斜变化，循环水池没发生开裂渗漏现象。

（4）实例施工表明，该方案是安全、经济、可行的。

6. 小结

该方案中的面层（钢筋混凝土墙）具有微重力墙特征，但从整体结构而言，仍属于土钉墙范畴，因此，将其暂称为特殊土钉墙。这种土钉墙的特殊性在于：用于边界狭窄的特定地段；面层施工采用现浇钢筋混凝土方式，并采用逆作施工方法完成；墙体宽厚、坚固、密实，既起部分重力挡土墙作用，又能止水；土钉管施工采用打入式，适于劣性土层条件。这些也是与传统喷射混凝土土钉墙的区别。

使用该方案施工，有两点值得注意：一是面层（墙体）的施工应参照《建筑基坑支护技术规程》JGJ 120—2012 中逆作拱墙的施工要求进行；二是平面设计支护长度不宜过长，最好小于 20m，否则，就失去了安全经济的意义。

实例二：微型桩＋预应力锚杆复合土钉墙支护[38]

1. 工程概况

该工程位于湘潭市车站路、韶山中路及建设北路沿线，为市政工程，道路两侧为服装商场、通信商场、大型超市、银行等。建筑面积 49250m²。主体部分为地下工程，地下负一层，埋深约 8m。路边建筑物基线距基坑开挖边界 7.3～7.5m，个别建筑物基线距口部 3.0～4.8m。

2. 地质条件

场地地层分布自上而下依次为：

（1）混凝土路面：厚 0.30～0.80m。

（2）杂填土（Q_4^{ml}）：含少量砂砾石，主要为黏性土，结构松散，密实度差，层厚 0.40～3.0m。

（3）粉质黏土（Q_4^{al}）：局部夹含灰白色高岭土团块及灰黑色铁锰质氧化物结核，强度中等，硬塑，层厚 1.90～11.00m。

（4）粉土：稍密～中密，层厚 1.00～9.60m。

（5）粗砂：中密，层厚 1.0～7.0m。

（6）圆砾：粒径 2～30mm，孔隙为黏性土及粗砂充填，中密～密实。

土层主要物理力学性质参数见表 8-8。

物理力学指标取值 表 8-8

土层名称	内摩擦角(°)	黏聚力(kPa)	压缩模量(MPa)	重度(kN/m³)
杂填土	5	0	—	18.7
粉质黏土	15	24.04	3.16	20.1
粉土	14.2	21.60	5.48	19.6

场址地下水位较深，不考虑地下水对支护结构的影响。

3. 支护设计方案

建设北路（全长 536m）地处市中心繁华闹市区，基坑开挖边线离建筑物距离较近，为了减小边坡位移，确保周边建筑物安全，基坑两侧大部分采用微型桩—预应力锚杆复合土钉墙支护，少数位置采用预应力锚杆复合土钉墙支护。

本段基坑深 8m，安全等级为一级，垂直开挖，基坑周边的地面超载等效荷载为 20kPa，自上而下布置 4 层土钉，1 层锚杆，支护结构的剖面如图 8-18 所示。

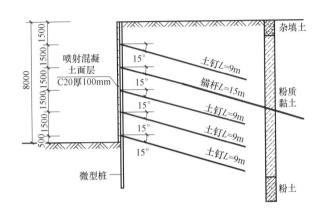

图 8-18 支护剖面

图 8-18 中，微型桩采用钢管桩，直径 273mm，间距 1m，单排布置。土钉直径 48mm，配筋采用 Q345，第一层土钉距离地面 1.5m，竖向间距除第 1 层土钉与第 2 层土钉间距为 3.0m 外，其余土钉为 1.5m，水平间距均为 1.5m，长 9m，入射角度为 15°。锚杆直径 150mm，布置在距离地面 3m 处，水平间距 1.5m，长 15m，入射角度 15°，锚固长度 10.5m，预应力大小为 120kN。喷射混凝土面层采用 C20 混凝土，厚度为 100mm，内配双向Φ8 钢筋网，间距 200mm。

4. 监测

监测工作从 2012 年 9 月 11 日基坑开挖到顶板浇筑完成，持续时间约 4 个月，在施工作业期间，对基坑顶部水平位移、基坑顶部竖向位移及场地周边 2 倍基坑深度范围内的周边环境沉降进行仪器监测，对施工工况、监测设施等辅以巡视检查。本次监测在建设北路基坑两侧边坡顶部共布置了 13 个水平位移观测点，在场地周边 2 倍基坑深度范围内的建筑物前布置了 19 个环境沉降观测点。基坑顶部水平位移、沉降介绍如下：

开始施工至 2012 年 9 月 24 日，初始开挖对周围土体产生一定程度的扰动，由于微型桩对位移存在约束作用，变形发展缓慢，水平位移最大为 6mm，竖向位移最大为 4.5mm。到 2012 年 10 月 8 日，开挖卸载持续影响基坑变形，位移持续增加，水平位移最大为 20.8mm，竖向位移最大为 10mm。到 2012 年 10 月 22 日，锚杆的施加对位移起到一定的约束作用，水平位移最大为 19.4mm，竖向位移最大为 12.7mm。到 2012 年 11 月 4 日，上部支护结构强度达到设计要求，逐渐发挥作用，变形速率变小，水平位移最大为 21.5mm，竖向位移最大为 16.5mm。截至 2012 年 11 月 16 日，变形速率整体较小，但是 11 月 3 日至 10 日连降大雨，基坑排水不及时出现积水现象，边坡土体抗剪强度降低，变形速率出现小幅增加，水平位移最大为 21.6mm，竖向位移最大为 17.5mm。到 2012 年 12 月 5 日为主体结构施工阶段，这段期间内，基坑开挖卸载的影响基本消除，变形基本趋于稳定。

5. 小结

复合土钉墙中微型桩增强了支护结构的整体刚度，限制了变形。土钉的受力具有时间效应，在开挖过程中逐步发挥作用，及时支护预应力锚杆能够有效控制支护结构的变形。地下水、地表水、超挖、地面超载是影响复合土钉墙基坑支护的主要因素，须做好防水、排水措施。

水平位移最大值位于基坑中上部，周围环境地表沉降影响范围在 1.0～1.5 倍基坑深度范围内，其他位置受到的影响较小。初始施工时复合土钉墙变形较小，此时支护土钉对基坑变形影响较小，随着土体开挖，边坡处于不稳定状态，变形速率增大，及时支护预应力锚杆能够较大程度地减小基坑变形，其效果明显优于土钉。对于湘潭地区或类似地质条件区域，复合土钉墙支护中限制基坑侧向位移范围在 3‰～7‰h（h 为开挖深度）之间，能够满足基坑周边环境对变形控制的要求。

实例三：水泥土挡墙＋预应力锚杆复合土钉墙支护[39]

1. 地质条件

该工程位于广州市老城区内，周边建筑物密集，基坑开挖深度 8.55～12.05m。场区地层情况及各土岩层力学性质参数见表 8-9，其中细砂岩厚度栏内为层顶标高。

土层力学性质参数
表 8-9

岩土层	状态	厚度（m）	重度（kN/m³）	黏聚力（kPa）	内摩擦角（°）
人工填土	松散	2.0～5.4	19	10	15
淤泥质土	流塑	0.6～3.5	16	8	6
粉质黏土	可塑	0.7～5.1	18	20	20
粉质黏土	硬塑	1.0～5.6	19	25	24
粉质黏土	坚硬	1.0～8.8	19	28	26
细砂岩	强风化	8.4～19.8	20	45	28

场区地下水位平均埋深 1.3m。

2. 支护设计方案

基坑支护采取垂直开挖的土钉支护形式。基坑上部软弱土层较厚（普遍为 4.8～6.4m），其自稳能力较差。基坑周边环境条件复杂，要求严格控制边坡的位移。工程中采用超前桩墙与土钉支护相结合，可以有效解决这些问题。即在土钉支护施工前，平行基坑开挖边线外侧预先施工一排旋喷桩或水泥土搅拌桩连续壁墙进行基坑的截水和超前挡土，并配合预应力锚杆控制边坡的位移。下面以基坑北侧东段 2 号测斜点处为例，对工程的超前桩墙与土钉复合支护作进一步的介绍。

2 号测斜点处实际基坑开挖深度 9.40m，0～−6.4m 为软弱土，−6.4～−12.7m 为残积粉质黏土，自上而下呈可塑～坚硬状态。支护结构如图 8-19 所示，共布置土钉 7 排，长度 8～12m，梅花形布置，水平间距 1.45m，垂直间距均为 1.2m，基坑土方开挖分层数与土钉排数相同，首层开挖深度满足低于钉头深度 0.3m 的施工要求，即为 1.5m，其下各层的开挖深度为1.2m。

在基坑土方开挖前，紧临基坑开挖边线施工一排 φ600mm 水泥土搅拌桩，搭接150mm，形成连续墙，桩长控制要求穿过软弱土层进入粉质黏土层不少于0.5m，平均长度7.0m，桩身强度要求不低于1.0MPa，水泥掺入比不低于13%。为提高早期强度掺入适量的外加剂。搅拌施工桩完成28天后，开始分层进行支护面的土方开挖、土钉（锚杆）和面层施工，土方开挖沿搅拌桩内边线进行，挂网喷混凝土面层直接在搅拌桩壁墙面上进行施工，网筋采用 φ8@200mm×200mm 双向筋，外焊 φ16@1200mm×1450mm 菱形加强筋，喷射混凝土强度等级为C20，厚度100mm，分2次进行。初喷（厚度40mm）在土方开挖后土钉施工前完成。为进一步控制支护体的位移，将第2、4、6排土钉水平间隔设置为预应力锚杆，长度为18m，锁定力80kN，喷混凝土面层外通长设置1［25 槽钢腰梁。

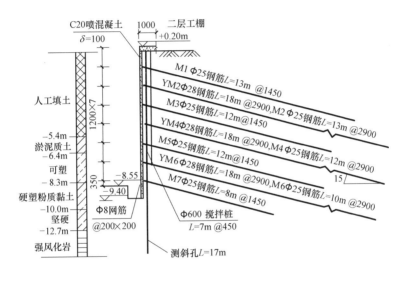

图 8-19　支护剖面

3. 监测

坡顶最大水平位移监测值为37mm，为3.93‰h，h 是基坑开挖深度。

4. 小结

（1）在软弱土发育地区的基坑采用土钉支护，应辅助超前加固措施，以确保分层开挖时边坡的临时自稳。采用水泥土连续壁墙穿过软弱土体深度大于0.5m（或嵌固深度满足基坑抗渗要求）可以同时满足基坑截水和挡土的需求。

（2）土钉支护复合了超前桩墙的支挡，可以有效地控制软弱土边坡的坡顶位移和坡面变形破坏的发展，起稳定边坡的作用。一般情况下，超前桩墙可以减少1/3的土钉支护坡顶水平位移值。

（3）复合超前桩墙的土钉支护结构的设计计算，建议在采用圆弧滑动极限平衡法进行整体稳定性计算时，如果超前桩墙的刚度较低（如搅拌桩），可不考虑超前桩墙的作用，留作安全储备。

实例四：水泥土墙复合土钉墙支护[40]

1. 工程概况

181

拟建项目位于武汉市汉口建设大道、武汉科技馆附近。主体结构为钢筋混凝土框架—剪力墙结构，采用桩—承台基础，建筑设计标高±0.000为23.750m，地面整平标高−0.750m（相对标高）。基坑大体呈矩形，东北～西南走向，开挖面积约1498.3m²，周长约173m，开挖深度5.05～7.55m。

基坑东南侧为建设大道，路边离基坑边最近大约8.5m，东南侧有市政电缆沟，离基坑边约1.85m，西南侧为还建厂房，3层砖混结构，采用天然基础，距离基坑边约4.3m。西北侧较为空旷，但靠近西南角附近有一道路、路灯线及供水管沿基坑边分布。东北侧为通信大楼，9层框架结构，采用管桩基础，距离基坑边最近为12.5m，另有民用电缆沿该侧分布，距离基坑边约3.5m。

2. 地质条件

拟建场地较为平整，地貌上属于长江Ⅰ级阶地，场地表层为素填土，上部为第四系全新统冲积黏性土层，下部为第四系全新统冲积砂层，具有典型的二元结构。根据勘察报告，场地土层自上而下划分为七层，分别为：①素填土，层厚2.4～4.4m，平均厚度3.5m，成分主要为粉土、粉砂。②₁淤泥质粉质黏土，饱水，软～流塑，层厚0～2.3m，平均厚度1.4m。②₂黏土，可塑，层厚1.3～8.4m，平均厚度4.9m。②₃黏土，软塑，层厚0～5.1m，平均厚度2.5m。③₁粉砂夹淤泥质粉质黏土，夹薄层软塑淤泥质粉质黏土，饱水，层厚1.1～4.9m，平均厚度2.1m。③₂粉砂夹粉质黏土，饱水，层厚0～3.3m，平均厚度1.6m；③₃粉砂，饱水，最大揭露厚度25.2m。综合确定的相关地层的岩土设计参数取值见表8-10。

基坑支护设计参数建议值 表8-10

地层层号及名称	重度（kN/m³）	综合取值	
		c（kPa）	φ（°）
①素填土	18.5	10.0	8.0
②₁淤泥质粉质黏土	18.1	12.0	5.0
②₂黏土	18.8	23.0	13.0
②₃黏土	18.1	15.0	8.0
③₁粉砂夹淤泥质粉质黏土	18.0	5.0	20.0
③₂粉砂夹粉质黏土	18.6	3.0	27.0

场地地下水类型主要为上层滞水和承压水。上层滞水赋存于①层素填土中，主要接受大气降水补给，水量少，无统一自由水面，水量与周边排泄条件关系密切。承压水赋存于③层粉砂层中，与长江水系相关，水量丰富。据调查该场地承压水位标高一般为18～21m，年变幅为3m。勘察期间测得上层滞水埋深0.9～2.0m，承压水静止水位埋深3.8m。经验算，基坑不存在突涌问题，影响本基坑的地下水主要为上层滞水。

3. 支护设计方案

综合考虑基坑开挖深度、环境条件、工程地质和水文地质条件，复合土钉墙支护比较适合本基坑。坑底②₃软弱黏土较厚，最厚区段约5.1m。采用水泥搅拌桩形成水泥土墙，主要用于解决基坑软土侧壁开挖面自稳问题、隔水、提高基坑侧壁稳定性、减少基坑变形，同时考虑到水泥土属于脆性材料，因此在搅拌桩内插入钢管微型桩，用于增强水泥土搅拌桩抗弯、抗剪能力，充分利用基坑开挖面积不大、施工工期较短、复合土钉墙施工便捷等有利条件以及软土变形的时空效应特性，基坑的安全性以及变形控制能够满足要求。

根据周边环境条件、地质条件、开挖深度的不同，将基坑分为 ABC、CDE、EFG、GHJ、JK、KL、LMA 共 7 个区段，按一级基坑进行设计。

设计中，土钉的长度按不小于基坑开挖深度的 1.5 倍并控制不超过 12m、间距按 1.0～1.5m 的原则来进行初步选择（根据经验，这样的原则兼顾了土钉施工的便利性和经济性，并可避免因群钉效应而降低单根土钉的功效），然后根据基坑整体稳定性验算结果最终确定。

基坑整体稳定性计算取单位长度按平面应变问题考虑，采用简化圆弧滑动面条分法，最危险滑面通过试算搜索求得。计算中，土钉只考虑抗拉作用，水泥土搅拌只考虑抗剪作用（按土层中的材料增强体考虑），微型桩作为安全储备不参与计算。由于复合土钉墙的刚度及构件强度较弱，基坑的抗隆起稳定性分析采用地基承载力模式进行计算。

基坑变形的控制标准，参照上海地区经验：基坑最大水平位移按 $4‰h$、地面最大沉降按 $2.5‰h$ 控制，h 为基坑开挖深度。

开挖深度较大的 LMA 段基坑支护剖面如图 8-20 所示。

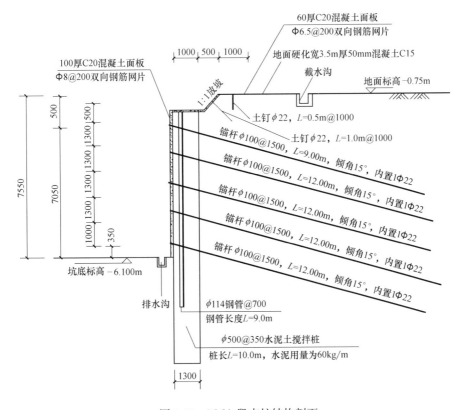

图 8-20　LMA 段支护结构剖面

基坑 LMA 段开挖深度 7.55m，垂直开挖，墙顶放坡深 0.5m，坡率 1:1，坡顶 1.0m 卷边，卷边外设置素混凝土截水沟。设三排 $\Phi500@350$ 水泥土搅拌桩，排距 400m，桩长 10.0m，水泥用量 60kg/m，并在桩内置入 $\Phi114@700$ 钢管，钢管长 9.0m。墙面设置 6 排土钉,第一、二层土钉长度 9.0m,第三、四、五、六层土钉长 12.0m,第一至第五层土钉竖向间距 1.3m,第五、六层土钉竖向间距 1.0m,各层土钉水平间距 1.5m,倾角均为 15°。

土钉采用 φ48×3.25 热轧钢管。管身每隔 50cm 设置螺旋形注浆孔(管口 2m 范围内不设),注浆孔沿管身对称布置,每个注浆截面设两个注浆孔。孔外采用等边角钢设置倒刺,与钢管夹角,以保护孔口。土钉注浆采用 42.5 级普通硅酸盐水泥,分两次注浆;第一次注浆压力 0.4~0.5MPa,第二次注浆压力 1.5~2.5MPa,水灰比 0.5,平均每延米水泥用量不小于 20kg。土钉墙墙面喷 100mm 厚 C20 混凝土面板,内置 φ8@200 双向钢筋网片。土钉采用井字箍与面层连接,水平加强筋选用 2 根 φ22 的 HRB335 钢筋,并每隔一排改用 14B 槽钢,通长设置,竖向加强筋选用 2 根 φ22 的 HRB335 钢筋,单根长 300mm。另设 φ22 的 HRB335 钢筋作为交错加强筋与土钉连接。

墙顶放坡坡面喷 60mm 厚 C20 混凝土面板,内置 φ6.5@200 双向钢筋网片,进行坡面防护。坡顶地面采用 50mm 厚 C15 混凝土进行硬化,硬化宽度 3.5m。

4. 监测

为确保边坡、地下管线的安全,详细掌握基坑支护效果,本工程对支护结构顶部水平位移及沉降、坑外土体深层水平位移、电缆沟顶部水平位移及沉降、周边道路及建筑沉降进行监测,以满足信息化施工的要求。

基坑施工从 2011 年 12 月 12 日开始,2012 年 3 月底开挖到底。实监测结果表明:周边道路、建筑最大沉降量为 12.44mm,支护结构顶部最大沉降量 12.97mm、最大水平位移 27mm,基坑周边地面未出现裂缝、电缆沟未出现破坏,说明支护效果良好,对周边环境的保护满足规范与设计要求。

实例五:土钉墙桩—锚组合支护[41]

1. 工程概况

杭州瑞丰国际商务大厦主楼 24 层,高 88.2m,附楼 15 层,高 58.5m,地下室两层,建筑面积 51095m²,钢结构建筑,基础为大直径钻孔灌注桩。基坑平面为 100m×60m,深度一般为 8.3m,最大深度 12.0m。

2. 场地周边环境与地质条件

(1) 基坑周边环境

该建筑地处杭州市中心区地段,周边环境条件复杂。北侧紧邻城市主要干道庆春路,距人行道约 7m;人行道下各种地下管线密布;东侧为小区道路及庆春综合商贸大厦,大厦基础为桩基础;南侧有 4 幢多层建筑和 1 幢高层建筑,其中多层建筑为浅基础,高层为桩基础;西侧为中河及中河高架道路。

(2) 场地地质条件

根据勘察报告,工程地质条件复杂,即上部存在性质较好的砂粉土层,下部为性质较差的软黏土层,本场地的地层结构及岩土工程地质特征如下:

①-1 杂填土:灰杂色,松散。主要成分为建筑垃圾和混合土垃圾;厚度 3.5~6.1m。

①-2 素填土:灰黑色,湿,稍密;含较多细小碎石、砖屑、少量有机质,腐殖质等;厚度 0~1.3m。

②-1 粉土:灰色,很湿,稍密~中密;具波状微层理,含较多云母碎屑,厚度

184

$2.6 \sim 6.8$m。

②-2 粉砂：灰黄色，饱和，稍密～中密；具波状微层理，含少量云母；厚度 $1.5 \sim 4.6$m。

③淤泥质粉质黏土：青灰色，流塑；具水平微层理，含少量粉土，偶有贝壳碎片，厚度 $3.0 \sim 7.8$m。

④-1 粉质黏土：可塑，具水平微层理，夹有少量粉土条带，含少量贝壳碎片，厚度 $0.8 \sim 1.8$m。

④-2 黏土：棕黄色，可塑，具微细网纹，含少量粉土、云母及贝壳碎片，厚度为 $8.4 \sim 13.8$m。

在基坑开挖影响范围内，各土层的物理力学性质指标见表 8-11。

土层物理力学性质指标取值　　　　　　　　表 8-11

土层	厚度(m)	压缩模量(MPa)	重度(kN/m³)	黏聚力(kPa)	内摩擦角(°)
①-1 杂填土	$3.5 \sim 6.1$	—	(18.0)	(8.0)	(15.0)
①-2 素填土	$0 \sim 1.3$	—	(18.0)	(12.0)	(15.0)
②-1 粉土	$2.6 \sim 6.8$	12.8	19.5	6.0	26.9
②-2 粉砂	$1.5 \sim 4.6$	13.2	19.3	8.5	27.6
③淤泥质粉质黏土	$3.0 \sim 7.8$	2.6	18.3	5.4	6.0
④-1 粉质黏土	$0.8 \sim 1.8$	6.0	19.0	19.3	19.1
④-2 黏土	$8.4 \sim 13.8$	8.2	19.2	31.6	16.8

注：括号内数值为经验值。

本场地浅部地下水为孔隙潜水，②层是主要含水层。地下水水位一般埋深 $1.0 \sim 1.5$m，主要受大气降水补给。场地西侧紧邻中河，河水位低于地下水水位，但当场地地下水水位下降，其地下水位低于中河水位时，会受到中河水的补给。②层土的渗透性较好，渗透系数为 $2.2 \times 10^{-4} \sim 1.5 \times 10^{-3}$cm/s。地下水对钢筋混凝土不具腐蚀性。

3. 设计方案

支护设计方案应严格控制基坑北侧和南侧的水平位移与地面沉降。据地层结构特征，本场地在上部存在工程性质较好的粉土或粉砂土，即②-1 粉土、②-2 粉砂，其下的土为工程性质较差的③淤泥质粉质黏土。

针对场地周边环境条件及场地岩土工程性质，采用大直径钻孔灌注桩与土钉墙组合的支护结构。对地质条件差、深坑部分边缘对变形要求较高的地段，采用刚性支档；对上部土质好的部分，为充分发挥其强度，采用土钉墙支护，配合井点降水，如图 8-21 所示。这一支护方案可大大降低支护费用，比传统的钢筋混凝土支挡结构节约 $30\% \sim 50\%$ 以上。

上部土钉墙中，共设置四排土钉，长度 9m，竖向间距 1.2m，水平间距除了第 4 排为 1.2m 外，其余是 1.0m，钻孔直径 $70 \sim 100$mm，土钉轴向与水平方向倾角 5°。

计算中，取地面超载 15kPa，考虑浅基建筑物荷载作用的影响，取荷载 60kPa，作用的水平距离为 10m。

土钉墙外部稳定性分析：根据朗肯理论计算主动土压力，土层中设置 4 排土钉，计算其抗滑破坏和抗倾覆破坏安全系数，其中粉土、粉砂土层采用水土分算，其余土层采用水

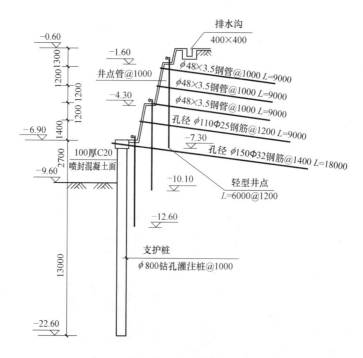

图 8-21　支护剖面

土合算。土钉墙内部稳定性分析，由条分法取单位长度计算确定。

围护桩支护结构计算。围护桩桩顶设在 -6.3m 以下。将土钉墙土体作为一超附加荷载，把桩的受力、复合变形的复杂计算简化为几何叠加。设计参数见表 8-12。支护桩嵌固深度：由土压力的零点位置，通过求平衡分别得到支点反力和嵌固深度，求得嵌固深度 13.0m。桩顶超荷 117.6kPa。支护结构内力与变形计算：桩支护结构采用弹性支点法计算，将桩内侧开挖面上支撑点处视为弹性支座，基坑开挖面以下用土弹簧取代被动土压力，土弹簧刚度系数 K_s；支撑点刚度系数 K_T 和地基土水平抗力系数为 m，应用弹性力学有限元法的基本平衡方程分析计算。

支护桩计算参数值　　　　　　　　　　　　表 8-12

土层	厚度(m)	重度(kN/m³)	黏聚力(kPa)	内摩擦角(°)	地基抗力系数(m/MN·m⁻⁴)
1	4.9	18	8	15	3.8
2	4.8	19.5	6	26.9	12.4
3	2.2	19.3	8.5	27.6	13.3
4	6.1	18.3	5.4	6	1.2
5	1.1	19.3	19.3	18.1	6.7
6	12.7	19.2	31.6	16.8	7.2

支护桩采用锚杆-桩排支护，其中锚杆长 18m，孔径 150mm，锚杆内力 280kN。

根据该场地的水文地质特点，采用多级轻型井点降水。经设计计算，布置 4～5 级井点，井点管长 6m，间距 1.2m。

4. 监测

基坑周边设置的 2 个深层位移孔的监测变形。桩顶水平位移实测值为 25.5mm，基坑顶实测值为 48.7mm。

实例六：土钉墙内支撑桩排组合支护[42]

1. 工程概况

温州市大自然城市家园北区 1、2 号楼工程位于温州市新城区汤家桥路和市府路交叉口的西南角，工程总建筑面积 91558m²，基坑面积 8500m²。其中 1 号楼地上 32 层，2 号楼地上 29～32 层，地下均为 2 层。工程基础采用大直径钻孔灌注桩，上部结构采用现浇框架剪力墙结构。工程地下室底板底标高－8.25m，加上 300mm 厚混凝土垫层，实际挖土深度 8.30m；基坑四周大承台底标高－10.45m，实际开挖深度 10.20m；小承台底标高－9.45m，实际开挖深度 9.20m。

2. 场地周边环境与地质条件

（1）基坑周边环境

基坑北侧距用地红线 4m 为市府路，东侧与汤家桥路距离 15m，西侧与已建的 3 号楼地下室相邻，南侧相距 8m 为已建的 12 号、15 号楼。场地标高－0.250m。

（2）地质条件

根据工程地质勘探报告，场地范围内主要为杂填土、黏土、淤泥。其中杂填土层平均层厚 1m，$\gamma=18kN/m^3$，$\varphi=13°$，$c=10kPa$；黏土层层厚 1m，$\gamma=18.6kN/m^3$，$\varphi=8.3°$，$c=18.5kPa$；淤泥层层厚 25m，$\gamma=16.8kN/m^3$，$\varphi=6.9°$，$c=12.8kPa$。

地下水水位埋深为地表下 0.29～0.95m。

3. 基坑支护设计方案

从技术、经济角度，考虑了如下三个基坑围护方案：

方案一：全部采用土钉墙围护方案。该方案设备简单，施工成本低，在浙江地区一些工程采用此方案基坑深度已做到 10m 左右。但结合本工程实际，在基坑的东南两侧可以采用多级放坡处理。但因基坑北侧距红线只有 4m 距离，无法放坡。

方案二：采用钻孔灌注施工加内支撑。该方案优点是桩的刚度大、位移少，但其施工成本要比土钉墙高。

方案三：基坑上部采用土钉墙围护，下部采用钻孔灌注桩加支撑的组合支护结构体系方案。在基坑－5.05m 标高以上采用土钉墙围护，边坡坡度 1：0.3。下部采用 $\phi700$、$\phi800$ 钻孔灌注桩加内支撑围护（图 8-22）。

因本工程北侧距用地红线 4m 为市府路，作为一条重要道路，在基坑施工中不允许发生较大变形和沉降。如全部采用土钉墙围护方案，因本基坑深度达 10.20m，且下部为淤泥质土层厚 25m，越开挖到基坑下层，随着土体压力的增加，此层的土钉未做，而上一层的土钉强度不够时，越容易发生失稳滑移。方案三充分利用了基坑上部挖深不大，通过土钉与土体形成复合体，提高边坡的整体稳定性，且已有此方面的施工经验，在基坑下部土压力较大部位，充分利用了钻孔灌注桩和内支撑整体刚度好的特点。能够保证下层土体的整体稳定性，且通过土钉墙和钻孔灌注桩的组合，能降低工程施工成本，有较大的优越性。综合上述决定采用方案三作为本工程的基坑围护方案。

（1）钻孔灌注桩

钻孔灌注桩根据基坑开挖深度的不同分别采用 $\phi700@100$、$\phi800@1000$。设计桩长

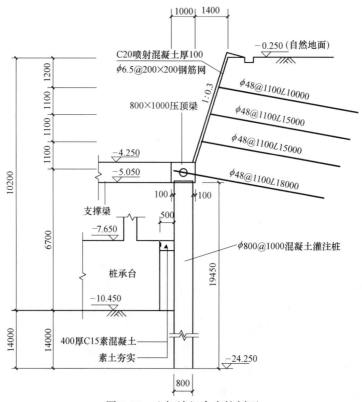

图 8-22　土钉墙组合支护剖面

19.45m、12.55m，桩顶标高－5.00m。桩身混凝土强度等级 C25，主筋采用 16ϕ22，螺旋箍采用 Φ8@200，加强箍采用 Φ12@2000。

（2）内支撑梁与立柱的连接

支撑梁通过钢立柱与底板下的支撑桩连接。每根钢立柱采用 4 根$\llcorner$ 100×10 角钢焊一100×10 钢板做成井字形格构柱。格构柱下部与桩主筋焊接插入钻孔桩 2m，上部伸入支撑梁长度 400mm。支撑梁的支撑桩根据平面布置，利用工程桩 18 根，另设 18 根ϕ700 钻孔灌注桩作为立柱桩。加设的 18 根立柱桩桩身混凝土强度等级 C25，桩在底板以下长度为 25m，主筋采用 12Φ18，螺旋箍采用 Φ8@200，加强箍采用 Φ12@2000。

（3）土钉墙

基坑－5.05m 标高以上采用土钉墙围护，土钉采用Φ48×3.5 钢管制作，土钉水平间距均为 1 00mm，竖向间距为 1200mm、1100mm，长 10～18m。钢管从离坑壁 2m 起设 2Φ8@400 注浆孔，水平倾角 10°。坡面分二次喷射 100mm 厚 C20 混凝土，中间为Φ6.5@200 双向钢筋网片。

4. 施工

（1）土方开挖

土方开挖实行分层分段的原则，沿基坑边每开槽 6m 宽进行土钉墙施工。每层土方开挖深度不超过该层土钉下 300mm，分段长度 20m 进行流水施工。

土方大面积挖至设计坑底－8.550m 标高后，再进行承台、地梁等局部深坑处理。土方挖至设计标高，经验槽后，马上施工混凝土垫层，对承台、地梁部分做砖胎模，以减少基坑暴露时间，有效控制围护结构的变形。

（2）土钉墙

土钉锚管开孔从离坑壁 2m 处开始设孔，直至管底，孔距 0.40m，锚架即倒刺每隔 1.2m 设一只，紧贴锚管，双面焊，头部砸扁。各锚管对接用 3Φ12，$L=120mm$，进行双面满焊。

土钉锚管注浆采用水灰比为 0.5 的纯水泥浆，采用注浆压力和注浆量双控措施。其中注浆压力不小于 0.5MPa，注浆量不少于 30kg/min，注浆完成后混凝土在钢管周边形成直径 150mm 的孔径。

喷射第一层 40mm 厚 C20 混凝土后，张挂 Φ6.5@200 双向钢筋网片，再喷射第二层 60mm 厚 C20 混凝土。C20 混凝土配合比为水泥：石子：砂＝1：2：1.5，并掺加了速凝剂。

待已施工完成的土钉墙混凝土强度达到 80% 后再进行下一层的土方开挖和土钉墙施工，直至 −5.05m 标高。

（3）压顶梁和支撑梁

在开槽挖土至 −5.05m 标高后，即浇筑围护桩顶圈梁和钢筋混凝土内支撑。压顶梁断面 1000×800mm²，内配 16Φ25＋4Φ16、Φ8@200。土钉墙的最下一排锚杆应锚入混凝土压顶梁内。在压顶梁和支撑梁混凝土强度达到设计强度的 80% 以后做下层土方开挖。

（4）换撑

在钢构柱与底板混凝土中部交接处，焊好 5mm 厚钢板止水片。浇筑 600mm 底板、承台和地梁大体积混凝土。

底板混凝土浇筑完成后，在底板与围护桩间隙用 C15 毛石混凝土填实，待底板及换撑混凝土达到 80% 设计强度后拆除支撑。

5. 监测

在整个基坑开挖过程中，在基坑四周共布设了 8 个测斜孔，水平支撑设 8 组轴力观测点，以观测轴力变化。并对周边道路、管线、建筑物设沉降观测点，做沉降观测。监测结果表明，桩顶最大水平位移 45mm，未超过 50mm 设计的限值。

土钉墙组合支护结构体系充分利用了土钉墙施工简便、成本较低的特点，又在基坑较深的情况下充分利用了钻孔灌注桩刚度较好的特点，有效地降低了工程造价，缩短了工期，取得了较为显著的成效。

8.3.4 设计案例

前面介绍的土钉支护方案来源于已发表的文献。实际工程中，基坑支护设计报告一般由文字部分、设计计算和设计图纸三部分组成。其中，"文字部分"是基坑支护设计的主体；"设计计算"包括土钉支护稳定计算书、地下水控制计算书等；"设计图纸"包括基坑设计总体说明、基坑周边环境及监测点平面布置图、基坑周边地层概化剖面图、基坑支护平面布置图、土钉支护结构剖面图、地下水控制设计图等。如果是经过专家评审后的修改方案，须附上对专家意见的答复。

下面以江花基坑设计为例，分为总目录、设计报告（文字部分）、设计图三个方面，详细介绍支护选型、地下水控制等设计报告中文字、图表的组织，并附内支撑拆除及换撑方案（《江花综合大楼深基坑工程设计报告》，武汉市勘测设计研究院，2006 年 9 月）。基坑竣工图如图 7-12 所示。

一、设计报告总目录

第一部分　设计文字

第1章　工程概况

第2章　场地岩土工程条件

2.1　周边环境概况

2.2　场地地质工程条件

2.3　场地水文地质条件

第3章　基坑支护方案的设计条件

3.1　设计依据

3.2　设计参数

3.3　基坑特点分析

3.4　基坑重要性等级

第4章　深基坑支护方案的选择

4.1　设计原则

4.2　支护方案选择

4.3　基坑支护结构优化设计

4.4　地下水控制方案选择

第5章　支护结构设计

5.1　设计计算模型

5.2　桩内支撑支护设计

第6章　地下水处理方案

6.1　上层滞水处理

6.2　侧壁防渗

6.3　深基坑工程降水

6.4　封井措施

6.5　其他

第7章　土方开挖、运输、工况要求及施工注意事项

7.1　施工总体安排

7.2　土方开挖施工要求

7.3　钻孔灌注桩施工要求

7.4　锁口梁、钢筋混凝土支撑梁施工要求

7.5　挂网喷射混凝土支护施工要求

7.6　喷锚网施工要求

7.7　止水帷幕施工要求

7.8　降水井施工要求

7.9　路面硬化及排水施工要求

7.10　其他施工注意事项

第8章　环境监测要点

二、设计报告（文字部分）

下面节选了江花综合大楼深基坑工程设计报告第一部分中的第1章～第6章内容（《江花综合大楼深基坑工程设计报告》，武汉市勘测设计研究院，2006年9月）。基坑采用内支撑桩排支护方式，桩顶边坡采用土钉墙支护，与桩排构成土钉墙桩排组合支护方式。土钉墙组合设计中，桩排加固坡脚，水泥土桩墙既隔渗，又能控制土钉墙中部位移，遵循了"稳坡脚，控中间"的原则。

第1章 工程概况

武汉江花实业开发总公司拟开发的江花综合大楼工程北临三阳路、东临中山大道、西临京汉大道，该工程总用地面积2.34公顷，由1栋13层、1栋15层、1栋2层办公楼以及3栋18层住宅楼组成。6栋拟建建筑物在平面布局上组成类似于"四合院"型，拟设置

2层满铺地下室，基础埋置深度约10.60m。该工程主体结构由中南建筑设计院设计，基础形式采用预应力管桩，岩土工程勘察由武汉市勘测设计研究院完成。地下室形状呈长方形，基坑周长约516m，面积约14400m²，开挖深度9.4～10.6m。

本工程设计±0.00标高为25.80m（黄海高程），地下室一层底板顶标高为－4.60m，二层底板顶标高为－8.50m，底板板厚300mm，承台底（含100mm厚垫层）标高约－10.70m，电梯井承台底标高约为－12.70m。地下结构标高与±0.00标高、自然地面下深度及绝对标高的相互关系见表8-13。

地下结构标高与±0.00标高、自然地面下深度　　　　　表8-13

地下结构名称		±0.00标高（m）	自然地面下深度（m）	绝对标高（m）
一层地下室楼板顶		－4.60	3.8～4.8	21.20
二层地下室底板顶		－8.50	7.7～8.7	17.30
二层地下室板板底		－8.80	8.0～9.0	17.00
承台垫层底	三阳路侧住宅楼	－10.20	9.40（自然地面标高25.00）	15.60
	东侧中山大道	－10.70	10.30（自然地面标高25.40）	15.10
	在建华清人家侧（东）	－10.20	9.80（自然地面标高25.40）	15.60
	在建华清人家侧（西）	－10.40	10.20（自然地面标高25.60）	15.40
	京汉大道侧	－10.20	10.40（自然地面标高26.00）	15.60
	三阳路办公楼侧	－10.70	10.50（自然地面标高25.60）	15.10
局部电梯井		－12.70	12.70	13.10

第2章　场地岩土工程条件

2.1　周边环境概况

该基坑周边环境较复杂，现有建（构）筑物、道路管线距地下室外墙轴线的距离详见表8-14，基坑四周管线详见业主提供的管线图。

基坑周边环境　　　　　表8-14

方位	道路	具　体　说　明
西侧	京汉大道	地下室外墙轴线距用地红线约11.4m，用地红线以西2倍基坑开挖深度范围内无管线分布
北侧	三阳路	地下室外墙轴线距用地红线约18.0～21.0m，用地红线以北约4.0m为用地围墙，围墙以北约2.4m处分布有电信光缆，围墙以北约3.5～4.6m处分布有φ600混凝土给水管和φ150铸铁给水管
东侧	中山大道	地下室外墙轴线距用地红线约5.0m，用地红线以东约11.0m处为围墙，围墙外4.0m和7.3m处分别分布有φ1000混凝土排水管和φ300铸铁给水管
南侧	在建华清人家小区	地下室外墙轴线距用地红线约16.0m，用地红线以南为在建华清人家项目征地范围

2.2 场地地质工程条件

拟建场地位于汉口老城区繁华地段，靠近长江西岸，三面为城市交通主干道，且三阳路和中山大道为汉口老城区比较重要的商业街。整个场区地势平坦，勘探点孔口高程一般在24.41～26.61m之间，属长江冲积一级阶地地貌形态。

根据岩土工程勘察报告，与基坑工程有关的岩土层分布见表8-15。

表 8-15

岩土层分布

地层编号及岩土名称	层顶埋深（m）	层厚（m）	颜色	状态	压缩性	包含物及分布特征
（1）杂填土	0	0.7～3.6	杂色	松散	高	分布于整个场区，厚度变化较大，以建筑垃圾为主，含少量黏性土、生活垃圾
（1-2）素填土	0.7～3.2	0.8～4.6	杂色	软塑	高	分布不均匀，存在缺失现象，以黏性土为主，含碎石、粉细砂、生活垃圾等
（2-1）粉土夹粉质黏土	1.0～7.5	0.9～7.9	黄褐色	中密/软塑	中	含云母片、石英、少许有机质，无规律地混夹有薄层状淤泥质土
（2-1a）粉质黏土	1.3～7.3	0.7～6.4	黄褐色	软塑	中	含Fe、Mn氧化物、高岭土条纹、有机质，夹少许粉土、淤泥质土薄层，该层分布规律性较差
（2-2）粉质黏土	5.0～11.0	1.3～7.5	灰褐色	软塑	高	含Fe、Mn氧化物、高岭土条纹、有机质，夹少许淤泥质土薄层，该层分布于整个场区
（2-3）黏土	5.0～10.1	0.9～7.2	褐黄色	可塑	中	含Fe、Mn氧化物、高岭土条纹，该亚层主要分布于场区东部，分布厚度差异较大
（3）粉土、粉砂、粉质黏土互层	8.6～14.6	0.8～6.3	青灰色	中密	中	含云母片、石英、Fe、Mn氧化物，以粉土为主
（4-1）粉砂夹粉土	11.3～17.0	0.8～7.7	青灰色	稍密（局部中密）	中	含云母片、石英、Fe、Mn氧化物薄膜，不规则地夹有薄层粉质黏土，该层分布于整个场区
（4-1a）粉质黏土	20.1	1.8	青灰色	可塑	中	该层只在极少数触探孔中揭露。属（4-1）层中厚度大于50cm的软弱夹层
（4-2）粉砂	12.4～22.8	6.5～18.7	青灰色	中密	低	含云母、石英、Fe、Mn氧化物薄膜，分布整个场区，竖向厚度大，规律性强

2.3 场地水文地质条件

拟建场地位于长江冲积一级阶地，地下水类型包括上层滞水和孔隙承压水。

上层滞水主要赋存于（1）层人工填土和（2-1）层粉土层中，主要接受大气降水和地表排水的渗透补给，无统一自由水面，水量受季节、周边排泄条件直接影响。

孔隙承压水赋存于（3）单元过渡性土层、（4）单元砂土层及（5）单元中粗砂混砾卵石层中，与长江水体及区域承压水体联系密切，水量丰富。

第3章　基坑支护方案的设计条件

3.1　设计依据

（1）江花综合大楼红线定位图，总平面图，地下一、二层平面图及基础承台平面布置图等；

（2）《武汉江花实业开发总公司江花综合大楼岩土工程勘察报告》；

（3）《建筑边坡工程技术规范》GB 50330—2013；

（4）《混凝土结构设计规范》GB 50010—2010；

（5）《建筑桩基技术规范》JGJ 94—2008；

（6）湖北省地方标准《基坑工程技术规程》DB 42/159—2004；

（7）《建筑基坑支护技术规程》JGJ 120—2012；

（8）《武汉市深基坑工程设计文件编制规定》WBJ-1—2001；

（9）《市建委关于加强深基坑工程方案论证管理的通知》武建〔2005〕273号。

3.2　设计参数

根据《武汉江花实业开发总公司江花综合大楼岩土工程勘察报告》和《湖北省深基坑工程技术规程》，结合地区经验，确定场地与基坑支护设计相关的土层参数，见表8-16。

基坑支护设计土层参数　　　　　　　　　　　　　　　　　　　表8-16

地层编号及名称	重度（kN/m³）	主动区		"m"值（kPa/m²）	τ值（kPa）
		c(kPa)	φ(°)		
（1）杂填土	19.50	5	22	2500	30
（2）素填土	18.00	5	6	1500	20
（2-1）粉土夹粉质黏土	18.47	12	20	7200	45
（2-1a）粉质黏土	18.43	17	10	4000	35
（2-2）粉质黏土	17.91	16	9.5	3600	35
（2-3）黏土	18.66	25	13	6500	45
（3）粉土、粉砂、粉质黏土互层	18.18	9	16	7000	50
（4-1）粉砂夹粉土	18.80	0	20	12000	50
（4-2）粉砂	19.00	0	35	21000	55

3.3　基坑特点分析

1. 基坑开挖面积大，约14400m²，基坑开挖深度10.6m，基坑长边长约180m，空间效应将会很明显。

2. （1）单元为人工填土层，成分杂乱，结构松软，均匀性差，自稳性能差，该单元层是组成基坑侧壁土体的主要土层之一。（2）单元层中，（2-1）层呈中密（软塑）状态，压缩性中，具有一定的强度，是组成基坑侧壁土体的主要土层之一，因赋存具有区域性补给源上层潜水，易造成侧壁管涌。（2-1a）和（2-2）层呈软塑状，属中～高压缩性土层，层中夹有薄层粉土，基坑开挖暴露后易浙水、引起流砂，引发坑壁失稳。（3）单元层粉土、粉砂、粉质黏土互层，属于上部黏性土与下部砂土的过渡层，赋存弱孔隙承压水，水平方向上分布不均匀，当基坑开挖至设计标高时，局部地段其上覆土层（2-2）层或（2-3）层所剩厚度较小，易发生坑底突涌，因此，该层中赋存的承压水对基坑开挖存在不利影响。

3. 基坑位于汉口老城区繁华地段，靠近长江西岸，三面为城市交通主干道，主干道地下、地面管线密布，且三阳路、中山大道和京汉大道为汉口老城区重要的商业街，基坑边坡及周围地面出现过大位移和沉降，将会造成较大的社会影响，因此，本基坑工程的变形控制是十分关键的环节。

4. 基坑开挖深度达 10.6m，岩土地质情况较差，不能自稳，且不具备大放坡空间，为确保地下室基础顺利施工，必须在基坑开挖时进行有效的支护和止降水。

3.4　基坑安全等级

根据拟建建筑物地下室结构图，本工程基坑开挖深度 10.6m。根据湖北省地方标准《基坑工程技术规程》DB42/159—2004 第 4.0.1 条，本工程开挖深度大，周边环境及地质条件较复杂，工程规模大，故该基坑安全等级为一级，临时支护结构调整系数取 1.00，最大位移应控制在 40mm 以内。

第 4 章　深基坑支护方案的选择

4.1　设计原则

（1）在保证安全的前提下，兼顾经济及工艺成熟、施工速度快、施工方便的原则；
（2）保证基坑开挖期间地下室的安全开挖和顺利施工；
（3）保证基坑开挖期间基坑底不出现突涌冒砂及坑壁流土、流砂现象；
（4）保证基坑开挖期间不发生工程桩被推挤，导致工程桩破坏变位的现象；
（5）保证基坑开挖期间周边建（构）筑物、管线的安全和稳定；
（6）保证基坑开挖地下水控制措施对周边建（构）筑物不造成较大的影响。

4.2　支护方案选择

本工程场地位于汉口地质条件较差的地区，从地质剖面看，基坑开挖深度范围内主要由松散的人工填土、软塑的粉土夹粉质黏土及粉质黏土、可塑的黏土和中密粉土、粉砂、粉质黏土互层等组成，维持边坡稳定所应具有的黏聚力都偏低，且地下承压水位较高、周边环境状况较严峻，故本基坑不具备大放坡开挖的条件，需进行必要的基坑支护和止降水措施，才能保证地下室基础的顺利施工。

根据场地地质和环境条件，本基坑支护需严格控制支护结构的水平位移和沉降，以免引起周围建筑物及道路、地下管线发生不均匀沉降、倾斜、开裂等，导致发生严重的工程质量事故。目前武汉市深基坑支护方案有：喷锚支护、重力式挡墙、悬臂桩、地下连续墙加撑、双排桩、桩锚及桩撑等支护形式。现将以上几种支护形式对本基坑工程的适宜性简单分析如下：

1. 土钉支护或复合土钉支护

对于开挖深度不大（一般在 6m 以内）且坑壁土体自稳性能较差的情况下，土钉支护或复合土钉支护能做到随挖随护，施工周期短，造价低，具有较好的经济性。但本基坑工程开挖深达 10.6m，若施工工艺不当，坑壁粉土层极易在锚杆施工过程中发生流土现象，引起地面塌陷或较大沉降。因此，本工程不宜整体采用土钉支护。

2. 悬臂桩或重力式挡墙

悬臂桩、重力式挡墙的支护深度有限,一般不超过 6m。因此,也不适用于本基坑工程。

3. 地下连续墙

优点:地下连续墙是用特殊的施工机械在地下构筑连续钢筋混凝土墙体,地下连续墙既可作为上部建筑物地下室外墙,亦可兼作基坑开挖时基坑挡土、截水、防渗等临时性防护结构。

缺点:

(1) 其工程造价非常昂贵,常应用在基坑周边环境狭窄,工程地质条件复杂的深基坑工程中;

(2) 本工程若采用地下连续墙,除地连墙本身外,尚需布设锚杆或内支撑;

(3) 地下连续墙施工技术复杂,在武汉市实践经验不多;

(4) 地下连续墙作为建筑物地下室外墙使用时,需设置很多预埋件,若预埋件设置不当,则地连墙与地下室底板及纵横连接困难,若出现施工质量问题,势必较难处理。

因此,本基坑不推荐采用地下连续墙支护方案。

4. 双排桩

双排桩是一种新近应用相对较多的支护形式。其原理是利用前后两排桩、桩顶连梁以及两排桩间土体的共同作用,达到控制较深基坑边坡变形和整体稳定的目的。

鉴于近年来武汉市采用双排桩的实际工程不多,通常认为双排桩支护结构控制基坑边坡位移较差。但最近已开挖至基底的一个完全采用双排桩支护的基坑工程实例,为双排桩的应用提供直接的示例。该基坑深达 10m,地处汉口永清街,地质条件与本基坑工程极为相似,基坑平面尺寸也与本基坑工程相似。该基坑采用两排 900mm 钻孔灌注桩,排距 2.7m,桩排与桩排之间采用水泥土加固。目前,该基坑已开挖到基底 1 个多月,实测最大水平位移仅 13mm。

优点:在基坑支护时不需设置锚杆或内支撑,不会影响基坑土方的开挖和地下室基础施工,不会引起地下室基础后浇防水问题。

缺点:

(1) 需要有双排桩布桩及施工空间,冠梁混凝土增加较大方量;

(2) 桩排之间土体需进行加固;

(3) 双排桩计算模式不成熟,很大程度依赖经验;

(4) 由于多设置一排支护桩、桩间加固以及冠梁混凝土,工程造价相对较高。

对本基坑工程,地质条件、开挖深度及场地条件,虽具备双排桩施工空间,为备选方案之一,但因其造价很高,故本设计方案不予推荐。

5. 桩—锚支护

桩—锚支护施工工艺成熟,经济可靠,在武汉市有很多成功经验,是本基坑支护较适宜的支护形式。

优点:

(1) 桩—锚支护不仅能为基坑内作业提供宽敞的作业空间,锚杆较长且施工质量较好时,控制变形能力较好。

（2）通过合理的施工组织，锚杆施工可以与基坑挖土穿插进行，交叉作业，从而不占用较多的挖土有效工期。

因此，由于锚杆对坑内作业无干扰，施工速度较快，经济性较好。

缺点：

本工程场地地处汉口老城区繁华地段，靠近长江西岸，三面为城市交通主干道，地下室外墙轴线距用地红线约 5.0～21.0m。针对本基坑工程的具体情况，若采用常规锚杆和工艺存在以下明显不足：

（1）本基坑挖深 10.6m，为有效控制边坡变形，采用常规锚杆工艺，锚杆将达 18～20m 左右，都将超出用地红线范围。如果锚杆设置在红线以内，只能设置 13～16m 左右，将无法较好控制边坡变形。根据武汉市建委武建 [2005] 273 号文件，锚杆不得超出规划红线范围。锚杆超出用地红线范围，可以通过采用可回收式锚杆解决。可回收锚杆工艺是通过后期过量张拉杆芯钢绞线，使之与锚头端板脱落，实现回收钢绞线的目的。可回收锚杆在我市正处在初始试验阶段，尚无成熟经验。从广州、深圳等地应用情况来看，一般可实现大部分钢绞线回收，少数杆芯无法回收，存在违反建委文件的问题，对环境造成不利影响。有时由于工期因素需要及时回填，或由于成本因素，支护完成后并不能真正回收。市建委也正商讨对违反文件事件的处理办法。

（2）由于整个坑壁范围内都存在粉土层或粉土、粉砂与粉质黏土互层。若采用常规锚杆工艺，锚杆需设置 2 排。施工过程中，锚杆将穿过侧壁止水帷幕。在粉土及粉砂层中，锚杆成孔施工极易引起流土、流砂，从而导致局部塌陷或大面积沉降。时代广场基坑就是由于锚杆施工中引起流砂，导致很大损失，并造成很大的社会影响。

为解决锚杆成孔过程中流土、流砂问题，可采用泥浆跟管钻进工艺。即便是这样，流土、流砂问题也不能完全解决。特别是施工第二排锚杆时，锚杆进入粉土、粉砂与粉质黏土互层中。中深井降水不能有效解决粉土、粉砂与粉质黏土互层中的弱承压水。因此，传统工艺施工锚杆，不可避免地将会引起较大的施工沉降和承担较大的风险。

针对以上桩锚支护的优点和缺点，结合本基坑工程的具体情况：基坑南、北两侧轴线距红线有 16.0～18.0m，可以采用特殊锚杆工艺——扩大头高强锚杆来解决短锚杆变形大、施工易流土、流砂等缺点。即将锚杆设置在桩顶，并采用较大角度（20°～30°），角度交错变化以避免群锚效应。高强锚杆能提供常规锚杆 3 倍的锚固力，且成孔施工时不需要破坏侧壁止水体系，因此，不仅可以解决锚杆出红线的问题，还可以解决成孔过程中流土、流砂问题，但仍存在变形控制的问题。鉴于扩大头锚杆施工工艺为专利技术，可能存在施工设备能力不足的问题，从而致使锚杆施工周期过长，影响整体进度。故本设计方案不推荐该方法。

6. 桩撑支护

桩排+内支撑是控制边坡侧向变形最有效的手段之一，在开挖较深且狭长的基坑中经济性较好。

优点：

（1）桩撑支护刚度大，边坡变形小，可有效保护基坑周边建筑物和地下管线安全，特别适宜变形控制十分严格的基坑工程。

（2）对于本基坑，可采用一层钢筋混凝土支撑，受力条件好，节点处理简单且方便，采用特殊的工艺和合理的布置，实施工期短，基坑开挖安全性高。

缺点：

（1）由于本基坑较宽达 78m，内支撑结构布置时，需要在坑内设置较多立柱。内支撑结构和立柱，对土方开挖会造成一定干扰，会对工期造成一定的影响，立柱会引起基础防水问题。

（2）内支撑混凝土施工、养护周期相对较长，会对工期造成一定的影响。

（3）支护拆除时需要换撑及分段拆除，影响工期并增加工程造价。

本基坑工程平面规则，采用桩排＋内支撑支护方案能确保基坑周边管线安全，是较为理想的选择。我院在内支撑结构设计、分析方面具有较为丰富的经验，通过在平面结构布置、材料选择、施工流程等方面进行优化，可在相当程度上解决以上不足。桩撑方案不存在超越红线问题。因此，桩撑方案也是可行方案。

综合考虑本工程场地地质条件、周边环境的严峻性和复杂性，在充分利用周边环境放坡卸载的基础上，我院推荐采用桩撑方案。

4.3 基坑支护结构优化设计

1. 关于桩顶埋深与桩顶放坡卸荷

桩顶埋深越大，支护桩相对越短，成本越低。武汉市建委文件中要求桩顶埋深不宜大于 2.0m。本基坑周边都有一定放坡空间，放坡卸荷无疑是保障基坑安全的最好措施。本基坑局部地面下 2.0m 即见粉土与粉质黏土互层，放坡高度太大则上部边坡稳定性不易解决，因此，桩顶不宜设置太深。

从桩撑设置及拆撑方面考虑，放坡卸荷越多，则桩长短、桩身配筋少，内支撑安全。虽然增加了土方开挖及回填的费用，但总体上会经济一些。因此，设计时力求找到两方面最佳结合点。

经综合分析，将锁口梁顶设置在标高 21.50m，即地面下 3.5～4.5m 左右。上部边坡通过土钉支护或网喷可确保安全，下部桩身及支护梁配筋、截面尺寸也可合理控制，更为重要的是在底板浇筑且用素混凝土将基础与支护桩间隙填实后即可拆除支撑，使内支撑对结构施工的影响降到了最低。

2. 关于支撑布置

钢筋混凝土环形支撑体系能充分利用混凝土的抗压性能，其稳定性好，利于土方开挖。但由于模板及钢筋加工的原因，施工时仍要施工成直线杆件，且施工放线复杂。同时环形支撑与锁口梁相切处，刚度较小。因此，我院在支撑布设时，充分吸取了环形支撑方便土方开挖和稳定性好的优点，也吸取了直线形支撑施工方便、受力明确的优点，将环形支撑与桁架支撑有机地结合起来，形成环形直杆体系。

3. 关于立柱

为有效解决防水问题，立柱桩上部采用钢构、下部采用钻孔灌注桩形式，有利于解决防水问题。

4. 关于混凝土强度等级

内支撑混凝土计算时采用 C30 强度，可分段开挖浇筑混凝土并采用 C40 强度，混凝土浇筑 10 天后即可进行土方开挖。

5. 关于支撑材料

对于本基坑，由于支撑宽度较大，同时支撑体系为环形支撑与桁架支撑相结合的支撑方式，为达到整体稳定性效果，采用钢筋混凝土。

4.4　地下水控制方案选择

本工程场地主要地下水为上层滞水和孔隙承压水；上部上层滞水水位埋藏浅，下部承压水水头高；基坑侧壁存在粉土夹粉质黏土，基坑挖深约 9.0m 以下主要在粉土、粉砂等砂性土层中开挖，因此，必须对地下水进行处理，以保障基坑开挖和地下室施工的顺利进行，防止由于坑壁流水（砂）、坑底突涌等地下水水患而造成周边地面和建（构）筑物的破坏。

武汉地区地下水控制措施有：

（1）五面隔渗

五面隔渗是在基坑四周及底部采用高压旋（摆）喷或高压注浆施工成全封闭水泥土隔渗帷幕，使基坑四周及底部的地下水基本上不能向基坑内渗透。五面隔渗式处理方法的优点是可以保证基坑四周地面沉降变形较小，其缺点是费用高。五面隔渗由于施工质量难以控制，若个别地方存在施工质量缺陷，则会出现局部突涌翻砂，特别是当基坑壁存在粉砂、粉土等可发生渗透破坏的地层时，由于没有采取降水措施，支护桩内外两侧势必存在水头差，此时若隔渗帷幕局部存在施工质量缺陷时，地下水必须会沿薄弱处上逸而发生流土、流砂现象，流土、流砂使坑周地层出现潜蚀掏空，往往会引起严重的环境灾害。世贸中心大厦采用周底隔渗因坑底防渗层局部质量原因，导致基坑突涌，后采用深井降水最终开挖成功。

（2）落底式竖向帷幕

落底式竖向帷幕即是沿基坑四周竖直向下直至深部的不透水黏土层或不透水基岩，采用高压摆（旋）喷或高压注浆施工成一四周封闭的深井状隔渗帷幕，从而使基坑四周及底部的地下水基本上不能向基坑内渗透。由于其竖向帷幕一般很深，因而其施工质量更加难以保证，采用此方法时一般辅以基坑内降水，但降水量常常难以准确预测。

（3）（中）深井降水

深井降水是武汉市治理地下水危害的一种常用的而且是行之有效的方法。深井降水的优点是施工简便、工艺质量可靠、造价节省，在武汉市有很多成功实例和经验；其缺点是深井降水会使基坑四周一定范围内地面产生沉降变形，但其沉降变形是可以预测控制的。在该基坑工程中采用深井降水，只要设计恰当，加强观测，严格管理，同时辅以一些预防性处理措施，还是经济可行的。深井降水降低承压地下水后，能够提高坑外主动侧土层的 c、φ 值，有利于减少支护桩外侧的主动土压力，从而提高边坡稳定性。

（4）联合处理

联合处理是侧壁采用落地式或非落地式帷幕和中深井降水措施。

联合处理措施优点是较为安全，缺点也是显而易见的。当隔渗帷幕存在"漏点"失效时，基坑内降水井必须全部启动，使场地承压水水头低于基坑底板，降水井（包括备用井）数目接近全降水方案，坑内降水井的启动也有可能引起周边地面沉降。

该基坑地下水处理的可行方案是深井降水（全降水）或联合处理。当采用全降水方案时，降水不可避免的会引起坑周边一定范围内地面沉降，而联合处理采用侧壁非落底式搅拌桩帷幕和中深井降水方案比全降水所引起的地面沉降相对较小，对周边环境影响也较小，是比较安全经济的合理方案。

综上所述，该基坑地下水处理的方案是侧壁非落底式搅拌桩帷幕和中深管井降水的联合处理方案。

第5章 支护结构设计

5.1 设计计算模型

（1）基坑设计开挖范围：以地下室外边线外扩约 1.5m 为基坑开挖内边线。

（2）基坑设计开挖深度按承台垫层底考虑：中山大道及三阳路西段侧基底标高 −10.70m，其他侧 −10.20m。自然地面下开挖深度 9.4～10.5m。

（3）概化地层，按场地地层厚度变化概化为 6 个地层剖面。

（4）坡顶周边超载按 15kPa 考虑，卸荷范围内按 10kPa 考虑。

（5）土压力分布模式，按朗肯土压力理论，水土合算方式。

5.2 桩内支撑支护设计

经计算，采用桩内支撑支护，桩顶水平位移最大约为 16mm，满足一级基坑要求。具体计算结果见表 8-17。

计算结果

表 8-17

边坡		地层代表孔号	开挖深度 (m)	水平支撑力标准值 T (kN/m)	桩身弯矩设计值正/逆工况 M(kN·m)	计算桩长 (m)	桩身最大位移(mm)正工况/换撑工况
三阳路	$ab(\phi800)$	C47	9.4	86	538/517	13	10/11
	ab 电梯井($\phi800$)	C47	11.4	123	862/851	15	16/16
	$fa(\phi900)$	C42	10.5	149	1089/1076	15.5	15/15
	fa 电梯井($\phi900$)	C42	10.5	175	1338/1330	16	19/19
中山大道	$bc(\phi800)$	K51	10.3	82	487/447	13	10/11
华清人家	$cd(\phi800)$	C56	9.8	95	593/572	13	12/12
	$de'(\phi800)$	C60	10.0	105	702/691	16	13/13
	$e'e(\phi800)$	C60	10.2	113	771/760	16	14/14
京汉大道	$ef(\phi900)$	C65	10.4	114	712/666	14	14/15
	ef 电梯井($\phi900$)	C65	10.4	134	874/844	15	18/18

表 8-17 中计算结果表明，基坑各边坡段桩身最大水平位移满足一级基坑边坡安全要求。

1. 支护桩排

支护桩采用 $\phi800$（ef、fa 段 $\phi900$）@1300 钻孔灌注桩，桩数约 392 根，桩顶面标高 20.90m，桩身混凝土强度 C30，保护层 $a_s=50$mm。支护桩主筋采用 HRB400，下部 3m 主筋减半，设计参数见表 8-18。

支护桩设计参数表 表 8-18

边坡区段	桩径（m）	桩间距（m）	有效桩长（m）	主筋（下部 3m 主筋减半）
ab 段	0.8	1.3	12.4	16Φ22 螺纹钢筋
ab 段（电梯井）	0.8	1.3	14.4	22Φ22 螺纹钢筋
bc 段	0.8	1.3	12.4	16Φ22 螺纹钢筋
cd 段	0.8	1.3	12.4	16Φ22 螺纹钢筋
de' 段	0.8	1.3	15.4	18Φ22 螺纹钢筋
$e'e$ 段	0.8	1.3	15.4	20Φ22 螺纹钢筋
ef 段	0.9	1.3	13.4	18Φ22 螺纹钢筋
ef 段（电梯井）	0.9	1.3	14.4	22Φ22 螺纹钢筋
fa 段	0.9	1.3	14.9	18Φ25 螺纹钢筋
fa 段（电梯井）	0.9	1.3	15.4	24Φ25 螺纹钢筋

2. 桩顶土钉墙支护

结合场地地层和周边环境条件，桩顶边坡采用土钉墙支护，与下部桩排构成土钉墙桩排组合支护方式。土钉采用一次性钢管，材料为 Φ48 带"倒刺"焊管。钢筋网采用 Φ6.5@200×200（Q235），喷射混凝土强度为 C20，喷射厚度 8cm 左右，施工配合比为水泥：砂：石子＝1：2：2。

挂网喷射混凝土支护结构，钢筋网采用 Φ6.5@300×300（Q235），喷射混凝土强度为 C20，喷射厚度 5cm 左右，施工配合比为水泥：砂：石子＝1：2：2。卸载平台采用喷射厚 3cm 左右混凝土封闭止水。

（1）ab 段边坡坡比 1：0.6，坡高 3.5m，采用土钉支护结构。设置两排土钉：

第一排：$L=6.0$m，@1500×1500（水平间距×垂直间距）

第二排：$L=6.0$m，@1500×1500（水平间距×垂直间距）

第一排土钉头用 1 [16a 槽钢围檩连接，第二排土钉头用 2Φ16 钢筋连接。计算稳定安全系数 1.31，满足一级基坑要求。

（2）bc 段采用 1：1.5 一级放坡，坡高 3.9m。坡面采用喷射厚 5cm 左右混凝土支护。计算稳定安全系数 1.52，满足一级基坑要求。

（3）cd、$de'e$ 段边坡坡比 1：0.6，坡高 3.9m、4.1m。采用土钉支护结构。设置两排土钉：

第一排：$L=7.0$m，@1500×1500（水平间距×垂直间距）

第二排：$L=6.0$m，@1500×1500（水平间距×垂直间距）

计算稳定安全系数 1.33，满足一级基坑要求。

（4）ef 段放坡坡顶接近用地红线范围，但在场地围墙以内。因此，该侧采用两级放坡：第一级坡高 2.5m，坡比 1：0.8，第二级坡高 2.0m，坡比 1：1.0，平台宽 1.5m。一级坡面采用挂网喷射混凝土支护，二级边坡采用二排土钉支护：

第一排：$L=4.0$m，@1500×500（水平间距×垂直间距）

第二排：$L=4.0$m，@1500×1000（水平间距×垂直间距）

计算稳定安全系数 1.36，满足一级基坑要求。

（5）fa 段边坡坡比 1：0.6，坡高 4.1m，采用土钉支护结构。设置三排锚杆：

第一排：$L=9.0$m，@1500×1300（水平间距×垂直间距）

第二排：$L=9.0$m，@1500×1100（水平间距×垂直间距）

第三排：$L=8.0$m，@1500×1100（水平间距×垂直间距）

计算稳定安全系数 1.32，满足一级基坑要求。

3. 锁口梁

锁口梁 L1（L1-1）截面尺寸 700mm×1200mm（高×宽），设计混凝土强度 C30。采用双面对称配筋，每侧主筋 7Φ22（9Φ22），上下各 3Φ18Ⅱ级螺纹钢筋，箍筋Φ8@200（转角、角撑、对顶撑处 1.5m 范围内箍筋加密Φ8@100），S 筋Φ8@200。锁口梁顶面标高 21.50m，中心线标高 21.15m。

4. 水平支撑

水平支撑采用钢筋混凝土梁。采用 L2、L2-1、L3、L4 四种截面尺寸。

L2 梁为主撑梁，截面尺寸 600mm×700mm（宽×高，下同），主筋为 12Φ22＋8Φ22 Ⅱ级螺纹钢筋（上下每侧 6Φ22，左右各 4Φ22），箍筋为Φ8@200（节点处 1.5m 范围内箍筋加密Φ8@100），梁顶面处标高 21.50m，中心线标高 21.15m。

L2-1 梁为局部加强主撑梁，截面尺寸为 600mm×900mm，主筋为 14Φ22＋10Φ22Ⅱ级螺纹钢筋（上下每侧 7Φ22，左右各 5Φ22），箍筋为Φ8@200（节点处 1.5m 范围内箍筋加密Φ8@100），梁顶标高 21.60m，中心线标高 21.15m。

L3 梁为次主撑梁，截面尺寸 500mm×600mm，主筋为 10Φ22＋6Φ22Ⅱ级螺纹钢筋（上下每侧 5Φ22，左右各 3Φ22），箍筋为Φ8@200（转角、支撑点 1.5m 范围内箍筋加密Φ8@100），梁顶面处标高 21.45m。

L4 为辅撑梁，梁截面尺寸 400mm×400mm，主筋为 8Φ22＋4Φ22Ⅱ级螺纹钢筋（上下每侧 4Φ22，左右各 2Φ22），箍筋为Φ8@200，梁顶面处标高 21.35m。

支撑结构各杆件中心线同高，标高为 21.15m。混凝土强度为 C30。对顶撑和角撑端点设置在锁口梁侧面，支撑结点设立柱桩。

施工时，内支撑钢筋混凝土梁钢筋与锁口梁钢筋同时绑扎，混凝土同时浇灌。需分段施工时，宜将接头设置在弯矩与剪力均较小的位置。

5. 立柱桩

支撑下设置钢格构与钻孔灌注桩组合立柱。钢构截面 $b×h=450×450$mm，材质为 A3 钢，详见结构图。

立柱桩采取Φ800 钻孔灌注桩，混凝土 C30，基底桩长 10.0m，共设置 70 根。配筋：主筋 12Φ18Ⅱ级螺纹钢筋，通长均匀布置，箍筋Φ8@200，加强筋Φ16@2000。立柱桩顶面标高 15.00m，承台内立柱桩顶标高 14.00m。在立柱桩施工时及时插入钢格构立柱，插入深度 2.5m，钢格构与钻孔桩钢筋焊接，详见有关结构图。在地下室底板施工前，及时对立柱桩焊接止水片。

6. 拆撑和换撑

拆撑：为确保支撑拆除时的安全，拆撑前需要进行下列准备工作：基坑周边开挖到基底并砌筑砖模后，砖模后的空隙用 C10 素混凝土填实。在地下室基础施工完毕养护达70％强度，并加设型钢 XC 支撑后可拆除支撑。

拆撑时，应先拆辅撑，再拆主撑，并加强监测。

拆撑时，需要塔吊配合，宜由土建单位采用人工机械实施拆除。

内支撑拆除及换撑方案见附件。

7. 其他

（1）对坑内电梯井、大承台等坑中坑，土方开挖到基底后，立即砌筑 370mm 砖墙支护。

（2）对于塔吊基础，应对其单独进行专项设计，切不可简单利用支护桩。

第6章 地下水处理方案

6.1 上层滞水处理

上层滞水主要贮存在上部填土层中，为对上层滞水进行有效处理，需采取坡顶硬化，封闭废弃管道，在挂网放坡坡面设置泄水孔疏导滞水。

（1）设置坡顶排水沟，排水沟尺寸为 300mm×300mm。对坡顶反坡层外至排水沟之间地面应进行硬化处理，坡顶排水沟和硬化工作宜由土建单位统一布置，统一施工。

（2）在基坑开挖前，对已查明的废弃管道均应进行封闭，在基坑开挖过程中，密切观察地下水渗漏情况，及时查清其来源并进行必要的封堵处理。

（3）为对上层滞水进行有效疏导，对挂网放坡坡面设置若干泄水孔，一般按 3m 左右安装一个，根据坡面出水量适当加密。

6.2 侧壁防渗

为防止基坑桩顶以上部分侧壁出现流土现象，坡顶处设置单排 $\Phi 500@350$ 长 5.0（6.0）m 搅拌桩，桩顶标高为 24.00（25.00）m。

为防止基坑垂直支护侧壁出现流土、流砂现象，需在基坑支护桩外侧设置双排 $\Phi 500@350×400$ 深层搅拌桩止水帷幕，其中 ab、bc、cd 段搅拌桩长 10.0m、$de'e$、ef、fa 段搅拌桩长 9.0m。搅拌桩桩顶设置标高为 21.50m。搅拌桩材料采用 32.5 级普通水泥，水泥量按 50kg/m。

在支护桩侧壁挖出后，对桩间土采用喷射厚 30～50mm 的混凝土进行防护处理。

6.3 深基坑工程降水

可能影响拟建基坑安全和施工的场地地下水主要有赋存于（3）粉土、粉砂、粉质黏土互层及以下砂土层中的承压水。

（1）降水计算

本场地基坑土方开挖时间预计在 2006 年 12 月份，地下室结构施工可能会持续到 2007 年 5 月左右。根据岩土工程勘察报告和我院在场地附近的工程实测资料，承压水自然水位埋深为 6.0m 左右（自然标高 19.0～20.0m）。降水设计时承压水头按 20.0m 考虑。地下室基坑开挖深度按 10.80m 计（标高 14.80m），局部电梯井开挖深度暂按 12.80m（标高 12.80m）考虑。

根据地质资料，基坑东侧承压含水层（3）粉土、粉砂、粉质黏土互层顶板埋深为 8.7m（标高 16.28m）左右，开挖时已揭露该层，必须降低水头以确保地下室结构顺利施工。

基坑西侧承压含水层（3）粉土、粉砂、粉质黏土互层顶板标高 14.4m（按最不利

C72孔考虑），局部电梯井已揭露该层，普挖部分下列按公式进行抗承压水突涌估算：

$$K_{ty} \times H_w \times \gamma_w \leqslant D \times r \tag{8-1}$$

式中：K_{ty}——抗承压水突涌安全系数，取 1.20；

    H_w——承压水高度，$H_w = 20.0 - 15.5 = 4.5m$；

    γ_w——水重度，$\gamma_w = 10kN/m^3$；

    r——土层平均重度，$\gamma = 18.2kN/m^3$；

    D——坑底至承压含水层顶板距离，取 $D = 1.1m$。

经验算，当基坑开挖到 15.50m 时，在承压水头的作用下，基坑底部会发生承压水突涌。

对坑底下承压水处理措施：采用中深管井降水措施。计算参数取值：

基坑面积 $F = 14400m^2$，承压水自然水位绝对标高按 20.00m 考虑，承压含水层顶板绝对标高按 16.28m 考虑，设计降低后的水位按 14.30m 计，设计时取水位降深 $S = 6.7m$，坑底处承压水突涌时砂土地层概化渗透系数 $K_0 = 8m/d$。

由于基坑形状为长方形，为方便、准确估算基坑抽水量，将基坑划分为Ⅰ、Ⅱ两个区域（图 8-23），并考虑相互之间的抽水干扰影响。

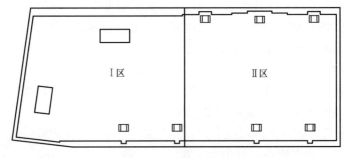

图 8-23　基坑分区图

Ⅰ、Ⅱ区面积分别为 $7400m^2$、$7000m^2$，概化半径 R 分别为 48.6m、47.3m；

按大井法估算单坑抽水量 $Q_i = 2 \times 3.14 \times K_0 \times S \times R$，抽水量分别为 $16359m^3$、$15921m^3$；

估算基坑抽水量 $Q = \psi_1 \times Q_1 + \psi_2 \times Q_2$

上式中：ψ_1、ψ_2 为相邻坑对该坑抽水干扰影响系数，取 0.85。

基坑总抽水量 $Q = 27438m^3/d$。

单井抽水量取 $q = 1920m^3/d$，考虑基坑等级、形状特点和其他不确定性因素，一级重要性等级调增系数取 1.2，井数 $n = 18$ 眼。同时在Ⅰ、Ⅱ区各设 1 口观测井进行降水期间的水位观测，未启动的降水井也可兼作观测井。

（2）承压水位降深及地面沉降预测

观测点水位降深为群井在该点水位降深的叠加，单井流量 $q = 1920m^3/d$，承压含水层渗透系数 $K = 17.15m/d$，影响半径 $R = 220m$，承压水自然水位取 20.0m，含水层厚取 38m。利用 Duplit 公式计算 18 眼中深井同时干扰抽水情况下的承压水水位降幅满足设计要求，均满足基坑降水设计要求。详见后附计算书。

基坑开挖及降水后，承压水位降低将使基坑周边土层产生附加荷载而导致相应的地面沉降，对周边建筑物及管线设施等会构成不同程度的危害。故对可能发生的危害程度做出正确的评估是非常必要的。根据相关规定，估算因降水而引起的地面最大沉降量可以按下式计算：

$$\Delta S_w = M_s \sum_{i=1}^{n} \frac{\sigma'_{zi} \Delta h_i}{E_{si}} \qquad (8-2)$$

式中：ΔS_w——承压水水位下降引起的地面最大沉降量；

M_s——经验值 $0.3 \sim 0.9$；

σ'_{zi}——承压水下降引起土层的附加有效应力（kPa）；

Δh_i——土层厚度（m）；

E_{si}——土层的压缩模量（kPa）；

经计算，降水导致基坑周边 100m 范围内地面沉降量 20～30mm，不均匀沉降系数小于规范允许值 4‰。基坑降水降幅等值线及基坑周边地面沉降等值线详见后附图。

基坑开挖过程中，应根据挖土程序、地下室施工进度和水位动态的监测情况，合理调整降水井的开启数量，减小基坑周边水位降幅。

（3）场区降水井及观测井布置考虑以下几个原则：

1）必须保证基坑内每一点降水深度特别是电梯井处满足设计要求；

2）根据裙楼、主楼承台开挖深度不一的要求，合理布置；

3）尽量避开承台、地梁的位置；

4）不影响基坑及地下室结构施工，便于铺设排水管；

5）尽量减少因基坑内抽水对周边环境的不利影响；

6）观测井须反应灵敏，为基坑的安全施工提供保障。

（4）中深井结构设计

根据有关规范，结合成功工程经验，为满足设计降深要求，降水井必须满足以下要求，井结构详见设计大样图。

1）中深降水井井深 35.0m，管径Φ250，井径Φ550；

2）实管与滤管同径，0～15m 设壁厚 δ＝4mm 钢质实管，15～33m 设滤管，33～35m 采用钢质实管作为沉淀管；

3）滤管采用穿孔、钢骨架垫层、三层包网缠丝过滤器；

4）井外 0～14m 用黏土球封填，14～35m 管外环填Φ1～3mm 圆砾作为反滤层；

5）单井抽水量为 80m³/h，单井抽水（累计抽水 72h，开泵 30min 后）含砂量 1/50000，长期运行 1/100000。

（5）观测井结构设计

1）观测井井深 30.0m，管径Φ250，井径Φ550；

2）实管与滤管同径，0～15m 设壁厚 δ＝4mm 钢质实管，15～28m 设滤管，28～30m 采用钢质实管作为沉淀管；

3）滤管采用穿孔、钢骨架垫层、三层包网缠丝过滤器；

4）井外 0～14m 用黏土球封填，14～30m 管外环填Φ1～3mm 圆砾作为反滤层。

6.4 封井措施

中深井降水完毕后，采取有效的措施封堵井孔，避免地下承压水沿井孔和井壁上涌，其措施为：

（1）承台底板施工时，在管壁加焊两层止水环；

（2）降水工作完成后，采取"以砂还砂，以土还土"的原则，封堵井孔，并加焊封口板。

6.5 其他

承压水控制的总体原则是尽量减少降深和缩短抽水时间。

降水维持阶段从基坑土方开挖至标高 18.0m 时开始，至地下室底板结构施工完成及其周边土回填后结束。各降水井的启动应根据土方开挖、基础施工和水位观测情况确定。

基坑开挖期间，应在现场配备 2 台发电机，以在市电停电时确保降水井正常运行。

从基坑内抽出的地下水将通过排水支管流入市政下水管道。

在坡顶设置一道排水沟，排水沟尺寸 300mm×300mm，排水沟用 1/2 红砖砌筑，水泥砂浆抹面。地面采用厚 10cm 的混凝土 C10 做硬化处理。

三、设计图

下面是江花综合大楼深基坑工程设计报告第三部分设计图中的部分设计图（《江花综合大楼深基坑工程设计报告》，武汉市勘测设计研究院，2006 年 9 月）。

基坑设计总说明

1. 设计依据

（1）江花综合大楼红线定位图，总平面图，地下一、二层平面图及基础承台平面布置图等；

（2）《武汉江花实业开发总公司江花综合大楼岩土工程勘察报告》；

（3）《建筑边坡工程技术规范》GB 50330—2013；

（4）《建筑基坑支护技术规程》JGJ 120—2012；

（5）湖北省地方标准《基坑工程技术规程》DB42/159—2004；

（6）《建筑桩基技术规范》JGJ 94—2008；

（7）《混凝土结构设计规范》GB 50010—2010；

（8）《武汉市深基坑工程设计文件编制规定》WBJ-1-2001。

2. 工程概况

（1）本工程±0.000 标高为 25.800m。自然地面标高 25.000～26.000m。

（2）基坑开挖面积约 14400m²；周长约 516m，基坑开挖深度为 9.4～10.5m，重要性等级为一级。

3. 支护结构

（1）支护桩排

支护桩采用Φ800（ef、fa 段Φ900）@1300 钻孔灌注桩，桩数 392 根，桩顶面标高 20.90m，桩身混凝土强度 C30，保护层 a_s＝50mm。支护桩详细参数见《支护桩、立柱桩配筋图》。

地面下 3.5～4.5m 的桩顶边坡采用土钉支护和放坡网喷混凝土支护。ab、cd、de'、$e'e$、fa 段采用土钉支护，bc 段采用放坡网喷混凝土支护，ef 段采用土钉支护＋放坡网喷混凝土支护。详见《支护结构剖面图》。

（2）锁口梁

锁口梁 L1 截面尺寸 700mm×1200mm（高×宽，下同），设计混凝土强度 C30。采用双面对称配筋，每侧主筋 7Φ22，上下各 3Φ18Ⅱ级螺纹钢筋，箍筋 Φ8@200（转角，角撑、对顶撑处 1.5m 范围内箍筋加密 Φ8@100），S 筋 Φ8@200。锁口梁顶面标高 21.50m，中心线标高 21.15m。锁口梁 L1-1 采用双面对称配筋，每侧主筋 9Φ22，上下各 3Φ18Ⅱ级螺纹钢筋，其余同 L1。

（3）水平支撑

水平支撑采用钢筋混凝土梁。采用 L2、L2-1、L3、L3-1、L4 五种截面尺寸，详见结构图。支撑结构各杆件中心线同高，标高为 21.15m。混凝土强度为 C30。对顶撑和角撑端点设置在锁口梁侧面，部分支撑结点设立柱桩。施工时，内支撑钢筋混凝土梁钢筋与锁口梁钢筋同时绑扎，混凝土同时浇灌。需分段施工时，宜将接头设置在弯矩与剪力均较小的位置。

（4）立柱桩

支撑下设置钢格构与钻孔灌注桩组合立柱。钢构截面 $b×h=450×450$mm，材质为 A3 钢，详见结构图。

立柱桩采取 Φ800 钻孔灌注桩，混凝土 C30，基底桩长 10.0m，共设置 70 根。配筋：主筋 12Φ18Ⅱ级螺纹钢筋，通长均匀布置，箍筋 Φ8@200，加强筋 Φ16@2000。立柱桩顶面标高 15.00m（承台内立柱桩桩顶标高 14.00m）。在立柱桩施工时及时插入钢格构立柱，插入深度 2.5m，钢格构与钻孔桩钢筋焊接，详见有关结构图。在地下室底板施工前，及时对立柱桩焊接止水片。

为确保支撑拆除时的安全，拆撑前要进行下列准备工作：基坑周边开挖到基底并砌筑砖模，砖模后的空隙用 C10 素混凝土填实。在地下室基础施工完毕养护达 70％强度，并加设型钢 XC 支撑后可拆除支撑。

拆撑时，应先拆辅撑，再拆主撑，并加强监测。拆撑需要塔吊配合，宜由土建单位实施拆除。

4. 基坑地下水控制

场地内地下水主要为上层滞水和承压水：

（1）对杂填土中的上层滞水，采用喷射混凝土止水，并通过明沟导流排水。

（2）为防止基坑桩顶以上部分侧壁出现流土现象，坡顶处设置一排 Φ500@350 长 5.0（6.0）m 搅拌桩，桩顶标高为 24.00（25.00）m。为防止基坑垂直支护侧壁出现流土、流砂现象，需在基坑支护桩外侧设置两排 Φ500@350 深层搅拌桩止水帷幕。在支护桩侧壁挖出后，对桩间土采用喷射厚 30～50mm 左右的混凝土进行防护处理。

（3）对承压地下水采用中深井降水，设降水井 18 眼，观测井 2 眼。中深降水井井深 35.0m，管径 Φ250，井径 Φ550。观测井井深 30.0m，管径 Φ250，井径 Φ550。详见《基坑平面布置图》《降水井平面布置图》及《降排水结构图》。

（4）降水维持要求及时间

1）应备用 2 台发电机组；

2）降水维持在后浇带完成之后可停止。

5. 地面硬化及排水

（1）基坑地表水将根据地形情况和场地条件，在基坑周边设置排水沟或反向坡进行疏排，进入市政下水道中。

（2）周边地面硬化采用 C15 混凝土厚 30mm，反向坡坡度为 0.5%。

（3）基坑内积水通过设置坑内排水沟和集水井的方法进行明排，集水井设置在基坑内较低洼地带，排水沟布置在坡脚处，排水沟尺寸为 300mm×300mm。

（4）地面硬化及排水宜由土建单位统一考虑。

6. 土方开挖

（1）为确保支护体系施工质量，加快施工进度，要求土层开挖与支护施工相互衔接、相互配合。

（2）土方开挖采取分区、分段、分层开挖方式进行。应提供支护桩、搅拌桩、锁口梁 28d 的养护时间。土方开挖至基底后，对基础承台及连梁采取人工掏挖方式。

（3）土方开挖宜采取机械开挖和人工开挖相结合方式，一般情况下采取机械开挖，坑角土方宜采取人工配合小反铲开挖。基坑开挖至距坑底 20cm 时宜改为人工清理坑底，严禁超挖。开挖过程中严禁碰撞支护体系。

（4）严格按设计要求进行土方开挖，土方随挖随运，不得随意堆置在基坑周边。

（5）在坡顶或坡底设置排水沟，做好坡面、坡底的排水防水工作。

（6）开挖后期，基坑边坡顶面禁止堆载。开挖至坡底后应尽快开展基础施工，以减少基坑暴露时间。

（7）在基坑开挖过程中，应及时组织抽排基坑内积水。

7. 施工注意事项

（1）施工前应详细调查周边管线情况，做好"三通一平"工作；

（2）所有支护桩、立柱桩、降水井及搅拌桩必须在基坑开挖前完成；

（3）严把质量关，作好三材检验工作；

（4）采取信息法施工，严格施工管理，加强监测工作；

（5）对于现场出现的复杂情况和问题，会同业主和监理人员及时研究处理。

8. 基坑监测要求

（1）基坑开挖工作开始之后，按有关规范规程进行监测。监测频率不得少于 3 天一次。当暴雨阶段或出现异常情况时应增加监测次数，监测结果（包括图表）及时反馈给设计、施工、监理等有关各方。

（2）预警控制指标：支护结构水平位移小于或等于 30mm，位移速率小于或等于 3mm/d。

9. 应急措施

在支护结构和基坑开挖及以后基础施工过程中，对万一出现的险情准备充分的应急措施。

（1）抢险措施

1）基坑局部出现位移、沉降过大，迅速在此区域内采取袋装土反压回填、加撑、斜撑等补救措施。

2）基坑开挖前应调查四周管线的分布、走向及位置，做好基坑四周地表水的排泄工作和下水管道的疏导工作，防止地表水或雨水对坑壁的冲刷、浸润。基坑侧壁或底部局部出现渐水、涌砂或渗水，若是杂填土层中滞水带有臭味的清水，不带泥砂，应遵循"宜疏不宜堵"原则，采用引水管将水集中排出，在基坑内集中抽排。

3）基坑侧壁局部出现漏水，迅速采用止水材料缩小范围，埋管引流，注浆封堵，必要时迅速在此区域内采取反压回填的补救措施，并查明水源，采取相应措施止水。

（2）抢险物资

充分考虑可能发生的一些险情，制定多种抢险方案，备足抢险设备和物资，如钢管、编织袋、反铲等。

10. 其他

未尽事宜，均严格按照施工图纸、设计文件、国家和湖北省有关规范执行。

下面介绍一些设计图。

（1）基坑周边地层概化剖面图（图8-24）

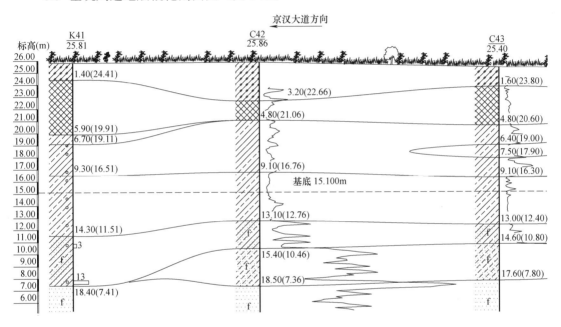

图8-24　沿基坑周边地层剖面图（局部）

（2）基坑支护平面布置图（图8-25）

说明：

1. 本基坑工程采用钻孔灌注桩＋钢筋混凝土内支撑＋桩顶放坡卸载或土钉支护方案。支护结构未超出用地红线；

2. 支护桩采用钻孔灌注桩Φ800（*efa*段Φ900）@1300，立柱桩采用钻孔灌注桩Φ800；

3. *ab*段电梯井支护桩为Φ800，*ef*、*fa*段支护桩为Φ900，*ef*、*fa*段电梯井支护桩为Φ900；

4. 钢筋混凝土内支撑采用环形结构和桁架体系相结合的布置形式，具有方便土方开挖和施工方便的优点；

5. 坡顶采用单排Φ500@350搅拌桩止水帷幕，支护桩侧壁采用双排Φ500@350×400搅拌桩止水帷幕。

（3）基坑支护结构剖面图（部分）（图8-26～图8-31）

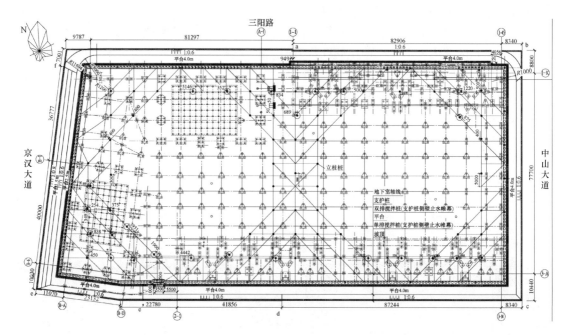

图 8-25　基坑支护平面布置图

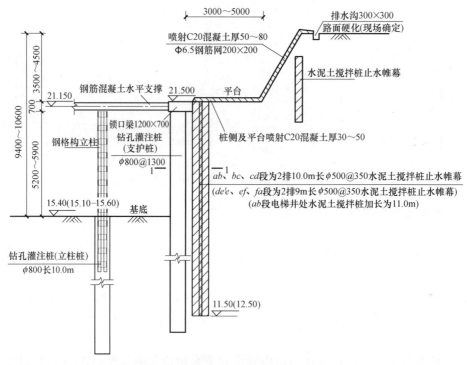

图 8-26　基坑支护剖面图（单位：mm）

（4）降水井平面布置图（图 8-32）

说明：

1. 降水井采用中深井降水，降水井管径 $\phi250$，35.0m，18 口；观测井（兼作降水井）

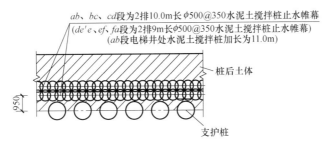

图 8-27　1-1 剖面图（单位：mm）

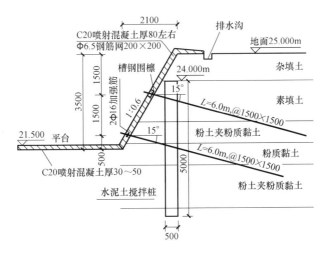

图 8-28　ab 段土钉支护剖面图（单位：mm）

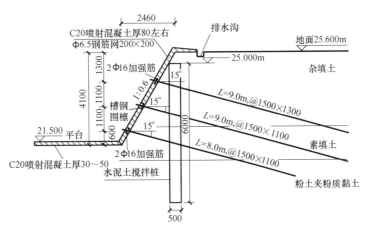

图 8-29　fa 段土钉支护剖面图（单位：mm）

管径Φ250，30m，2 口。

2. 当基坑开挖至基底，降水井抽水量满足不了降水要求时，可在观测井中增设 50 或 80m³/h 水泵增加抽水量。

（5）拆撑设计图（图 8-33～图 8-35）

（6）监测点布置图（图 8-36）

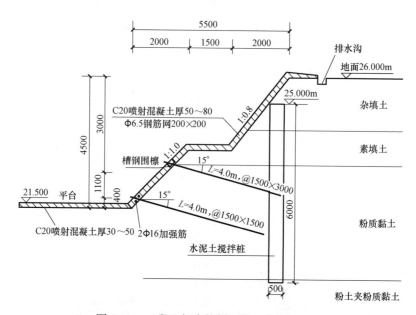

图 8-30 *ef* 段土钉支护剖面图（单位：mm）

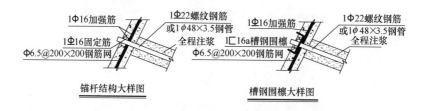

锚杆结构大样图　　　　　槽钢围檩大样图

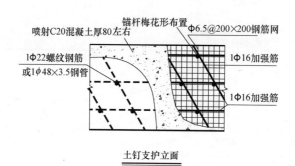

土钉支护立面

图 8-31　大样图

附：江花综合大楼深基坑工程内支撑拆除及换撑方案

1. 拆撑必要条件

（1）支护桩与地下室底板砖模间已用 C15 混凝土填实，达到强度；

（2）拆撑区域的地下室地板已按本方案要求浇筑完毕并养护达 70% 强度；

（3）施工缝处加设支撑，全部按要求施工完成；

（4）所有换撑按本方案要求全部完成；

（5）拆撑前一天观测记录基坑支护体系的各项原始数据；

（6）在拆撑起始时间 2 天前清除基坑平台上所有堆载；

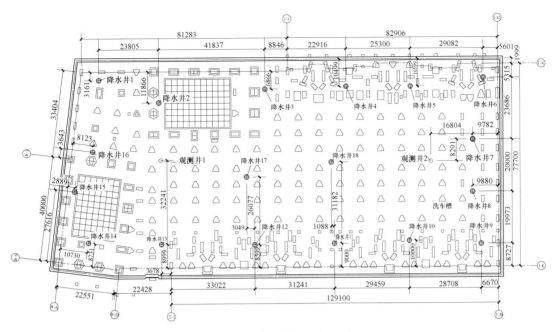

图 8-32　降水井平面布置图

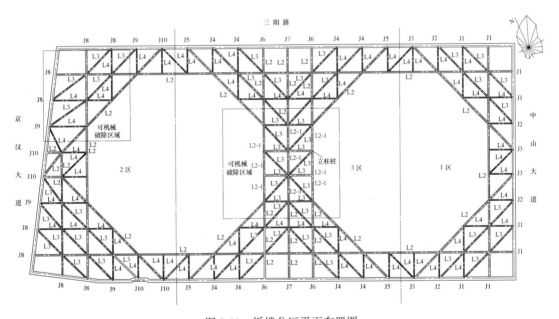

图 8-33　拆撑分区平面布置图

（7）编制、审核、报审完拆撑方案，确定拆除方式、顺序及需业主、总包单位配合的塔吊数量、塔吊作业时间、操作人员、指挥人员等。

2. 拆撑分区、方向及拆撑节点设置

（1）拆撑分区

根据本工程内支撑支护体系的整体分布及受力分析，考虑拆撑过程中支撑力系的再分布情况，可将该内支撑体系分为三个区域（1区、2区、3区），分别进行拆除。

213

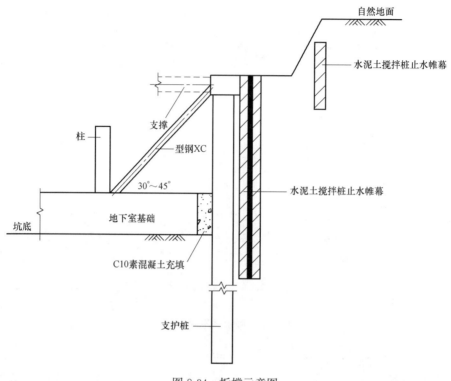

图 8-34　拆撑示意图

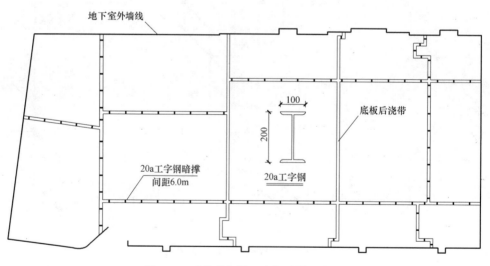

图 8-35　后浇带加设工字钢暗撑示意图

（2）拆撑方向

根据地下室底板分区施工图（后附件：地下室分区图）及现场施工实际情况，拆撑方向总体是按照从两侧角撑区向中间主对撑区施工的方向，即先拆除 1 区（中山大道侧角撑）支撑梁，再拆除 2 区（京汉大道侧角撑）支撑梁，最后拆除 3 区（中间主对撑）支撑梁。

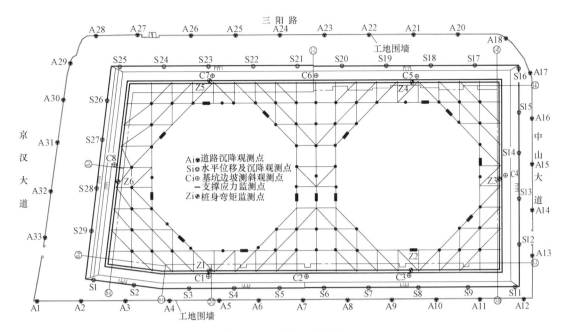

图 8-36　监测点布置图

（3）拆撑节点设置

根据拆撑分区、方向及拆除次梁与主梁先后的原则，将各区内支撑梁与锁口梁节点按破除顺序进行编号（J1、J2、J3……）。

3.拆撑技术要求

（1）拆撑前，支护桩与地下室底板砖模间应用 C15 混凝土填实。

（2）根据拆撑施工分区及拆撑方向方案，进行拆撑施工前，相应拆撑区域的地下室底板混凝土已浇筑完毕并养护达 70% 强度，即混凝土试块同条件养护强度达到设计强度的 70%。

地下室底板混凝土 1-2 区、D3 区、D4 区及 3 区施工完毕养护达 70% 强度后，可拆除 1 区支撑梁；地下室底板混凝土 A 区、B 区、C 区、2-1 区及 D1 区施工完毕养护达 70% 强度后，可拆除 2 区支撑梁；地下室底板混凝土 1-1 区、2-2 区及 D2 区施工完毕养护达 70% 强度后，可拆除 3 区支撑梁。

（3）在拆撑区域内地下室底板局部后浇带处加设若干型钢支撑，保证底板结构受力的整体性。

（4）根据现场实际情况，塔吊设置在基坑平台上，增加了拆撑的风险。对塔吊及基坑监测过程中发现的基坑位移较大的区域，先换撑再进行拆撑施工。拆撑前，在每个塔吊约 23m 范围内、三品主对撑范围内及中山大道侧中间部分每隔 6～8m 设置一道型钢斜撑。

（5）拆撑原则：拆撑时，应遵循先拆辅撑，后拆主撑的原则。先拆除支撑梁 L4，加强对支撑体系内支撑梁轴力、锁口梁位移、支护桩弯矩及立柱桩抗拔等参数的监测，无较大变化时再按上述原则依次拆除支撑梁 L3、L2、L2-1。

（6）每一区拆撑时应对称拆除支撑，保证基坑支护体系受力变化的均衡性。

（7）基坑监测：开始拆撑前一天必须对基坑支护体系进行一次全面监测，获取反映基坑支护体系在拆撑前的各项原始数据，包括支撑梁轴力、锁口梁及坡顶位移、支护桩弯矩及立柱桩抗拔等数据，作为混凝土支撑梁拆除后进行监测对比的依据。

拆撑过程中，基坑监测单位应加强对基坑支护体系的监测频率，对基坑进行及时有效监测，能够及时反映基坑支护体系的变化情况，便于指导拆撑施工，出现异常情况时可及时采取应急加固措施。

（8）根据现场实际情况，总包单位在基坑边坡平台处堆放了大量的钢材，总包单位须在拆撑起始时间 2 天前将基坑平台上堆载清除，减少基坑边坡的荷载；在拆撑过程中及拆撑后直到基坑回填的时间内，禁止在基坑边坡上堆载，确保基坑在无支撑梁情况下的安全。

4. 换撑施工

（1）换撑主要施工在塔吊范围、主对撑及中山大道侧中间位移较大部位，间距 7～8m，共设置型钢斜撑 34 道。

（2）型钢斜撑材料拟选用 488×300H 型钢；钢垫板选用 20mm 厚钢板；焊条选用 E4303J422 型，焊缝高 7.0mm。

（3）型钢斜撑上端设置在锁口梁下、支护桩顶，下端与预埋在底板内钢垫板焊接，并焊接加劲肋（10mm 厚），焊缝 6.0mm。型钢斜撑角度 45°左右，不宜超过 60°。钢垫板在底板浇筑前设置，浇筑在底板内。

（4）根据现场实际情况，支护桩与外墙距离较大处，则将钢垫板预埋在地下室外墙外侧；如距离很小，则将钢垫板预埋在地下室外墙内侧，斜撑穿过地下室外墙，并在型钢穿外墙处焊接止水片，止水片选用厚 8mm 钢板。

5. 后浇带加型钢暗撑施工

根据建筑设计后浇带的设置及拆撑分区施工，在局部后浇带处每隔 6.0m 加设一道 1.5m 长 20a 工字钢暗撑。型钢暗撑在底板浇筑前预埋。

参 考 文 献

[1] 周国宝. 建国以来我国房地产发展史简述 [J]. 经营管理者，2011，（1）：181-181.

[2] 杨育文. 武汉地区深基坑工程设计优化技术研究项目被评为武汉市科技进步一等奖 [J]. 城市勘测，2009，（3）：160.

[3] 徐国民，吴道明，杨金和. 昆明某训练基地基坑变形失稳原因分析 [J]. 矿产勘查，2003，6（2）：31-34.

[4] 孔剑华. 某工程基坑支护坍滑事故的整体稳定性分析 [J]. 城市勘测，2005，（3）：48-52.

[5] 陈琦，陈文广. 一起基坑支护倒塌事故的分析处理 [J]. 科技资讯，2008，（13）：61.

[6] 屠毓敏，莫鼎革，胡进金. 土钉墙在镇海炼化软弱基坑支护中的应用 [J]. 地下空间，2003，23（2）：128-132.

[7] 辛海京. 土钉墙支护技术在越南某住宅楼工程中的应用 [J]. 施工技术，2007，36（11）：48-50.

[8] 徐晓洪. 百富公司宿舍楼区西侧边坡事故分析 [J]. 矿产勘查，2007，（1）：34-36.

[9] 刘存林，葛克水. 北京市某深基坑工程事故分析与处理 [J]. 探矿工程（岩土钻掘工程），2007，34（3）：26-28.

[10] 郑坚. 采用土钉墙支护的深基坑险情原因及加固分析 [J]. 建筑技术，2003，34（2）：115-117.

[11] 杜常春. 复合土钉墙支护基坑事故分析与处理 [J]. 土工基础，2007，21（2）：7-9.

[12] 张明平，王永贵，孔祥庆，等. 复杂条件下的深基坑支护问题分析与处理 [J]. 建筑施工，2009，31（6）：444-446.

[13] 郑坚，徐刚毅. 含软土层的基坑支护失稳的原因分析及加固方案 [J]. 铁道建筑，2002，(10)：8-10.

[14] 陈果元，唐小弟，魏丽敏. 基坑开挖对相邻建筑物安全性影响分析 [J]. 中南林业科技大学学报，2009，29（2）：136-139.

[15] 王荣彦，孙芳. 某复合土钉墙支护体变形原因分析 [J]. 土工基础，2007，21（4）：10-12.

[16] 彭柏兴，闫兵，王星华. 某基坑事故分析及处理 [J]. 工业建筑，2004，(增刊)：318-322.

[17] 张尚根，张卫通，吴步旭. 某基坑坍塌事故原因分析 [J]. 常州工学院学报，2008，(增刊)：111-112.

[18] 朱元华，王敏芝，姜伯明. 某深基坑采用土钉支护的险情原因分析及处理 [J]. 建筑安全，2007，22（7）：5-7.

[19] 黄圭峰. 深圳市某建筑深基坑支护滑塌事故剖析 [J]. 地质科技情报，2005，24（增刊）：65-68.

[20] 隆威，刘飞禹. 土钉和锚杆联合在深基坑事故处理中的应用 [J]. 探矿工程，2002，(4)：16-18.

[21] 张琴. 无锡祝大椿故居会所地下室基坑工程的事故分析 [J]. 科协论坛（下半月），2008，(12)：3-4.

[22] 李峰，赵仕兴. 熊猫万国商城基坑变形原因分析与处理措施 [J]. 四川建筑，2004，24（4）：83-84.

[23] 付文光，张俊. 四个基坑加固工程案例分析 [J]. 岩石力学与工程学报，2006，25（增刊）：3593-3599.

[24] 朱继永，倪晓荣. 深基坑失稳实例分析 [J]. 岩石力学与工程学报，2005，24（增刊）：5410-5412.

[25] 李纲林，张杰青，施木俊，等. 武汉市新华路某基坑工程边坡失稳加固处理 [J]. 城市勘测，2008，(1)：140-143.

[26] 王晓. 黄土基坑土钉墙支护工程事故分析 [J]. 甘肃科技，2005，21（11）：194-195.

[27] 宋明亮. 基坑工程土钉与锚杆联合支护的设计与施工 [J]. 铁路运营技术，2008，14（3）：24-25.

[28] Yang Y W. Remediating a soil-nailed excavation in Wuhan China [J]. Geotechnical Engineering，2008，160（4）：209-214.

[29] 杨育文，吴先干，林科，等. 土钉墙施工监测与破坏机理探讨 [J]. 地下空间与工程学报，2006，2（3）：459-463.

[30] 杨育文. 土钉墙计算方法的适用性 [J]. 岩土力学，2009，30（11）：3357-3364.

[31] Bruce D A，Jewell R A，Soil nailing：the second decade [C]. Proceeding of International Conference on Foundations and Tunnels，London，1987，68-83.

[32] GB 50068—2001 建筑结构可高度设计统一标准 [S]. 北京：中国建筑工业出版社，2001.

[33] 范士凯. 论不同地质条件下深基坑的变形破坏类型、主要岩土工程问题及其支护设计对策 [J]. 资源环境与工程，2006，20（增刊）：645-655.

[34] DB42/159—2004. 基坑工程技术规定 [S]. 湖北省建设厅，2004.

[35] JGJ 120—2012. 建筑基坑支护技术规程 [S]. 北京：中国建筑工业出版社，2012.

[36] 杨育文. 土钉墙支护方式与地质条件协调性探讨 [J]. 工程勘察，2008，36（7）：11-16.

[37] 马公伟，蔡承刚，马驰. 一种特殊土钉墙的设计与施工实践 [J]. 地质学刊，2008，32（3）：214-217.

[38] 印长俊，符珏，李建波. 深基坑微型桩—预应力锚杆复合土钉墙支护的变形分析 [J]. 工程勘察，2014，(10)：15-20.

［39］ 杨志明，杨凯华，戴真印. 土钉及超前桩墙复合支护技术的应用［J］. 工程勘察，2003，（2）：34-35.

［40］ 程文若. 复合土钉墙支护在长江 I 级阶地软土基坑中的应用［J］. 土工基础，2013，27（4）：12-16.

［41］ 周群建. 杭州瑞丰大厦排桩—土钉墙组合支护结构［J］. 岩土工程界，2002，（11）：32-34.

［42］ 胡迅华，陈责宾. 土钉墙、钻孔灌注桩组合深基坑支护结构体系的应用［J］. 建筑安全，2005，（3）：33-35.

第9章　地下水控制方法

9.1　概述

地下水有很多种，但目前没有一个统一的分类方法。较常见的是按照地下水的埋藏条件和赋存的介质类型分类。

埋藏条件，指含水层所处的位置和地下水受隔水层的限制状况。按照埋藏条件，地下水可分为上层滞水（perched water）、潜水（phreatic water）和承压水（artesian water）三类。

上层滞水是存在于包气带中局部隔水层上季节性存在的重力水，如图 9-1 所示。包气带指地面以下潜水面以上的地带，也称非饱和带。上层滞水是降水、生活用水或其他方式补给的水体向下渗透过程中，因受隔水层的阻隔而滞留、聚集于隔水层之上的地下水。上层滞水受季节影响大，多在雨季存在、旱季消失。

地表以下第一个含水层中具有自由水面的重力水，称为潜水，如图 9-1 所示。潜水受降水和地表水通过包气带下渗补给，通常埋藏较浅，分布较广，是重要的供水水源。通常所见到的地下水多半是潜水。

充满在两个稳定不透水层（或弱透水层）之间的重力水，称为承压水，如图 9-2 所示。上部隔水层称为隔水顶板，下部称为隔水底板。

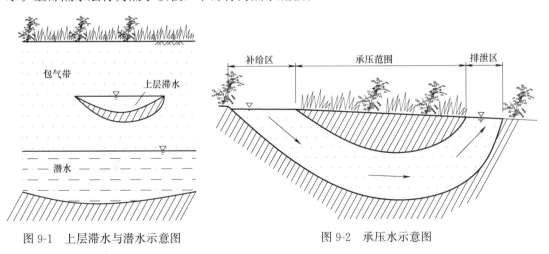

图 9-1　上层滞水与潜水示意图　　　　图 9-2　承压水示意图

在适宜的地形条件下，当钻孔打到含水层时，水便喷出地表，形成自喷水流，故又称为自流水。钻孔揭穿隔水顶板时，孔中的水面高程为初见水位。当孔中的水位上升到一定高度后不再上升时，此时该水面的高程称为稳定水位，也即该点处承压含水层的承压水位。承压水位到隔水顶板的垂直距离，称为承压水头。

按照地下水赋存的介质，分为孔隙水（pore water）、裂隙水（fissure water）和岩溶水（cavern water 或 Karst water）三类。

孔隙水，指赋存在松散沉积物颗粒间孔隙中的地下水。

裂隙水，指存在于岩石裂隙中的地下水。

与孔隙水相比，裂隙水分布不均匀，往往无统一的水力联系，渗透具有各向异性。

岩溶水，是赋存于可溶性岩层的溶蚀裂隙和洞穴中的地下水，又称喀斯特水。岩溶水最明显特点是分布极不均匀，直接来自降水和地表水。

将这两种地下水分类进行组合，得到九类地下水类型，如孔隙上层滞水等，见表9-1。

地下水分类　　　　　　　　　　　　　　　　　　　　　　　　表 9-1

赋存介质类型 埋藏条件	孔隙水	裂隙水	岩溶水
上层滞水	包气带中局部隔水层上季节性存在的重力水	浅部裂隙岩层中季节性存在的重力水	裸露的岩溶岩层中局部隔水岩层上季节性存在的重力水
潜水	松散堆积物中具有自由水面的水。成片出露地表时，成为沼泽水	裸露于地表的各类裂隙岩层中的水	裸露于地表的岩溶岩层中的水
承压水	由松散堆积物构成的盆地、山前平原斜地、与江河水系相连阶地中具有隔水顶板限制的含水层中的水	构造盆地、向斜或单斜构造中被掩覆的裂隙岩层中的水，构造破碎带中的水，独立裂隙系统中的脉状水[1]	构造盆地、向斜或单斜构造中被掩覆的岩溶岩层中的岩洞水

位于长江一级阶地的基坑工程，多与孔隙水相关，多采用竖向隔渗帷幕阻断上层滞水和潜水，采用管井或深井井点降水防止承压水产生坑底突涌破坏[2]。

土钉支护基坑中，地下水可引起土体渗透破坏、坑底突涌及降低土体抗剪强度等（表8-5），诱发基坑滑塌事故。第8章收集到的30个失事实例中，有18个与地下水控制相关，占60%[3]。由于没有采取地下水处理措施等原因，一土钉墙局部发生坍塌[4]。一19.5m高预应力复合土钉墙由于坡脚被水浸泡变软，发生滑塌事故[5]。基坑开挖引起相邻水管渗漏，使土钉墙滑塌或发生过大变形[6-8]。本章从经典渗流理论入手，介绍地下水控制基本方法，案例分析见第8.3.4节介绍。

9.2　经典理论

9.2.1　渗流分析

1. 伯努利定理

所有土体具有渗透性，水流可以自由地从土颗粒间的孔隙中穿过。孔隙水压力是相对大气压而言的，水面处为零。水面以下土体假定处于饱和状态，若存在水力坡降（hydraulic gradient）i，水将发生渗流。渗流场中任意一点的总水头 h 由伯努利定理（Bernoulli's theorem）确定[9]：

$$h = \frac{u}{\gamma_\mathrm{w}} + z \tag{9-1}$$

式中：h 称为总水头或水压水头（hydraulic head）（m）；z 为所选择的基准面（datum）之

上的高度，称为位置水头（m）；$\frac{u}{\gamma_w}$为孔压水头（piezometric head），u为孔隙水压力（kPa），γ_w是水的重度（kN/m³）。土体中水流流速一般很小，伯努利定理中忽略流速水头的影响。

式（9-1）中各符号的关系如图9-3所示，a、b是渗流场中流线上的两点，距离为Δs，渗流从a点到b点，水头损失为Δh。图中z_a、z_b分别是a、b处相对于基面的高程水头，孔压水头$\frac{u_a}{\gamma_w}$、$\frac{u_b}{\gamma_w}$由测压管中的水位表示，h_a、h_b分别是它们的总水头，计算式为：

$$h_a=\frac{u_a}{\gamma_w}+z_a$$

$$h_b=\frac{u_b}{\gamma_w}+z_b \tag{9-2}$$

平均水力坡降计算式为：

$$i=-\frac{h_b-h_a}{\Delta s} \tag{9-3}$$

2. 达西定律

1856年，法国工程师达西通过观测饱和砂层中的渗流，得到一维渗流中确定渗流流速的经验方法，这就是著名的达西定律[9]：

$$q=Aki \tag{9-4}$$

或

$$v=\frac{q}{A}=ki \tag{9-5}$$

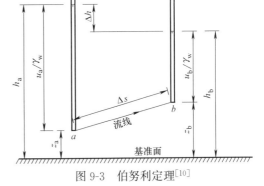

图9-3　伯努利定理[10]

式中：q为渗流流量（m³/s）；A是渗流通过的横截面积（或过水面积）（m²）；i是水力坡降；v为渗流流速或排出流速（m/s）；k为渗透系数（coefficient of permeability）（m/s）。

式（9-5）中，水流速v不是水流通过土体孔隙中的实际流速。它定义为单位时间内渗流通过与渗流垂直方向上土体单位面积内的水量，也称为排出速度（discharge velocity）。土体中渗流实际流速，指水流量与通过的土体孔隙横截面面积A_v之比，即

$$v'=\frac{q}{A_v}=\frac{q}{nA}=\frac{v}{n} \tag{9-6}$$

式中：n为孔隙率。显然，渗流实际流速大于排出流速。

试验证明，达西定律中的排出速度与水力坡降这种关系在细颗粒土至粗颗粒土中都是成立的，但在水流速很快以致出现湍流的粗大颗粒土中不适用[10]。

渗透系数与水的黏性（viscosity）成反比，水的黏性随温度升高而降低。因此，试验室测得的渗透系数值须根据现场温度按下式修正[10]：

$$k_f=\frac{\eta_l}{\eta_f}k_l \tag{9-7}$$

式中：k_f、k_l分别表示现场和试验室温度下的渗透系数；η_f、η_l分别是相应的黏性。

3. 渗流理论

在渗透系数为k的饱和均质、各向同性土体中，渗流发生时，假设水体不可压缩。在x-z坐标系中，对如图9-4所示的二维稳定渗流场中的渗流单元（y方向为单位厚度，假

设沿该方向不发生渗流，渗流流速等于零），总水头 h 沿渗流 x、z 方向减少。

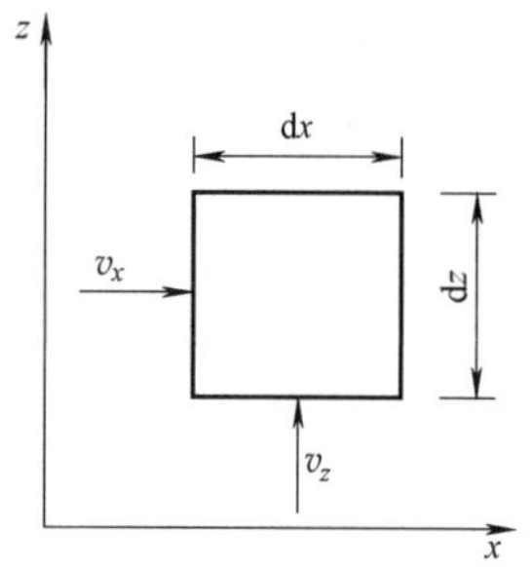

图 9-4　土体中的渗流单元[9]

据达西定律，渗流流速为：

$$\begin{cases} v_x = ki_x = -k\dfrac{\partial h}{\partial x} \\ v_z = ki_z = -k\dfrac{\partial h}{\partial z} \end{cases} \tag{9-8}$$

单位时间内进入渗流单元的渗流流量为：$v_x \mathrm{d}y\mathrm{d}z + v_z \mathrm{d}x\mathrm{d}y$，流出的水量为 $\left(v_x + \dfrac{\partial v_x}{\partial x}\mathrm{d}x\right)\mathrm{d}y\mathrm{d}z + \left(v_z + \dfrac{\partial v_z}{\partial z}\mathrm{d}z\right)\mathrm{d}x\mathrm{d}y$。由于水体积不发生变化，依据进入单元的水量和流出的水量相等建立方程，得到：

$$\frac{\partial v_x}{\partial x} + \frac{\partial v_z}{\partial z} = 0 \tag{9-9}$$

式（9-9）就是二维的连续方程（equation of continuity）。

考虑势函数（potential function）$\phi(x, z)$，定义为：

$$\begin{cases} \dfrac{\partial \phi}{\partial x} = v_x = ki_x = -k\dfrac{\partial h}{\partial x} \\ \dfrac{\partial \phi}{\partial z} = v_z = ki_z = -k\dfrac{\partial h}{\partial z} \end{cases} \tag{9-10}$$

由式（9-9）和式（9-10），可以得到：

$$\frac{\partial^2 \phi}{\partial x^2} + \frac{\partial^2 \phi}{\partial z^2} = 0 \tag{9-11}$$

势函数满足拉普拉斯方程（Laplace equation）[9]。

求解式（9-11），得到 $\phi(x,z) = -kh(x,z) + C$，C 为常数。假如 $\phi(x,z) = \phi_1$，为一常数，它代表着一条曲线，沿着这条曲线总水头 h_1 也为常数。假如势函数 $\phi(x, z)$ 给定一系列常数值，如 ϕ_1、ϕ_2、ϕ_3 等，那么沿着这组曲线上总水头值分别为不同的常数。这些曲线就称为等势线（equipotential lines）。

考虑流函数（flow function）$\psi(x, z)$，定义为：

$$-\frac{\partial \psi}{\partial x} = v_z = ki_z = -k\frac{\partial h}{\partial z}$$

$$\frac{\partial \psi}{\partial z} = v_x = ki_x = -k\frac{\partial h}{\partial x} \tag{9-12}$$

对流函数 $\psi(x, z)$ 微分 $\mathrm{d}\psi = \dfrac{\partial \psi}{\partial x}\mathrm{d}x + \dfrac{\partial \psi}{\partial z}\mathrm{d}z = -v_z\mathrm{d}x + v_x\mathrm{d}z$。假如 $\psi(x, z)$ 是一常数 ψ_1，则有 $\mathrm{d}\psi = 0$。于是得到：

$$\frac{\mathrm{d}z}{\mathrm{d}x} = \frac{v_z}{v_x} \tag{9-13}$$

从上式可以看出，ψ_1 代表的曲线上任意一点的切线斜率由排出流速确定，切线方向与总流速方向一致，ψ_1 曲线就代表着渗流流径（flow path）。同样，假如 $\psi(x, z)$ 给定一系列的常数，如 ψ_1、ψ_2、ψ_3 等，就确定了一系列的曲线，每一条曲线代表着一个流径。这些曲线就称为流线（flow lines）。

如图 9-5，根据流函数定义，两条流线之间的渗流量为：

$$\Delta q = \int_{\psi_1}^{\psi_2} (-v_z \, dx + v_x \, dz) = \int_{\psi_1}^{\psi_2} d\psi = \psi_2 - \psi_1 \qquad (9\text{-}14)$$

因此，通过两条流线之间的渗流量是一常数。

对于势函数 $\phi(x,\ z)$，$d\phi = \dfrac{\partial \phi}{\partial x} dx + \dfrac{\partial \phi}{\partial z} dz = v_x \, dx + v_z \, dz$。由 $d\phi = 0$ 得到：

$$\frac{dz}{dx} = -\frac{v_x}{v_z} \qquad (9\text{-}15)$$

比较式（9-13）和（9-15）可知，流线与等势线正交（at right angles）[9]。

如图 9-6 所示，两条流线 ψ_1、$\psi_1 + d\psi$ 之间的距离为 Δn，它们与两条间距为 Δs 的等势线 ϕ_1、$\phi_1 + d\phi$ 正交。s 的方向与 x 轴的倾角为 α。A 点处，流速为 v_s，与 x 轴方向夹角为 α，在 x、z 方向的分量分别为：$v_x = v_s \cos\alpha$，$v_z = v_s \sin\alpha$。

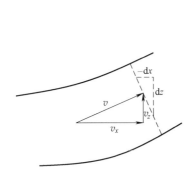

图 9-5　流线之间的渗流[9]

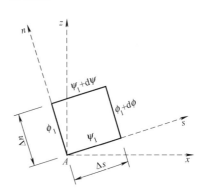

图 9-6　流线和等势线[9]

根据 $\phi(x,\ z)$ 和 $\psi(x,\ z)$ 的定义，有：

$$\frac{\partial \phi}{\partial s} = \frac{\partial \phi}{\partial x}\frac{\partial x}{\partial s} + \frac{\partial \phi}{\partial y}\frac{\partial y}{\partial s} = v_s \cos^2\alpha + v_s \sin^2\alpha = v_s \qquad (9\text{-}16)$$

同理，可推导出 $\dfrac{\partial \psi}{\partial n} = v_s$。

比较上面两式，得到 $\dfrac{\partial \psi}{\partial n} = \dfrac{\partial \phi}{\partial s}$。近似地，该式用下列形式表示[9]：

$$\frac{\Delta \psi}{\Delta n} = \frac{\Delta \phi}{\Delta s} \qquad (9\text{-}17)$$

实际的渗流问题，必须找到符合边界条件的函数 $\psi(x,\ z)$、$\phi(x,\ z)$，它们代表着由一系列的流线和等势线。流线和等势线就构成了流网（flow net）。对复杂问题，可用有限元等方法求解。对较简单的问题，考虑边界条件，依据式（9-17），可用试错法（trial-and-error）手工绘制。手工绘流网时，流线和等势线必须垂直。其次，为了方便，使式（9-17）中 Δs 与 Δn 相等，相邻流线与等势线之间尽可能地形成曲线正方形（curvilinear squares）。

对流网中任何一个曲线正方形，$\Delta s = \Delta n$、$\Delta \phi = \Delta \psi$。由于 $\Delta \psi = \Delta q$、$\Delta \phi = k \Delta h$，因此 $\Delta q = k \Delta h$。

相邻两条等势线之间的总水头损失 Δh 为：

$$\Delta h = \frac{h}{N_d} \qquad (9\text{-}18)$$

式中：h 为最后一条等势线与第一条之间的总水头差；N_d 为等势线下降数（equipotential drops）。

总渗流流量 q 为：

$$q = N_f \Delta q \tag{9-19}$$

式中：N_f 为流管（flow channel）数；Δq 是流管中的渗流流量。

流网实例

如图 9-7 所示，一薄壁桩挡土墙，嵌入 8.6m 厚土层中，渗透系数为 k，下卧为不透水层。桩墙压入深度为 6.0m，墙一侧水深 4.5m，另一侧 0.5m。绘制这一实例的流网步骤如下：

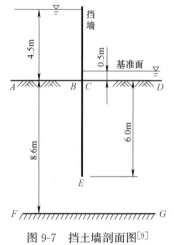

图 9-7　挡土墙剖面图[9]

（1）确定渗流边界上流线、等势线及渗流范围。

图 9-7 中，AB、CD 边界上总水头是常数，均为等势线。为了方便，选择较低水位处作为基准面，如下游水位处。CD 处总水头等于零，孔压水头 0.5m，位置水头 -0.5m；AB 处总水头 $h = 4.0$m，孔压水头 4.5m，位置水头 -0.5m。水流从 B 点向下沿 BE，绕过 E 点，然后向上沿 EC 流动，是渗流的上边界。水流从 F 点沿不透水边界 FG 渗流，为渗流的下边界。因此，BEC、FG 是两条流线，它们之间的区域是渗流的范围。

（2）先绘第一条流线 HJ，如图 9-8 所示，然后绘出所有的等势线。流线与等势线垂直，形成曲线正方形网格。

（3）绘出下一条流线 KL，重复这一过程，直到到达边界。

（4）如图 9-8 所示，绘制的流网中，最后一条流线与不透水边界 FG 相交，不满足边界条件。

（5）调整图 9-8 所示流网，直到符合渗流边界条件。最后一条流线与边界之间的流网网格可以不是曲线正方形，但长宽比要保持一致。流线不要太多，有 4～5 条流管就足够了。

（6）最终绘制的流网如图 9-9 所示。

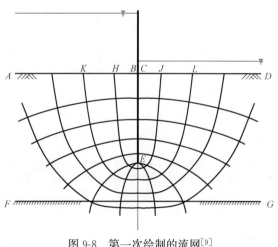

图 9-8　第一次绘制的流网[9]

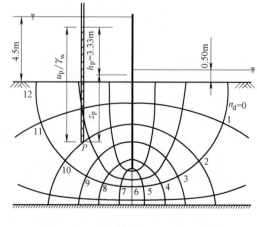

图 9-9　最终绘制的流网[9]

下面利用图 9-9 中的流网，进行渗流计算。

流管数 $N_f=4.3$，$N_d=12$，$\Delta h=\dfrac{h}{N_d}=\dfrac{4.0}{12}=0.33\mathrm{m}$，$q=N_f\Delta q=N_f k\Delta h=1.44\mathrm{km}^3/\mathrm{s}$

P 点在 $n_d=10$ 等势线上，总水头 $h_p=n_d\Delta h=3.3\mathrm{m}$。$P$ 点位于基准面之下，其位置水位 $-z_p$。P 点的孔隙水压 $u_p=\gamma_w[h_p-(-z_p)]=\gamma_w(3.3+z_p)$。

4. 异性土中的渗流

对沉积土层，土体虽然均匀（homogeneous），但不同方向渗透系数各异。沿成层方向最大 $k_{\max}$，垂直于成层方向最小 $k_{\min}$。实际上，渗透性是各向异性的（anisotropic）。

假设 $k_x=k_{\max}$、$k_z=k_{\min}$，据达西定律，有

$$v_x=-k_x\frac{\partial h}{\partial x}$$

$$v_z=-k_z\frac{\partial h}{\partial z} \tag{9-20}$$

如图 9-10 所示，任一渗流方向 s 与 x 轴的夹角为 α，其渗透系数由达西定律确定：

$$v_s=-k_s\frac{\partial h}{\partial s} \tag{9-21a}$$

$$\frac{\partial h}{\partial s}=\frac{\partial h}{\partial x}\frac{\partial x}{\partial s}+\frac{\partial h}{\partial z}\frac{\partial z}{\partial s} \tag{9-21b}$$

于是，有

$$\frac{v_s}{k_s}=\frac{v_x}{k_x}\cos\alpha+\frac{v_z}{k_z}\sin\alpha \tag{9-22}$$

渗流流速分量存在下列关系：

$$\begin{cases}v_x=v_s\cos\alpha\\ v_z=v_s\sin\alpha\end{cases} \tag{9-23}$$

将式（9-23）代入式（9-22），得到

$$\frac{1}{k_s}=\frac{\cos^2\alpha}{k_x}+\frac{\sin^2\alpha}{k_z} \tag{9-24}$$

由于 $\cos\alpha=\dfrac{x}{s}$，$\sin\alpha=\dfrac{z}{s}$，于是存在

$\dfrac{s^2}{k_s}=\dfrac{x^2}{k_x}+\dfrac{z^2}{k_z}$。因此，渗透系数 k_s 值的变化

可由如图 9-10 所示的椭圆来确定。

据达西定律和式（9-9），得到

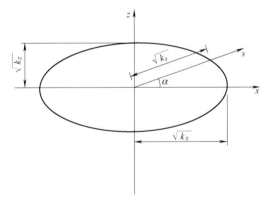

图 9-10　渗透性椭圆[9]

$$k_x\frac{\partial^2 h}{\partial x^2}+k_z\frac{\partial^2 h}{\partial z^2}=0 \tag{9-25}$$

或者

$$\frac{\partial^2 h}{(k_z/k_x)\partial x^2}+\frac{\partial^2 h}{\partial z^2}=0 \tag{9-26}$$

令 $x_1=x\sqrt{\dfrac{k_z}{k_x}}$，式（9-26）变成：

$$\frac{\partial^2 h}{\partial x_1^2}+\frac{\partial^2 h}{\partial z^2}=0 \tag{9-27}$$

这就是在 x_1-z 坐标系中的连续方程。对原异性土渗流区域，将 x 方向乘以 $\sqrt{\dfrac{k_z}{k_x}}$，就转换为虚构的同性渗流域（fictitious isotropic flow region），先在该域中绘制流网。然后，将转换区域 x_1 方向乘以 $\sqrt{\dfrac{k_x}{k_z}}$，就可将流网转化到实际的渗透区域中[9]，如图 9-11 所示。

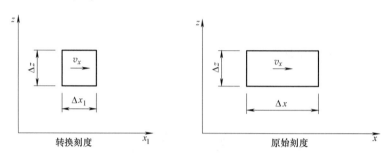

图 9-11　流网单元[9]

如图 9-11 所示，x 方向为转换方向，渗流流速可由转换渗流区域 k' 和原区域 k 表示：

$$v_x = -k'\frac{\partial h}{\partial x_1} = -k_x\frac{\partial h}{\partial x_1} \tag{9-28}$$

而

$$\frac{\partial h}{\partial x_1} = \frac{\partial h}{\sqrt{k_z/k_x}\,\partial x} \tag{9-29}$$

因此，转换区域等效渗透系数为[9]：

$$k' = k_x\sqrt{\frac{k_z}{k_x}} = \sqrt{k_x k_z} \tag{9-30}$$

5. 多层土中的渗流

如图 9-12 所示，两同性均质土层，厚度分别为 H_1 和 H_2，土层交界面水平，渗透系数分别为 k_1、k_2。两土层可看做异性均质的一等效土层，厚度为 H_1+H_2，水平和垂直方向渗透系数分别为 $\bar{k}_x$、$\bar{k}_z$。

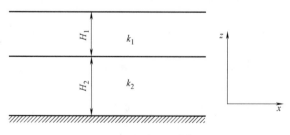

图 9-12　多层土[9]

发生沿水平方向一维渗流时，任一通过两土层垂直的线就代表着共有的等势线。因此，在两土层中的渗透坡降 i_x 与在等效土层中的相等。两土层中的渗流流量为：

$$q_x = (H_1 k_1 + H_2 k_2)i_x \tag{9-31}$$

等效土层中为

$$\bar{q}_x = (H_1 + H_2)\bar{k}_x i_x \tag{9-32}$$

据渗流流量相等得到[9]：

$$\bar{k}_x = \frac{H_1 k_1 + H_2 k_2}{H_1 + H_2} \tag{9-33}$$

沿垂直方向发生一维渗流时，由渗流连续性假定知，在两土层渗流流速相等，等于等效土层中的流速：

$$v_z = \bar{k}_z \bar{i}_z = k_1 i_1 = k_2 i_2 \tag{9-34}$$

由上式得到：

$$i_1 = \frac{\bar{k}_z}{k_1} \bar{i}_z$$

$$i_2 = \frac{\bar{k}_z}{k_2} \bar{i}_z \tag{9-35}$$

等效土层中的总水头等于两土层中总水头之和：

$$\bar{i}_z (H_1 + H_2) = i_1 H_1 + i_2 H_2 = \bar{k}_z \bar{i}_z \left(\frac{H_1}{k_1} + \frac{H_2}{k_2} \right) \tag{9-36}$$

所以

$$\bar{k}_z = \frac{H_1 + H_2}{\dfrac{H_1}{k_1} + \dfrac{H_2}{k_2}} \tag{9-37}$$

6. 渗流转换

流线斜穿过渗透系数分别为 k_1、k_2 两种不同土层分界面时，与界面法线所成的入渗角 α_1，穿过分界面时将变成 α_2，如图 9-13 所示。渗流接近 B 点时，流速为 v_1，分量为 v_{1s}、v_{1n}；穿过分界面离开 B 点时，流速变成 v_2，分量为 v_{2s}、v_{2n}。

对两个渗透系数不同的土层：$\phi_1 = -k_1 h_1$，$\phi_2 = -k_2 h_2$。在共同的边界 B 点，$h_1 = h_2$，有 $\dfrac{\phi_1}{k_1} = \dfrac{\phi_2}{k_2}$。沿 s 方向对势函数微分：

$$\frac{1}{k_1} \frac{\partial \phi_1}{\partial s} = \frac{1}{k_2} \frac{\partial \phi_2}{\partial s} \tag{9-38}$$

或

$$\frac{v_{1s}}{k_1} = \frac{v_{2s}}{k_2} \tag{9-39}$$

由渗流的连续性知，分界面处流速垂直分量相等，即 $v_{1n} = v_{2n}$，于是将式（9-39）改写成：

$$\frac{1}{k_1} \frac{v_{1s}}{v_{1n}} = \frac{1}{k_2} \frac{v_{2s}}{v_{2n}} \tag{9-40}$$

依据图 9-13 中的几何关系，可得到：

$$\frac{\tan\alpha_1}{\tan\alpha_2} = \frac{k_1}{k_2} \tag{9-41}$$

9.2.2 渗透力

当水在土体孔隙中渗流时，与土颗粒的黏滞摩擦（viscous friction）对土颗粒产生了沿流动方向的拖拽，水的能量传递到土颗粒上，耗损了总

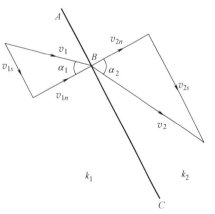

图 9-13　渗流转换[9]

227

水头。这种与能量转换（energy transfer）相关的力，称为渗透力[9]。渗透力是除了土体重力之外的另一种体力（body force），它控制着作用面上有效正应力。

如图 9-14 所示渗透试验中，土样横截面积为 A，高度为 h，试样底部总水头（b 测压管）比顶部（a 测压管）高 Δh，两处孔压水头差为：

$$\frac{u_b}{\gamma_w} - \frac{u_a}{\gamma_w} = h + \Delta h \qquad (9\text{-}42)$$

不存在渗流时，Δh 为零，两处孔压水头差为 h。因此，上式中，Δh 是水能量转移到土颗粒上而耗损的总水头（忽略流速水头），由它在土样上产生的向上渗透力为 $\Delta h \gamma_w A$。实际上，该力作用在整个土样上。土样单位体积上受到的渗透力 j 为：

$$j = \frac{\Delta h \gamma_w A}{Ah} = i \gamma_w \qquad (9\text{-}43)$$

式中：$i = \dfrac{\Delta h}{h}$，为水力坡降。

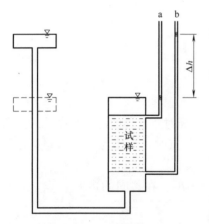

图 9-14　土样渗透试验

单位体积土体颗粒上受到的渗流作用力，称为渗透力 j。渗透力是一个矢量，与等势线垂直。

确定土体重力与渗透力的合力，可选择下面两种途径之一[9]：

（1）土饱和重度下的重力＋边界孔隙水压力；

（2）土有效重度下的重力＋渗透力。

第一种涉及土颗粒、水的力平衡，而后面一种只与土颗粒骨架（soil skeleton）力平衡相关。

垂直向上渗流将减少垂直有效应力，垂直向下渗流将增加垂直有效应力。在发生垂直向上渗流的渗流场中，渗透力概念可应用于下面两种情况：

（1）流砂（quick sand）

当渗流单元渗透力和土体自重有效应力相等时，砂颗粒之间无接触力，达到流动状态。这时的水力坡降称为临界水力坡降 i_c（critical hydraulic gradient），也就是 $i_c \gamma_w V = \gamma' V$。因此，临界水力坡降 i_c 可由下式确定[9]：

$$i_c = \frac{\gamma'}{\gamma_w} = \frac{G_s - 1}{1 + e} \qquad (9\text{-}44)$$

式中：G_s、e 分别为砂粒相对密度和孔隙比；γ_w、γ' 分别为水重度和砂浮重度。

当 $i > i_c$ 时，表面砂颗粒向上翻滚，出现浮砂（boiling）状态，安全系数 F_s 小于 1.0。根据以上分析，发生浮砂或流土的稳定安全系数可定义为：

$$F_s = \frac{\gamma'}{i \gamma_w} \qquad (9\text{-}45)$$

式中：i 为实际水力坡降。

（2）坑底突涌

如图 9-15 所示，桩墙嵌入深度为 d，可能发生渗流破坏的黏性土位于桩相邻 $d \times d/2$ 的 $ABCD$ 范围内，渗流边界 AB 总水头 h 为零，边界 CD 平均总水头为 h_m，土体浮重度为 γ'。CD 边界上土体自重作用力 $w = \dfrac{1}{2} \gamma' d^2$，$ABCD$ 范围内土体受到向上的渗透力 $f =$

$\frac{1}{2}h_m\gamma_w d$。f 值可以看作是 CD 边界上受到的等效向上作用力。因此，考虑 CD 边界上力的平衡，将坑底抗突涌破坏安全系数 F_s 定义为：

$$F_s = \frac{w}{f} = \frac{\gamma' d}{h_m \gamma_w} \qquad (9\text{-}46)$$

将 $i_m = \frac{h_m}{d}$、式（9-44）代入上式，可表达成 $F_s = \frac{i_c}{i_m}$。本质上，式（9-45）与式（9-46）只是表示形式不同而已。这里是采用了渗透力的概念推导出的公式。

下面考虑土的饱和重度，分析坑底突涌破坏。CD 边界上受到的作用力为孔隙水压力 $p_w = \frac{1}{2}d(h_m + d)\gamma_w$ 和土体自重 $w = \frac{1}{2}d^2\gamma_{sat}$。考虑 CD 边界上力的平衡，将坑底抗突涌破坏安全系数 F_s 定义为：

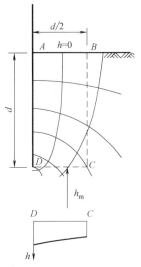

图 9-15 临近桩墙的向上渗流分析[9]

$$F_s = \frac{w}{p_w} = \frac{\gamma_{sat} d}{(h_m + d)\gamma_w} \qquad (9\text{-}47)$$

9.3 计算方法

地下水控制方法包括集水明排、降水、截水。回灌不作为独立的地下水控制方法，只作为补充措施，与其他方法一起使用[11]。截水，是为了切断或延长基坑外地下水渗入基坑的渗流流径。截水几乎适用于所有含水土层（aquifer）和地下水类型，不受地质条件的影响。常见的地下水控制方法及适用性见表 9-2。

地下水控制方法的适用性   表 9-2

方法		含水层或地下水	渗透系数 k(m/d)	水位降深 (m)
集水明排		上层滞水、水量不大的潜水或水量有限的生活废水、大气降水、坑内积水	—	不宜大于 3m
降水	轻型井点	基坑宽度较小，小于 6m。基坑面积较大时，宜采用环形井点	—	不宜大于 6m。若要求大于 6m，须采用多级井点降水
	喷射井点	黏性土、粉土、粉砂	0.005～20	小于 20m
	电渗井点	渗透系数很小的黏土、亚黏土、淤泥和淤泥质黏土	小于 0.1	须与轻型井点或喷射井点联合应用
	管井	粉土、砂性土、碎石土。地下水丰富	0.1～200	不宜大于 15m
	深井井点	砂性土、砾石层等渗透系数很大且含水层厚度大的潜水、承压水	大于 1.0	大于 15m，降水影响范围大

以下情况可采用降水和截水联合方式：

（1）基坑较深，开挖范围内既有上层滞水或潜水，也有承压水，同时基坑存在发生渗透破坏、突涌的可能，单一的地下水控制方法无法满足设计要求。这种情况下，可采用隔水帷幕和降水联合的地下水控制方式。例如，竖向隔水帷幕嵌入坑底以下一定深度，形成悬挂式垂直隔渗帷幕，坑内则布设井点，视具体条件采用减压或疏干降水。

（2）基坑周边环境条件严峻、对地面沉降很敏感时，可采用落底式竖向帷幕，辅以坑内深井降水或疏干。这种情况下，竖向帷幕须彻底隔断坑外地下水，确保隔渗效果。

9.3.1 集水明排

如图 9-16 所示，排水沟水深 h，排水前地下水水深 H，土层渗透系数为 k，沟底为不透水层。排水影响半径为 R。假设排水时渗流自由面坡度很小，沿深度的垂直线为等势线。在 x-z 坐标系中，取单位长度明沟，距沟壁水平距离 x 处水深为 z。依据这一假设和式（9-4），得到渗流流量为：

$$Q = kz \frac{\mathrm{d}z}{\mathrm{d}x} \tag{9-48}$$

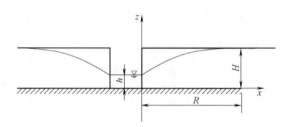

图 9-16　潜水稳定渗流集水明排降水

考虑边界条件，求解上式得到[12]：

$$Q = \frac{k}{2R}(H^2 - h^2) \tag{9-49}$$

式中：R 为影响半径（m）；k 为渗透系数（m/d）。

9.3.2 降水

1. 完整井

完整井，指贯穿整个含水层、在所有含水层厚度上都安装有过滤器并能全断面进水的井。

为了简化渗流分析，意大利出生的法国土木工程师、经济学家裴布依（Jules Dupuit）假设潜水水流是水平流动，渗流流速与饱和含水层厚度成比例，认为渗流自由面相对水平、等势线沿深度方向呈垂直状态。

图 9-17 所示是一潜水完整井井点降水剖面图，土层渗透系数为 k，以井点轴线为中心线，井半径 r_0 处水深为 h，任一渗流圆柱形断面为等势面。降水前潜水水深 H，降水影响半径为 R。依据式（9-4），任一半径 r 处圆柱形断面渗流流量为：

$$Q = Av = 2\pi rzk \frac{\mathrm{d}z}{\mathrm{d}r} \tag{9-50}$$

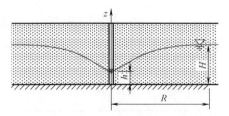

图 9-17　潜水稳定渗流井点降水

由于水深 z 随 r 的增大而增大，因而 $\frac{\mathrm{d}z}{\mathrm{d}r} > 0$。

井壁 r_0 处水深 h；影响半径 R 处，水深为 H。

考虑这一边界条件，求解上式得到：

$$Q = \pi k \frac{H^2 - h^2}{\ln \dfrac{R}{r_0}} \qquad (9\text{-}51)$$

井管处地下水水位降深 $s = H - h$，上式可写成：

$$Q = \pi k \frac{(2H - s)s}{\ln \dfrac{R}{r_0}} \qquad (9\text{-}52)$$

对设置一个抽水井、一个观测井的井点降水抽水试验中，以抽水井轴线为中心，井半径 r_0 处水深为 h，观测井 r_1 处水位 h_1，则式（9-51）可写成：

$$Q = \pi k \frac{h_1^2 - h_0^2}{\ln \dfrac{r_1}{r_0}} \qquad (9\text{-}53)$$

式中：r_0、h、r_1、h_1、Q 均已知，故利用这一公式可求得 k 值。

如图 9-18 所示，承压含水层厚度为 M，土层渗透系数为 k，完整井抽水条件下，稳定渗流流线相互平行。以井点轴线为中心线，井半径 r_0 处水深为 h，降水前承压水水头 H，任一渗流圆柱形断面为等势面，降水影响半径为 R。依据式（9-4），任一半径 r 处圆柱形断面渗流流量为：

$$Q = Av = 2\pi r M k \frac{\mathrm{d}z}{\mathrm{d}r} \qquad (9\text{-}54)$$

井壁 r_0 处水深 h，影响半径 R 处，水深为 H。考虑这一边界条件，求解上式得到：

$$Q = 2\pi k M \frac{H - h}{\ln \dfrac{R}{r_0}} \qquad (9\text{-}55)$$

井管处地下水水位降深 $s = H - h$，式（9-55）可写成：

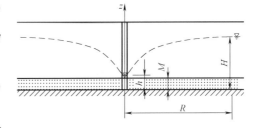

图 9-18　承压水稳定渗流井点降水

$$Q = 2\pi k \frac{Ms}{\ln \dfrac{R}{r_0}} \qquad (9\text{-}56)$$

2. 非完整井

非完整井未贯穿整个含水层，只在含水层部分位置上进水。按照过滤器在含水层中进水的部位不同，非完整井分为井底进水、井壁进水、井底和井壁同时进水三类。与完整井相比，地下水流向不完整井时有以下三个特点[13]：

（1）水流形式不同

以承压水为例。地下水流向完整井的水流为平面径向流，流线是对称井轴的径向直线。流向不完整井的水流，流线在井附近有很大弯曲，呈三维渗流。

（2）其他条件相同时，不完整井流量较小

流线弯曲，渗流阻力大，导致渗流量的减少。设 l 为不完整井过滤器的长度，M 为含水层的厚度。试验结果表明，不完整井的流量随比值 l/M 的增大而增大。当 $l/M = 1$ 时，变成完整井，流量达到最大值。

（3）含水层顶、底板对水流状态有明显的影响如果含水层很厚，则可近似地忽略隔水底板对水流的影响，按半无限厚含水层来研究。否则，应当同时考虑顶、底板对渗流的影响。

下面介绍半无限厚承压含水层稳定渗流中井底进水、井壁进水两种情况下的不完整井降水计算方法[13]。

（1）承压水井底进水

如图 9-19 所示，假设承压含水层厚度很大，不考虑含水层底板对降水井渗流的影响，井底刚好揭穿含水层顶板，将井底看作半球形，流线为径向直线，等水头面是半个同心球面。在以井轴中心线与含水层顶板交界处为原点的球坐标系中，这种井底进水不完整井降水引起的渗流为一维渗流场，可用空间汇点方法求解。空间汇点，可以理解为直径无限小的球形过滤器，地下水渗流沿半径方向流入球形过滤器而被吸收掉。在均质含水层中，如果渗流以一定流量从各个方面沿径向流向一点，并被该点吸收，则称该点为汇点。反之，渗流由一点沿径向流出，则称该点为源点。

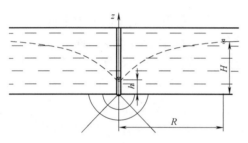

图 9-19　承压水井底进水不完整井

设离汇点距离为 ρ 的任意点 A 的水位降深为 s，球形过水断面面积 $4\pi\rho^2$。按达西定律，流向汇点的流量为：

$$Q' = -4\pi\rho^2 k \frac{\partial s}{\partial \rho} \qquad (9-57)$$

将该式分离变量后，在 ρ 和影响半径 R 的区间内积分，得到：

$$s = \frac{Q'}{4\pi k}\left(\frac{1}{\rho} - \frac{1}{R}\right) \qquad (9-58)$$

通常 R 远大于 ρ，故 $\frac{1}{R}$ 很小，可以忽略不计。因此，上式简化为：

$$s = \frac{Q'}{4\pi k\rho} \qquad (9-59)$$

对图 9-19 中的半球形井底进水不完整井，设想在井轴与含水层顶板交界处放一空间汇点来代替井的作用，井底半径为 r_0 的半球形等水头面可视为进水的井底，即 $r = r_0$、$s = s_0$，将这些条件代入式（9-59），即得到不完整井涌水量 Q 的计算公式（原文献 [13] 中认为井流量 $Q = \frac{Q'}{2}$）：

$$Q = 4\pi k r_0 s_0 \qquad (9-60)$$

式中，$s_0 = H - h$ 为井中心处水位降深；H 为抽水前的初始水头；h 为井中轴处水头；r_0 为井管半径。

（2）承压水井壁进水

井壁进水的圆柱状过滤器不是一个点，其作用不能直接用空间汇点来代替。但是，可用无数个空间汇点组成的空间汇线来近似代替过滤器的作用。

如图 9-20 所示，假设流量 Q 沿长度为 l 的过滤器汇线均匀分布，过滤器顶部和底部分别距隔水层顶板 z_1、z_2，在汇线上取一微小的汇线段 $\Delta\eta$，视为空间的汇点，

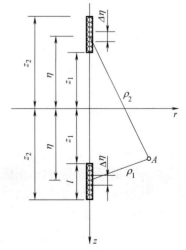

图 9-20　空间汇线示意图

流向该点的流量 ΔQ 可用下式表示：

$$\Delta Q_i = \frac{Q}{z_2 - z_1} \Delta \eta_i \tag{9-61}$$

在此汇点作用下，依据（9-59）式，相距 ρ_i 的 A 点所产生的承压水降深 Δs_i：

$$\Delta s_i = \frac{\Delta Q_i}{4\pi k\rho_i} = \frac{Q\Delta\eta_i}{4\pi k\rho_i(z_2-z_1)} \tag{9-62}$$

对于隔水顶板附近的汇点，为了考虑隔水顶板对汇点的影响，可用镜像法在顶板上方的对称位置上映出一个等强度的虚汇点（图 9-20）。这时，A 点的降深 ΔS_i 应等于实汇点和虚汇点分别产生降深的叠加，即：

$$\Delta s_i = \frac{Q}{4k(z_2-z_1)}\left(\frac{1}{\rho_1} + \frac{1}{\rho_2}\right)\Delta\eta_i \tag{9-63}$$

将 ρ_1、ρ_2 转换坐标，表示为 $\rho_1 = \sqrt{(z-\eta)^2 + r^2}$、$\rho_2 = \sqrt{(z+\eta)^2 + r^2}$。代入上式，即得距隔水边界为 η 的汇点在 A 点产生的降深：

$$\Delta s_i = \frac{Q}{4k(z_2-z_1)}\left(\frac{1}{\sqrt{(z-\eta)^2+r^2}} + \frac{1}{\sqrt{(z+\eta)^2+r^2}}\right)\Delta\eta_i \tag{9-64}$$

汇线是由无数个汇点组成的，汇线对 A 点产生的总降深 s 等于上式无限次的叠加。由于汇点沿汇线是均匀连续分布的，故无限叠加可用沿汇线长度的积分来代替，即：

$$s = \frac{Q}{4\pi k(z_2-z_1)}\lim_{\substack{n\to\infty \\ \Delta\eta_i\to 0}}\sum_{i=1}^{n}\left(\frac{1}{\sqrt{(z-\eta)^2+r^2}} + \frac{1}{\sqrt{(z+\eta)^2+r^2}}\right)\Delta\eta_i$$

$$= \frac{Q}{4\pi k(z_2-z_1)}\int_{z_1}^{z_2}\left(\frac{1}{\sqrt{(z-\eta)^2+r^2}} + \frac{1}{\sqrt{(z+\eta)^2+r^2}}\right)\mathrm{d}\eta \tag{9-65}$$

如图 9-21 所示，当过滤器与隔水顶板接触时，则汇线两端坐标 $z_1 = 0$，$z_2 = l$。代入上式，有：

$$s = \frac{Q}{4\pi kl}\int_{0}^{l}\left(\frac{1}{\sqrt{(z-\eta)^2+r^2}} + \frac{1}{\sqrt{(z+\eta)^2+r^2}}\right)\mathrm{d}\eta \tag{9-66}$$

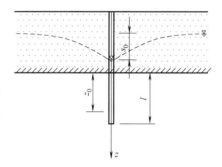

图 9-21　承压水井壁进水不完整井

文献 [13] 认为，由于 r 远大于 z，$\ln(z + \sqrt{z^2+r^2}) \approx \ln r$，上式积分后可以得到：

$$s = \frac{Q}{4\pi kl}\left(\arcsin\frac{z+l}{r} + \arcsin\frac{l-z}{r}\right) \tag{9-67}$$

有兴趣的读者可以重新推导一下。

选择假想过滤器时，使它的水头与真实井壁的水位相等，把它与不完整井真实过滤器套在一起时，将在坐标 (r_0, z_0) 处相交，则由上式可得：

$$s_0 = \frac{Q}{4\pi kl}\left(\arcsin\frac{l+z_0}{r_0} + \arcsin\frac{l-z_0}{r_0}\right) \tag{9-68}$$

式中，s_0 为真实井壁处承压水降深；r_0 为真实过滤器的半径；z_0 为待定坐标。

根据计算出的流量和通过真实过滤器的流量相等来确定 z_0 值。显然，z_0 值应在 $0\sim l$ 区间变化。经过大量试验证实，当 $z_0 = 0.75l$ 时，按上式计算出的流量才与真实不完整井的流量相等。将这个条件代入上式，得到井壁进水不完整井的流量计算式：

$$Q=\frac{4\pi kls_0}{\arcsin\dfrac{l+z_0}{r_0}+\arcsin\dfrac{l-z_0}{r_0}}=\frac{2\pi kls_0}{\ln\dfrac{1.32l}{r_0}} \qquad (9\text{-}69)$$

上式称为巴布什金公式。导出上述结果时，利用了近似关系式：当 x 远大于 1 时，$\arcsin x=\ln(x+\sqrt{x^2+1})\approx\ln(2x)$。因此，应用（式 9-69）时，应满足这一假设条件，通常要求 $\dfrac{l}{r_0}>5$。

式（9-69）的适用条件是半无限厚承压含水层。但在实际上，在 $l<0.3M$ 的有限厚含水层中，当 $R\leqslant(5\sim8)M$ 时，仍可应用，误差只有 10%。

式（9-69）推导中，用镜像法在顶板上方的对称位置上假设一个等强度的虚汇点，思路较新颖，值得借鉴。有兴趣的读者可以重新推导一下。

根据假想过滤器与真实过滤器表面积相等的原则，将半椭球面换算成圆柱面后，也得到类似的公式：

$$Q=\frac{2\pi kls_0}{\ln\dfrac{1.6l}{r_0}} \qquad (9\text{-}70)$$

上式称为吉林斯基公式。式（9-69）和（9-70）中，差别是系数不同，但将 1.32 和 1.6 取对数后，数值相近，实际上不影响计算精度。

（3）潜水井壁进水

巴布什金通过观测砂槽中潜水向不完整井渗流，发现流线有明显的对称弯曲：在过滤器上下两端流线的弯曲程度较大，当从两端移向过滤器中线时，流线弯曲逐渐变缓，在过滤器中线 N-N 附近时，流线几乎是水平面，如图 9-22 所示。

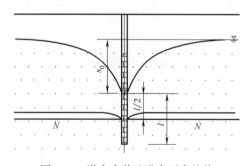

图 9-22　潜水中井壁进水不完整井

根据 N-N 附近流面线水头的法向导数为零的特点，N-N 流面可视为不透水面。它把被淹没的过滤器分成上下两段。上段可视为潜水完整井，下段看成是半无限厚含水层中的承压水不完整井。图 9-22 所示潜水不完整井的流量，应等于上、下两段流量之和。这样计算所得的上段流量偏大些，下段流量偏小些，但两段流量之和可以抵消部分误差。上段按潜水完整井计算，根据式（9-51）有：

$$Q_1=\frac{\pi k\left[(s_0+0.5l)^2-(0.5l)^2\right]}{\ln\dfrac{R}{r_0}}=\frac{\pi k(s_0+l)s_0}{\ln\dfrac{R}{r_0}} \qquad (9\text{-}71)$$

对过滤器下段，当 $l/2<0.3d$ 时（d 为由 N-N 中线到隔水底板的距离），可以认为含水层厚度是无限的。根据（9-69）式，有：

$$Q_2=\frac{2\pi k(0.5l)s_0}{\ln\dfrac{1.32(0.5l)}{r_0}}=\frac{\pi kls_0}{\ln\dfrac{0.66l}{r_0}} \qquad (9\text{-}72)$$

于是，当过滤器埋藏相对较浅，即 $l/2<0.3d$ 时，潜水井壁进水非完整井流量 Q 由下式确定：

$$Q = Q_1 + Q_2 = \pi k s_0 \left(\frac{l + s_0}{\ln \dfrac{R}{r_0}} + \frac{l}{\ln \dfrac{0.66l}{r_0}} \right) \tag{9-73}$$

9.3.3 截水

当降水不会对基坑周边环境造成损害且国家和地方法规允许时，可优先考虑采用降水[11]。基坑降水能减少作用在支护结构上的水压力、降低发生地下水渗透破坏的风险、降低施工难度等。但是，有些地质条件下，降水会引起基坑周边建筑物、市政设施、地下构筑物等的沉降、开裂，甚至不能正常使用。另外，有些城市地下水资源紧缺，降水会造成地下水浪费。从环境保护的角度，基坑降水不利于城市的持续发展。这种情况下，可采用截水地下水控制方式。

基坑截水采用截水帷幕（或称隔渗帷幕）。基坑开挖前，沿基坑周边或（和）坑底构筑连续封闭的隔渗体，即为截水帷幕。基坑开挖中，截水帷幕可阻隔或减少地下水渗入基坑，控制坑外地下水水位下降，避免或减少由于地下水位下降诱发的基坑相邻区域过大的沉降，防止渗透破坏的发生。基坑截水方式适用于以下三种情况：

（1）地下水资源保护

在地下水资源匮乏地区，为保护地下水资源，不允许采用抽水降水方案。

（2）基坑相邻区域的环境保护

基坑周边存在对沉降敏感的建筑物或地下管网等构筑物，须控制基坑外地下水水位下降。

（3）基坑周边环境条件的限制

地下水水量大，基坑发生渗透破坏的可能性大。但是，基坑周边环境狭窄，无法布置降水设施。

隔渗帷幕的分类：

（1）按帷幕施工工艺分

水泥土搅拌墙帷幕，包括深层搅拌法（湿法）和粉体喷搅法（干法），土钉支护中较常采用；

高压喷射注浆帷幕；

其他，如地下连续墙帷幕等，土钉支护中不采用。

（2）按帷幕体材料分

水泥土帷幕；

钢筋混凝土帷幕，如地下连续墙等。土钉支护中不采用。

（3）按帷幕所处的位置分

竖向隔渗帷幕，包括悬挂式和落底式帷幕两种；

水平隔渗帷幕。

（4）按帷幕发挥的功能分

隔渗帷幕，以隔渗为主，如高压喷射注浆帷幕；

支护隔渗帷幕，这种帷幕既能发挥防水隔渗功能，又有足够的刚度承受土压力，如水泥土重力式挡墙等。

土钉支护基坑工程中，水泥土搅拌法的竖向隔渗帷幕较常见。水泥土搅拌法既可以构成具有基坑止水和支护两种功能的水泥土挡墙，也可以构成以隔渗功能为主的独立止水帷幕。它将原状土与水泥混合，形成水泥土，其渗透系数远比天然原状土小。该方法包括干法和湿法两种施工工艺，具有施工工期短，成本低，对周边环境影响小等优点。

如图 9-23 所示，悬挂式帷幕宽度为 b，嵌入基坑坑底以下的深度为 D，坑内外水头差为 h。为确保坑壁附近土体不发生流土破坏，须验算 D 的大小。由式（9-45）可知，当 $F_s=1$ 时，D 为最小值。平均水力坡降 $i=\dfrac{h}{2D+b+h}$，由式（9-45）得到：

$$D_{min}=\frac{h\gamma_w-(b+h)\gamma'}{2\gamma'} \tag{9-74}$$

式中：γ' 为砂性土浮重度（kN/m³）；$\gamma_w=9.8\text{kN/m}^3$。

落底式帷幕嵌入下卧相对不透水层深度 l 由下式确定[11]：

$$l=0.2h-0.5b \tag{9-75}$$

上式中，嵌入深度 l 不宜小于 1.5m。

水平隔渗帷幕是在基坑开挖前，通过水泥土搅拌法等方法在坑底或距坑底下某一深度形成的一定厚度的水泥土混合体，水泥凝固后因其渗透系数远比原状土小（要求小于 $10^{-6}\,\text{cm/s}$），可以获得隔渗效果。水平帷幕有三种布置形式：

（1）只布置在开挖较深的局部范围内，如电梯井；

（2）沿整个基坑开挖范围内布置；

（3）仅沿支护结构附近一定范围布置。

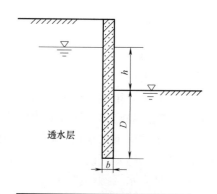

图 9-23　悬挂式帷幕相邻砂性土流土稳定性

后两种方式布置的帷幕，除了有隔渗功能外，因被动区土体被加固、强度增加，可提高基坑整体的稳定性。

设计方案中，可适当增加帷幕在支护结构、工程桩等处的厚度，增强结合能力。隔水帷幕能否奏效，关键在于它是否连续、封闭、无渗漏点。在坑内可均匀布设减压孔（井），隔渗可与降水减压相结合，减少上浮力。

9.4　规范推荐的方法

《建筑基坑支护技术规程》JGJ 120—2012 附录 C、附录 E、第 7.3.11、7.3.15、7.3.16 条款中涉及基坑地下水控制计算方法。《建筑地基基础设计规范》GB 50007—2011 中也推荐了类似方法。

9.4.1　降水井

1. 完整井

如图 9-24 所示，将整个基坑作为一口降水井，r_0 为基坑等效半径、R 为降水井影响半径。依据潜水稳定渗流计算方法，得到均质含水层潜水基坑降水总涌水量 Q 计算式：

$$Q=\pi k\frac{(2H-s_0)s_0}{\ln\left(1+\dfrac{R}{r_0}\right)} \tag{9-76}$$

式中：Q——基坑降水的总涌水量（m^3/d）；

　　　k——含水层渗透系数（m/d）；

　　　H——潜水含水层厚度（m）；

　　　s_0——基坑地下水设计降深（m）；

　　　R——降水影响半径（m）；

　　　r_0——均匀布置的降水井群所围面积等效圆半径（m），$r_0 = \sqrt{\dfrac{A}{\pi}}$，式中 A 为基坑面积。

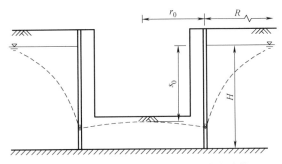

图 9-24　潜水完整井基坑涌水量简化计算

　　以上公式是均质含水层、远离补给源条件下井的涌水量计算公式。实际的含水层与均质含水层相差甚远，按公式（9-76）计算时应根据工程的实际水文地质条件进行合理概化。如相邻含水层渗透系数不同时，可概化成一层含水层，其渗透系数可按各含水层厚度加权平均。当相邻含水层渗透系数相差很大时，有的情况下按渗透系数加权平均后的一层含水层计算会产生较大误差，这时反而不如只计算渗透系数大的含水层的涌水量[11]。

　　式（9-76）与式（9-52）本质上是相同的。类似地，该规范中也推荐了式（9-55）作为群井按大井简化的均质含水层承压水完整井的基坑降水总涌水量计算公式。

　　含水层的影响半径 R 宜通过抽水试验确定。也可结合经验，按下式确定：

　　对潜水含水层：

$$R = 2s_0 \sqrt{kH} \tag{9-77}$$

　　对承压水含水层：

$$R = 10s_0 \sqrt{k} \tag{9-78}$$

　　计算中，当设计降深 s_0 小于 10m 时，取 $s_0 = 10\text{m}$。

　　管井的单井出水能力：

$$q_0 = 120\pi r_s l^3 \sqrt{k} \tag{9-79}$$

式中：q_0——单井出水能力（m^3/d）；

　　　r_s——过滤器半径（m）；

　　　l——过滤器进水部分的长度（m）。

至少需要降水井井数：

$$n = 1.1 \times \frac{Q}{q_0} \tag{9-80}$$

　　2. 非完整井

　　如图 9-25 所示，对均质含水层潜水，群井按大井简化的非完整井的基坑降水总涌水量可按下列公式计算：

$$Q = \pi k \frac{H^2 - h^2}{\ln\left(1 + \dfrac{R}{r_0}\right) + \dfrac{h_m - l}{l}\left(l + 0.2\dfrac{h_m}{r_0}\right)}$$ (9-81)

式中：$h_m = \dfrac{H + h}{2}$；

    h——基坑动水位至含水层底面的深度（m）；

    l——过滤器进水部分的长度（m）。

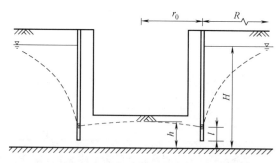

图 9-25　按均质含水层潜水非完整井简化的基坑涌水量计算

如图 9-26 所示，对均质含水层承压水，群井按大井简化的非完整井的基坑降水总涌水量可按下式计算：

$$Q = 2\pi k \frac{M s_0}{\ln\left(1 + \dfrac{R}{r_0}\right) + \dfrac{M - l}{l}\left(l + 0.2\dfrac{M}{r_0}\right)}$$ (9-82)

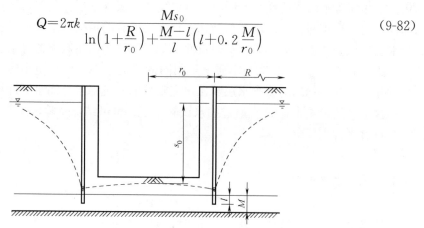

图 9-26　按均质含水层承压水非完整井简化的基坑涌水量计算

对长江一级阶地沿深度渗透系数逐渐增大的承压水层，管井越深，单井涌水量越大。井设计得太深，降水效果反而不好。这种情况下可采用中深井降水、井深在 30～40m 之间的非完整井。设计中，若无工程经验，可通过现场试验首先确定含水层水文地质参数，如渗透系数、降水影响半径等。

9.4.2　土体渗透稳定性

如图 9-27 所示，坑底以下存在水头高于坑底的承压水含水层，且未用截水帷幕隔断其基坑内外的水力联系时，承压水作用下的坑底突涌稳定性应符合下式规定：

$$\frac{D\gamma}{h_w \gamma_w} \geqslant K_h$$ (9-83)

式中：K_h——基坑突涌稳定性安全系数，K_h不应小于1.1；

$\quad\quad D$——承压含水层顶面至坑底的土层厚度（m）；

$\quad\quad \gamma$——承压含水层顶面至坑底土层的天然重度（kN/m^3），对多层土，取按土层厚度加权的平均天然重度；

$\quad\quad h_w$——承压水含水层顶面的压力水头高度（m）；

$\quad\quad \gamma_w$——水的重度（kN/m^3）。

式（9-83）是假设相对隔水层中不发生渗流情况下得到的。《建筑地基基础设计规范》GB 50007—2011中规定了类似的方法。如图9-28所示，坑底以下厚度$t+\Delta t$为不透水土层，饱和重度为γ_{sat}，其底面作用着孔隙水压力p_w，其下为承压含水层。抗突涌破坏安全系数为：

$$F_s = \frac{\gamma_{sat}(t+\Delta t)}{p_w} \tag{9-84}$$

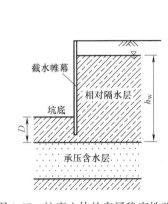

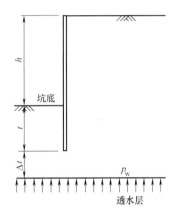

图9-27　坑底土体的突涌稳定性验算　　　　图9-28　抗突涌破坏验算

比较上面两式可知，由式（9-84）得到的抗突涌安全系数值较大。

如图9-29所示，悬挂式截水帷幕底端位于碎石土、砂土或粉土含水层时，对均质含水层，地下水渗流的流土稳定性应符合下式规定：

$$\frac{(2l_d+0.8D_1)\gamma'}{\Delta h \gamma_w} \geqslant K_f \tag{9-85}$$

式中：K_f——流土稳定性安全系数，安全等级为一、二、三级的支护结构，K_f分别不应小于1.6、1.5、1.4；

$\quad\quad l_d$——截水帷幕在坑底以下的插入深度（m）；

$\quad\quad D_1$——潜水水面或承压水含水层顶面至基坑底面的土层厚度（m）；

$\quad\quad \gamma'$——土的浮重度（kN/m^3）；

$\quad\quad \Delta h$——基坑内外的水头差（m）；

$\quad\quad \gamma_w$——水的重度（kN/m^3）。

式（9-85）中考虑渗流路径长度时，忽略了帷幕厚度，折减了含水层顶面至基坑底面之间的土层厚度D_1。实际上，上式和式（9-45）本质上是一样的，计算值接近[14]。

9.4.3　降水引起的沉降

降水引起的土层沉降计算可采用分层总和法[11]：

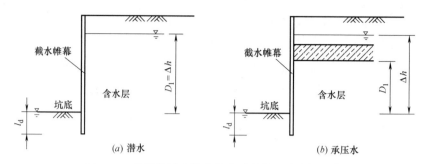

图 9-29 采用悬挂式帷幕截水时的流土稳定性验算

$$s = \psi_{\mathrm{w}} \sum_{i=1}^{n} \frac{\sigma'_{zi} \Delta h}{E_{si}} \tag{9-86}$$

式中：s——降水引起的土层沉降值（m）；

ψ_{w}——沉降计算经验系数，应根据地区工程经验取值；无经验时，宜取 $\psi_w = 1$；

σ'_{zi}——降水引起的第 i 土层中点处的附加有效应力（kPa）。对黏性土，应取降水结束时土的固结度下的附加有效应力；

Δh_i——第 i 层土的厚度（m）；

E_{si}——第 i 层土的压缩模量（kPa），应取土的自重应力至自重应力与附加有效应力之和的压力段的压缩模量值。

按以上方法计算的沉降值与实测值往往存在差异，计算方法有待完善[11]。黏性土降水后，水位变化范围内土层浮重度变为饱和重度，附加有效应力 σ'_{zi} 等于水位降深范围内的静水压力。

参 考 文 献

[1] 顾晓鲁，钱鸿缙，刘惠珊，等. 地基与基础 [M]，北京：中国建筑工业出版社，2003.

[2] 范士凯，杨育文. 长江一级阶地基坑地下水控制方法和实践 [J]. 岩土工程学报，2010，32（s1）：63-68.

[3] 杨育文. 我国失事土钉墙的反思 [J]. 工程勘察，2011，39（2）：22-28.

[4] 郑坚，徐刚毅. 含软土层的基坑支护失稳的原因分析及加固方案 [J]. 铁道建筑，2002，（10）：8-10.

[5] 朱继永，倪晓荣. 深基坑失稳实例分析 [J]. 岩石力学与工程学报，2005，24（增刊）：5410-5412.

[6] 杜常春. 复合土钉墙支护基坑事故分析与处理 [J]. 土工基础，2007，21（2）：7-9.

[7] 杨强. 地下水对深基坑支护工程的影响及险情处理 [J]. 西部探矿工程，2006，18（12）：57-59.

[8] 刘景兰，石文学，张林锋. 地下水引起的土钉支护基坑失稳分析 [J]. 路基工程，2008，（4）：149-150.

[9] Craig R F. Soil mechanics (sixth edition) [M]. Spon press, New York, 2002.

[10] Karl Terzaghi, Ralph B. Peck, Gholamreza Mesri. Soil mechanics in engineering practice (3rd Edition) [M]. John Wiley and Sons, INC., 1996.

[11] JGJ 120—2012 建筑基坑支护技术规程 [S]. 北京：中国建筑工业出版社，2012.

[12] 陈仲颐，叶书麟. 基础工程学 [M]. 北京：中国建筑工业出版社，1993.

[13] 薛禹群. 地下水动力学（第二版）[M]. 北京：地质出版社，1997.

[14] 杨育文，陈梅，熊毅明，等. 基坑规范中渗流、土压力和稳定计算方法的探究 [J]. 工程勘察，2014，42（6）：24-28.